劳动和社会保障部培训就业司推荐
冶金行业职业教育培训规划教材

矿山通风与环保

主　编　陈国山　孙文武

副主编　黄玉焕　李长权　魏明贺

北　京
冶金工业出版社
2008

内 容 提 要

本书为矿山企业职业技能培训教材，是参照冶金行业职业技能标准和职业技能鉴定规范，根据矿山企业的生产实际和岗位群的技能要求编写的，并经劳动和社会保障部职业培训教材工作委员会办公室组织专家评审通过。

书中在系统阐明矿山通风与环保的基本理论和基本知识的同时，注重理论知识的应用和岗位技能的训练，分别介绍了矿井的基本知识，地下开采的通风，露天开采的通风，矿山开采的水、空气、粉尘、湿热、噪声、放射性、固体物的污染及防治，矿山生产的防火、安全与环保等内容。

本书也可作为职业技术院校相关专业的教材，或供矿山工程技术人员参考。

图书在版编目（CIP）数据

矿山通风与环保/陈国山，孙文武主编 . —北京：冶金工业出版社，2008.1

（冶金行业职业教育培训规划教材）

ISBN 978-7-5024-4407-5

Ⅰ. 矿⋯　Ⅱ. ①陈⋯　②孙⋯　Ⅲ. ①矿山通风-技术培训-教材　②矿山-环境保护-技术培训-教材　Ⅳ. TD72　X75

中国版本图书馆 CIP 数据核字（2007）第 178547 号

出 版 人　曹胜利
地　　址　北京北河沿大街嵩祝院北巷 39 号，邮编 100009
电　　话　(010)64027926　电子信箱　postmaster@cnmip.com.cn
责任编辑　马文欢　宋　良　美术编辑　王耀忠　版式设计　张　青
责任校对　石　静　李文彦　责任印制　丁小晶
ISBN 978-7-5024-4407-5
北京兴华印刷厂印刷；冶金工业出版社发行；各地新华书店经销
2008 年 1 月第 1 版，2008 年 1 月第 1 次印刷
787mm×1092mm　1/16；12 印张；315 千字；175 页；1-4000 册
28.00 元

冶金工业出版社发行部　电话：(010)64044283　传真：(010)64027893
冶金书店　地址：北京东四西大街 46 号(100711)　电话：(010)65289081
（本书如有印装质量问题，本社发行部负责退换）

冶金行业职业教育培训规划教材
编辑委员会

序

吴溪淳

　　改革开放以来，我国经济和社会发展取得了辉煌成就，冶金工业实现了持续、快速、健康发展，钢产量已连续数年位居世界首位。这其间凝结着冶金行业广大职工的智慧和心血，包含着千千万万产业工人的汗水和辛劳。实践证明，人才是兴国之本、富民之基和发展之源，是科技创新、经济发展和社会进步的探索者、实践者和推动者。冶金行业中的高技能人才是推动技术创新、实现科技成果转化不可缺少的重要力量，其数量能否迅速增长、素质能否不断提高，关系到冶金行业核心竞争力的强弱。同时，冶金行业作为国家基础产业，拥有数百万从业人员，其综合素质关系到我国产业工人队伍整体素质，关系到工人阶级自身先进性在新的历史条件下的巩固和发展，直接关系到我国综合国力能否不断增强。

　　强化职业技能培训工作，提高企业核心竞争力，是国民经济可持续发展的重要保障，党中央和国务院给予了高度重视。在2003年的全国人事工作会议上，中央再一次明确了人才立国的发展战略，同时国家已经着手进行终身学习法的制定调研工作。结合《职业教育法》的颁布实施，职业教育工作将出现长期稳定发展的新局面。

　　为了搞好冶金行业职工的技能培训工作，冶金工业出版社同河北工业职业技术学院、山西工程职业技术学院、吉林电子信息职业技术学院、昆明冶金高等专科学校和中国钢协职业培训中心等单位密切协作，联合有关的冶金企业和职业技术院校，编写了这套冶金行业职业教育培训规划教材，并经劳动和社会保障部职业培训教材工作委员会办公室组织专家评审通过，给予推荐。有关学校的各级领导和教师在时间紧、任务重的情况下，克服困难，辛勤工作，在有关单位的工程技术人员和教师的积极参与和大力支持下，出色地完成了前期工作，为冶金行业的职业技能培训工作的顺利进行，打下了坚实的基础。相信本套教材的出版，将为企业生产一线人员的理论水平、操作水平和管理水平的进一步提高，企业核心竞争力的不断增强，起到积极的推进作用。

　　随着近年来冶金行业的高速发展，职业技能培训工作也取得了巨大的成绩，大多数企业建立了完善的职工教育培训体系，职工素质不断提高，为我国冶金行业的发展提供了强大的人力资源支持。我个人认为，今后的培训工作重点，应注意继续加强职业技能培训工作者的队伍建设，继续丰富教材品种，加强对高技能人才的培养，进一步加强岗前培训，加强企业间、国际间的合作，开辟新的局面。

　　展望未来，任重而道远。希望各冶金企业与相关院校、出版部门进一步开拓思路，加强合作，全面提升从业人员的素质，要在冶金企业的职工队伍中培养一批刻苦学习、岗位成才的带头人，培养一批推动技术创新、实现科技成果转化的带头人，培养一批提高生产效率、提升产品质量的带头人；不断创新，不断发展，力争使我国冶金行业职业技能培训工作跨上一个新台阶，为冶金行业持续、稳定、健康发展，做出新的贡献！

前　言

　　本书是按照劳动和社会保障部的规划，受冶金工业出版社的委托，参照冶金行业职业技能标准和职业技能鉴定规范，根据矿山企业的生产实际和岗位群的技能要求编写的。书稿经劳动和社会保障部职业培训教材工作委员会办公室组织专家评审通过，由劳动和社会保障部培训就业司推荐作为冶金行业职业技能培训教材。

　　目前，我国原材料行业发展迅猛，采矿业也相应迅速发展，无论是矿山的数量还是矿石的开采量均有较大增加，从业人数扩大，因此，矿山生产的安全问题日益突出。随着矿山开采技术更新速度的加快，矿山生产的环境保护、矿产资源的充分利用，以及保持矿山可持续健康发展，日益受到人们的重视。在矿山生产中"以人为本"，就是要为矿山从业人员创造安全、环保、健康的工作环境，需要培训一批既懂得金属矿开采基本知识和基本生产工艺，又懂得通风、环保、安全基本知识的新型技术工人。为此，我们在总结多年来从事培训教学工作经验的基础上，编写了本书。

　　本书介绍了矿井通风（包括通风方式、通风方法、通风管理）、矿山环境保护（包括矿山空气、粉尘、湿热、噪声、水体、固体物的污染与防治）、矿山安全生产（包括防火、安全生产、环境保护）三个方面内容。

　　作为工人培训用书，在具体内容的组织安排上，力求少而精，通俗易懂，理论联系实际，减少理论，注重应用。

　　参加本书编写工作的有：吉林电子信息职业技术学院陈国山、孙文武、李长权、魏明贺、韩佩津、于春梅，安徽工业职业技术学院黄玉焕，夹皮沟黄金矿业公司马杰、曲长辉、李福祥，吉林海沟黄金矿业公司王晓峰、李中全、王宜勇。其中，第1～2章由陈国山编写，第3章由黄玉焕、陈国山编写，第4章及第7～8章由魏明贺编写，第5～6章、第12章由孙文武编写，第9～10章由韩佩津编写，第11章由于春梅编写，第13章及第14章由李长权编写。全书由陈国山、孙文武任主编，黄玉焕、李长权、魏明贺任副主编。

　　在编写过程中，得到了许多同行的支持和帮助，在此表示衷心的感谢。

　　由于水平所限，书中不当之处，诚请读者批评指正。

编　者
2007年9月

目　　录

1 矿井通风方式

1.1 矿井通风系统

1.1.1 通风系统的确定

1.1.1.1 统一通风及分区通风

在通风动力的作用和通风设施的控制下，新鲜空气由进风井巷进入矿井，经过各有关井巷供各需风地点使用后，污浊空气经回风道最后从回风井巷排至地表，这样的工程体系就是矿井通风系统。所以，矿井通风系统应包括通风动力、通风控制设施和通风网路三部分，如图 1-1 所示。

一个矿井构成一个整体的通风系统称为统一通风系统，如图 1-1 所示。一个矿井划分为若干个独立的、风流互相不连通的通风系统称为分区通风系统，亦即一个分区的风流不会跑到另一分区去，而且每个分区不仅具有各自的通风动力，还各自有一套完整的进风和回风井巷。

拟定通风系统时，首先要考虑采用统一通风系统还是分区通风系统，两者各有优劣，应根

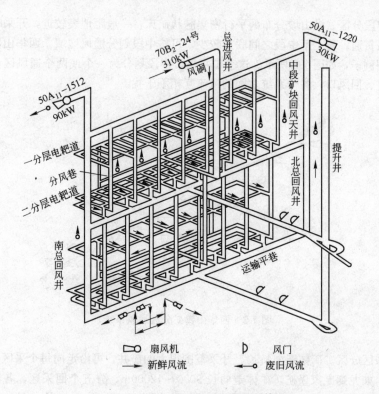

图 1-1 易门铜矿狮山坑通风系统

据各矿的具体情况进行比较确定。

统一通风系统进风井和回风井均较少，使用的通风设备也较少，便于集中管理。不能增加进、出风井的矿山，特别是矿井比较深的，采用全矿统一的通风系统比较合理。

我国金属矿井的实践表明，分区通风系统具有风路短、阻力小、漏风少、经营费用低、通风网路简单、风流易于控制、有利于进行风量的合理分配、易于克服井下火灾等优点。能否采用分区通风系统，主要取决于开凿通地表的通风井巷工程量的大小或有无现有井巷可供利用。

分区通风不同于在一个矿区内因划分成几个井田开拓而构成几个通风系统。分区通风各通风系统处于同一开拓系统中，井巷之间存在一定的联系。分区通风也不同于多台扇风机在一个通风系统中作并联通风。

分区通风区域划分的原则是，一般应将矿量比较集中、生产上联系紧密的有关地段划分为一个分区。目前国内冶金矿山主要有以下几种分区方法：

（1）按矿体分区。当一个矿井只有少数几个大矿体或有几个矿量比较集中的矿体群时，可将靠近的矿体或矿体群划为一个通风区，全矿划分为几个通风区。图 1-2 所示为柴河铅锌矿的分区通风系统，主提升井开凿在中间无矿带内，每个分区分别为开采两个大矿体服务，各自有独立的进风井、回风井。

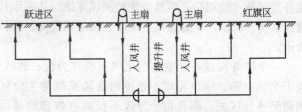

图 1-2 柴河铅锌矿分区通风系统

（2）按中段分区。沿山坡分布的平行密集脉状矿床，一般距地表较近，开采时常有井巷或采空区与地表贯通。若上下中段之间联系较少，可按中段划分通风区域。西华山钨矿就是这种划分法的典型例子，如图 1-3 所示。这个矿将每个中段划分为一个或两个通风区，每个通风区都有独立的进、回风口，各个系统之间的风流互相不干扰。

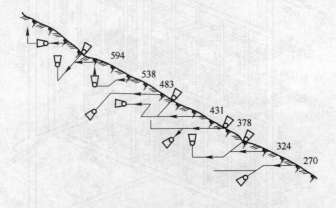

图 1-3 西华山钨矿分区通风系统

（3）按采区分区。矿体走向特长、开采范围很大的矿井，可沿走向每个采区建立一个独立的通风系统。如龙烟庞家堡矿，矿体走向长 9000～12000m，分五个回采区，各区之间联系甚少，每一个采区构成一个独立的通风系统，如图 1-4 所示。

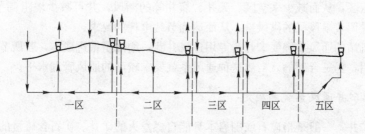

图 1-4 庞家堡矿分区通风系统

1.1.1.2 多风机串并联多级机站通风系统

在一个通风系统中可使用一定数量的扇风机，根据需要把扇风机分为若干级。用扇风机串联减少漏风，用扇风机并联进行合理分风，称为多风机串并联多级机站。

多级机站可分为三级、四级，以至五级、六级。一般多采用四级机站，其布置原则是：

（1）一级机站是压入式机站，在全系统内起主导作用，新鲜空气由它引入矿井，它的风量为全矿总风量；

（2）二级机站起通风接力及分风的作用，保证作业区域的供风，所以风机应靠近用风段作压入式供风；

（3）三级机站把作业区域的废风直接排至回风道，所以安装在用风部分靠近回风一侧作抽出式通风；

（4）四级机站是全系统的总回风，它把三级机站排出的废风集中起来排至地表，作抽出式通风。

根据生产工作面布置，开动二级和三级机站的部分扇风机，可以节省能耗。

图 1-5 所示为梅山铁矿北采区多级机站通风系统，在－200m 水平进风天井底部安装一级机站Ⅰ，由四台扇风机并联工作。由进风天井分风送给三个作业分层，分别在三个分层作业面的进风侧安装二级机站Ⅱ，每一机站都由两台扇风机并联工作。又分别在各分层的作业面出风侧安装三级机站，每一机站也由两台扇风机并联工作。在－140m 回风平巷安装四级机站，由四台扇风机并联工作。所以该系统共由 20 台扇风机联合工作。

由于采用几级机站，扇风机分段串联，每一机站的风压降低，全矿压力状态分布均衡，可减少扇风机装置的漏风，并使作业面

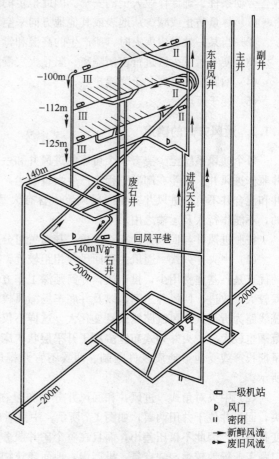

| ▭ 一级机站 |
| D 风门 |
| Ⅱ 密闭 |
| → 新鲜风流 |
| ▸ 废旧风流 |

图 1-5 梅山铁矿多级机站通风系统

附近调整为零压区，从而减少采空区、天井、溜井等的漏风，并可减少增阻调节风量的措施，根据实际需风量调节扇风机的供风量，从而达到节约电耗的要求。

但是多级机站的通风系统要求开凿专用进风井巷，增加了掘进成本，若所节省的电费能补偿这一部分费用，仍是合理的。当然这种通风系统要求较高的通风管理水平。

1.1.1.3 自燃矿井通风系统的确定

自燃发火矿井，一般是指矿石或围岩本身能自燃发火的矿井。矿石含硫量的高低是能否发生内因火灾的主要因素。一般认为含硫量在15％～20％时，就具有自燃发火的可能性；含硫量为40％～50％时，矿石的发火危险性最大。我国几个自燃发火的金属矿井，除湘潭锰矿外，其他均属含硫量较高的矿井。

松散的硫化矿石在适宜的温度条件下，会因漏风的作用能促进氧化自燃而产生并聚集热量，这些热量若不能及时排走，就会进一步促使矿石的氧化自燃。所以对高硫矿床防火的有效方法，是建立完善的通风系统，避免高温区的形成，减少漏风；选择合理的采矿方法，加强管理等。

在拟定自燃发火矿井的通风系统时，除一般矿井要求的原则外，还应考虑其特殊性氧化发热的工作面的通风工作除了排尘、排烟外，主要任务是降低温度、排出积热与稀释有毒气体、改善劳动条件、确保作业人员的安全。因此拟定的通风系统必须满足下列要求：

(1) 尽量防止或减少从地表或其他地方向采空区及火灾地区补给新鲜空气；

(2) 当某一处发生火灾时，所产生的高温和毒气烟雾不至于扩散到其他作业区；

(3) 便于对发火区进行密闭隔离、阻止火灾漫延，便于灭火；

(4) 网路结构要有利于降温排热；

(5) 便于反风。

1.1.2 通风方式的确定

每个通风系统至少要有一个可靠的进风井和一个可靠的出风井，在一般情况下，罐笼提升井兼作进风井。箕斗在卸矿过程中产生大量粉尘，会造成进风风源污染，如无净化措施，箕斗井和混合井不宜作进风井。在回风风流中含有大量有毒有害物质，所以回风井一般都是专用的，不能作行人及运输之用。

按照进风井与回风井的相对位置，其布置可分为三类：

(1) 中央并列式。通风井和回风井相距较近，并大致位于井田走向中央。中央并列式布置的优点是：基建费用少，投产快，井筒延深工作方便。缺点是：进、回风井比较近，两者间压差较大，故进、回风井之间，以及井底车场漏风较大，特别是前进式开采时漏风更为严重；风流线路为折返式，风流路线长且变化大，这样不仅压差大，而且在整个矿井服务期间压差变化范围也较大。中央并列式布置多用于开采层状矿床。对于冶金矿山，当矿体走向不太长、要求早期投产或受地形地质条件限制、两翼不宜开掘风井时，可采用中央并列式布置。如图1-6所示。

(2) 中央对角式。进风井和回风井分别布置在井田的中央和侧翼，一进风井位于井田中央，回风井位于井田两翼，如图1-7所示。中央对角式布置的优点是：风流路线比较短，长度变化不大，因此不仅压差小，而且在整个矿井服务期间压差变化范围也较小，漏风少，污风出口距工业场地较远。缺点是：投产慢，地面建筑物不集中，不利于管理。冶金矿山多用中央对角式布置。

（3）侧翼对角式。进风井与回风井分别布置在井田的两侧翼，如图1-8所示。侧翼对角式布置的优点是：基建费用少，地面建筑物集中，便于管理，在整个生产期长度变化不大，因此在整个矿井服务期间压差变化范围较小，漏风少，污风出口距工业场地较远，有利于环保。侧翼对角式缺点是：投产慢，风流路线比较长，压差大。

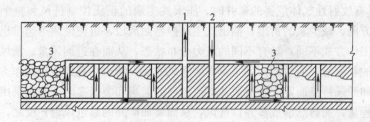

图1-6　中央并列式通风方式

1—出风井；2—进风井；3—已采完矿块

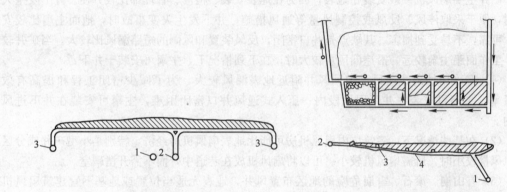

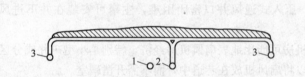

图1-7　中央对角式通风方式　　　　　图1-8　侧翼对角式通风方式

1—主井；2—进风井；3—出风井　　　　1—进风井；2—回风井；3—矿体；4—平巷

1.1.3　主扇工作方式

主扇工作方式有压入式、抽出式、压抽混合式三种。

（1）抽出式。主扇安装于回风井，而将废风从井下抽出，使井下空气呈"负压状态"。在一般情况下，抽出式通风应用比较广泛，其优点主要是无需在主要进风道安设控制风流的通风构筑物，便于运输、行人和通风管理工作，采场炮烟也易于排出。

（2）压入式。主扇安装于进风井，而将新鲜风流从地面压入矿井，使井下空气呈"正压状态"。下列情况适于采用压入式通风：

1）在回采过程中，回风系统易受破坏难以维护。

2）矿井有专用进风井巷，能将新鲜风流直接送往工作面。

3）当用崩落法采矿而覆盖岩层透气性很强，构成大量漏风，从而减少工作面实得风量时。

4）岩石裂隙及采空区中的氡，对进风部分造成污染。

（3）压抽混合式。进风井安装压入式的主扇，回风井安装抽出式的主扇，联合对矿井通风，使井下空气压力在整个通风线路上的不同地点形成不同的压力状态。采用压抽混合式通风时，进风段及回风段都安装主扇，用风部分的空气压力与它同标高的气压较靠近，漏风较少，风流流动方向稳定、排烟快、漏风少，也不易受自然风流干扰而造成风流反向；其缺点是管理不便。下列情况适于采用压抽混合式：

1）采场距地表近，漏风大，采用压抽混合可平衡坑内外压差，控制漏风量。

2）具有自燃危险的矿井，为了防止大量风流漏入采空区引起自燃。

3）开采具有放射性气体危害的矿井时，压入式主扇的正压控制进风和整个作业区段，以控制氡的渗流方向，减少氡的析出；抽出式主扇控制回风段，以使废风迅速排出地表。

由于主扇工作方式不同，具有不同的压力分布状态，从而在进回风量、漏风量、风质和受自然风流干扰的程度等方面也就出现了不同的通风效果。所以在确定主扇工作方式时，应根据矿床赋存条件和开采特点而定。若进风井沟通地面的老硐和裂缝多时，则宜采用抽出式，这样既减少密闭工程量，又自然形成多井口进风，从而增加矿井的总进风量；反之，回风井位于通地面的老硐和裂缝多的区域时，则宜采用压入式。

1.1.4　主扇安装地点

矿井主要扇风机一般安装在地表，因为在地表安装、检修、管理都比较方便。井下发生火灾时，便于采取停风、反风或控制风量等通风措施；井下发生灾变事故时，地面主扇比较安全、可靠，不易受到损害。其缺点是井口密闭，反风装置和风硐的短路漏风比较大。当矿井较深、工作面距主扇较远、沿途漏风量较大时，在下列情况下，主扇可安装于井下：

（1）需采用抽出式通风，但回风井附近地表漏风较大，为了减少密闭工程和提高有效风量率，主扇可安装在井下回风段内；压入式通风井口密闭困难，主扇可安装在井下进风段内。

（2）在某些情况下，建筑坑内扇风机房可能比地表扇风机房经济，特别是小型矿井或分区通风风量较小时，所需扇风机较小。可以将扇风机放在巷道中，而不需开凿硐室。

（3）有山崩、滚石、雪崩危险的地区布置风井，地表无适当位置或地基不宜建筑扇风机房时。

（4）有自燃发火危险和进行大爆破的矿井在井下安装扇风机时，应有可靠的安全措施。

主要扇风机，无论安设在地面或井下，都应考虑在安全的条件下扇风机的位置尽可能地靠近矿体，以提高有效风量率，此外在井下安设时，还应考虑到扇风机的噪声不致影响井底车场工作人员的工作。

1.2　矿井通风网路

1.2.1　中段通风网路

矿井通风工作的效果，主要应从送到工作面的空气数量及质量、粉尘合格率、有效风量率以及其他卫生标准、经济成本等方面来衡量，所以矿井应建立合理的通风系统。但是由于采掘工作面不断变动，通风系统常常遭到破坏，往往表现在工作面出现串联风流、漏风、反转风流、循环风流等方面，所以克服串、漏、反、循是通风管理工作必须注意的问题。

在拟定通风系统时，这也是首先要考虑的问题。一般来说，单一中段开采的矿井，比较容易克服工作面间的串联风流；多中段开采的矿井，就必须采取一定的措施。一些矿山根据各自的特点，创造了一些行之有效的方法。

中段通风网路是由各中段进风道和回风道所构成的通风网路，它是联结进风井和回风井的通风干线。建立中段通风网路主要是为了防止风流串联，同时也为了减小阻力、漏风少、风流稳定易于管理。

冶金矿山通常是多中段同时作业,如果对各中段入、回风流不适当安排,在一个中段内既有新鲜风流,又混进本中段和下部中段作业面排出的污风,势必造成风流污染,影响安全生产和工人健康。为使各中段作业面都能从入风井得到新鲜风流,并将所排出的污风送入回风井,各作业面风流互不串联,就必须对各风面的入、排风巷道同时安排,构成一定形式的中段通风网路结构。

中段通风网路是由中段进风道、中段回风道、矿井总回风道和集中回风天井等巷道联结而成的。

(1) 中段进风道。通常以中段运输道兼作中段进风道。当运输道中装卸矿作业产尘量大,或井底漏风严重且难以控制时,也可开凿专业进风道。

(2) 中段回风道。通常利用上中段已结束作业的运输道作下中段的回风道。如果回采顺序不协调,没有一个已结束的运输道可供回风之用,则应设立专用中段回风道。专用中段回风道可一个中段设立一条,或两个中段共用一条。

(3) 总回风道与集中回风天井。在开采中段最上部,维护或开凿一条专用回风道,用以汇集下部各中段作业面所排出的污风,并将其送到排风井,此回风道称为总回风道。建立总回风道可以省掉各中段回风道,但需补以集中回风天井。集中回风天井是沿走向分布的贯通各中段的回风天井,它可将各中段作业面排出的污风送入上部总回风道。

为解决多中段同时作业时风流串联,冶金矿山推广使用了以下几种中段通风网路结构。

1.2.1.1 棋盘式通风

这种网路由各中段进风道、集中回风天井和总回风道所构成。在上部已采中段维护或开凿一条总回风道,然后沿矿体走向每隔一段距离(60~120m),保留一条贯通上下各中段的回风天井,各天井与中段运输道交叉处用风桥或绕道跨过,另有一支巷道或通风眼与采场回风道沟通,各回风天井均与上部总回风道相连。新鲜风流由各中段运输平巷进入采场,污风通过采场回风巷引入回风天井,直接排到总回风道。其网路结构如图1-9所示。

棋盘式通风网路,能有效地消除多中段作业时回采工作面风流串联问题。但需开凿一定数量的回风天井,通风构筑物也较多,通风成本高。

锡矿山是一个缓倾斜、多中段、前进式开采的矿井,容易形成工作面间的串联风流。为此,在作业区域内,每隔一定水平距离,保留一条连通上下各中段并且通达总回风道的回风天井。回风天井用风桥跨过每个运输平巷。平巷进风,天井回风,其典型布置如图1-10所示。各作业地点的废风都设法引入回风天井里去,从而克服了工作面的废风串联,但是增加了通风工程量。

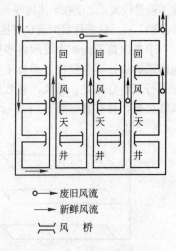

→○ 废旧风流
→ 新鲜风流
风 桥

图1-10 锡矿山棋盘式通风

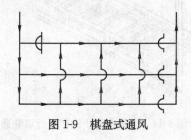

图1-9 棋盘式通风

1.2.1.2　上下间隔式通风

上下间隔式通风网路每隔一个中段建立一条脉外集中回风平巷，用来汇集上下两个中段的污风，然后排入回风井。在回风中段上部的作业面，由下中段运输道进风，风流上行，污风也汇集于回风道中排走。其网路结构如图 1-11 所示。

上下间隔式通风网路能够有效地解决风流串联问题，开凿工程量比平行双巷网路小，适于在开采强度较大的矿山使用。但应建立专用回风道，以防回风中段受到污染。并应加强主扇对回风系统的控制能力和回风调解，防止回流反向。

龙烟铁矿是一个缓倾斜中厚层状矿床，为了解决多中段同时开采的通风问题，用风门、风墙、风窗等通风构筑物使相邻的两个中段分别进、回风，其典型布置如图 1-12 所示。它不需要开凿其他的通风巷道。但在采区爆破频繁时，不利于下行风流采场炮烟的排出。

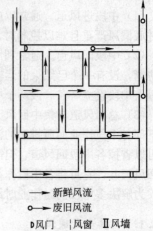

➙ 新鲜风流
⊶ 废旧风流
ᗝ风门　┊风窗　Ⅱ风墙

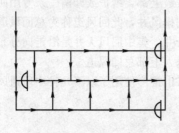

图 1-11　上下间隔式通风　　　　　　　　　图 1-12　龙烟铁矿上下间隔式通风

1.2.1.3　平行双巷通风

平行双巷通风网路每个中段开凿两条沿走向互相平行的巷道，其中一条靠近矿井底盘或在底盘围岩中，另一条靠近顶盘或在顶盘围岩中；一条作进风道，另一条作回风道，构成平行双巷通风网路。各中段采场均由本中段进风道得到新鲜风流，其污风可经上中段或本中段的回风道排走。其网路结构如图 1-13 所示。平行双巷通风网路，结构简单，能有效地解决风流串联问题。但是由于开凿工程量较大，适于在矿体较厚、较富，开采强度较大，对通风要求较高的矿山使用。有的矿山结合探矿工程，只需开凿少量专用巷道即可形成平行双巷，也可使用此种通风网路。

中条山蓖子沟矿为缓倾斜多中段有底部结构的崩落采矿法，其电耙巷道垂直于矿体走向，可以利用平行双巷分别进、回风，有效地克服了工作面的串联风流，其布置如图 1-14 所示。

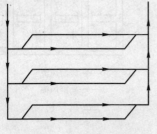

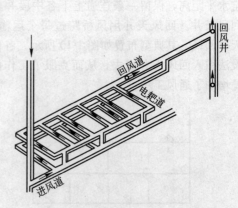

图 1-13　平行双巷通风　　　　　　　　　图 1-14　中条山蓖子沟矿平行双巷通风

1.2.1.4　梳式通风

当开采平行密集脉状矿床时，每一中段建立一条脉外集中回风道还不能将各层矿脉的污风汇集到回风道中来。盘古山矿建立了一种叫做梳式的通风网路结构，较好地解决了各层矿脉的回风问题。该矿将穿脉巷道断面扩大，然后用风幛隔成两格，一格运输及进风，另一格回风。回风格与沿脉回风平巷相连，构成了形如梳状的回风结构。各采场均由本中段的穿脉运输格进风，其污风则由本中段或上中段的回风格排入沿脉集中回风平巷。如图1-15所示。

此通风网路能有效地解决风流串联问题。但扩大穿脉巷道断面和修建风幛的工程较大，入、回风格相距很近，容易产生漏风。这种网路适于开采多层密集脉状矿体和对通风要求较高的矿井。

盘古山矿为平行密集脉状矿床，每一中段坑道纵横交错，新风与废风难以分开。在每一中段建立一条专用沿脉回风道，并将穿脉巷道断面扩大，用风幛隔成两格，一格作运输及进风，另一格回风；或用假顶将穿脉分成上下两格，分别作进、回风通路，回风格与沿脉回风道相接，从而克服了工作面之间的串联风流。由于回风道呈梳式结构，故称梳式通风，如图1-16所示。风幛及假顶可用砖、石、混凝土、木材等建成。

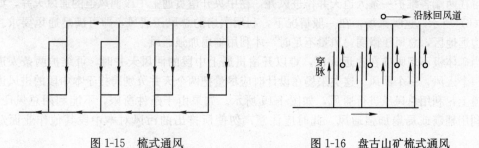

图 1-15　梳式通风　　　　　　　　　图 1-16　盘古山矿梳式通风

上述实例，是根据各自矿井的具体情况，采取相应措施，有效地克服了采场间的串联风流。这些例子中包含着一个共同的规律，即为了克服工作面的串联风流，必须根据矿井的具体情况，采取措施，使每个工作面的进风直接与新鲜风流相连；出风直接与废风相连。

1.2.1.5　阶梯式通风

当矿体由边界回风井巷中央入风井方向后退回采时，可利用上中段已结束作业的运输道作下中段的回风道，使各中段的风流呈阶梯式互相错开，新废风流互不串联。如图1-17所示。

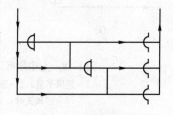

这种通风网路，结构简单，工程量最小，风流稳定，适用于能严格遵守回采顺序、矿体规整的脉状矿体，对回采顺序限制较大。

图 1-17　阶梯式通风

1.2.2　采场通风网路

金属矿井矿体情况复杂，采矿方法类型多，采场内工作点多。保证各工作面不产生废风串联，无烟尘停滞，是采场通风的主要任务。采场应有贯通风流，利用矿井总压差通风是最有效的采场通风方式，故各采场的进风应与矿井通风系统的新鲜风流连通；采场出风直接连通矿井通风系统的废风流；采场尽量形成上行风流以有利于炮烟排出。电耙道风流方向应与耙矿方向相反，以保证电耙司机在新鲜风流中操作。在采场设计时充分考虑这些因素，可使采场通风得到有效的解决。在没有条件利用矿井总压差通风形成贯通风流的采场，必须进行有效的局部通风。

建立合理通风系统的最终目的是使采矿和掘进作业面通风良好，空气清新，符合安全要求。而采场通风网路和通风方法，是保证整个通风系统发挥有效通风作用的最终环节，它是整个通风系统的重要组成部分。在进行采矿方法设计时，一定要对采场通风网路和通风方法做合理的安排。按各种采矿方法的结构特点，回采工作面的通风可归纳为以下三类：一是无耙道水平的巷道型或硐室型采场的通风；二是有耙道底部结构采矿方法的通风；三是无底柱分段崩落采矿法的通风。下面分别加以说明。

1.2.2.1　无耙道水平的巷道型或硐室型采场的通风

浅孔留矿法、充填法、房柱法和壁式陷落法的采场，均属于无耙道水平的巷道型或硐室型采场。这类采场的特点是凿岩、充填、耙矿作业都在采场内进行，风路简单，通风较容易，通常均采用贯穿风流通风。对于作业面较短的采场，可在一端维护一条人道天井作入风井，另一端有贯通上中段回风道的回风天井，如图 1-18（a）所示。对于作业面较长或开采强度较大的采场可在两端各维护一条人道天井作进风井，在中央开凿贯通上中段回风道的通风天井，如图 1-18（b）所示。这类采场，在一般情况下，利用主扇的总风压通风，即可满足通风要求。只是在边远地区，总风压微弱，风量不足时，才利用辅扇加强通风。

当矿体极不规则或在边远地区，难以开凿贯通上中段的回风天井时，可维护两条人道天井，一个入风，一个回风。这类采场在设计时应尽量把两个天井分别跨接于本中段的进风道和排风道上，利用总风压进行通风，如图 1-19 所示。如果由于条件所限，不能利用总风压时，则应利用辅扇或局扇加强通风。此时应注意，勿使所排出的污风对本中段其他作业面造成污染。

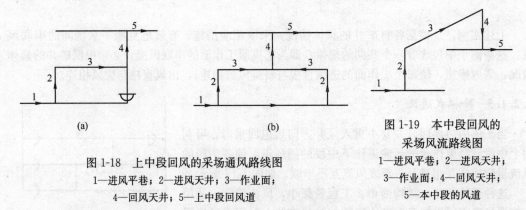

(a)　　　　　　　　　　　　(b)

图 1-18　上中段回风的采场通风路线图
1—进风平巷；2—进风天井；3—作业面；
4—回风天井；5—上中段回风道

图 1-19　本中段回风的
采场风流路线图
1—进风平巷；2—进风天井；
3—作业面；4—回风天井；
5—本中段的风道

对于采场空间较大，同时作业机台较多的硐室型采场，除合理布置进风天井与回风天井的位置，使采场内风流畅通，不产生风流停滞区以外，还应采取喷雾洒水及其他除尘净化措施。

1.2.2.2　有耙道底部结构采矿方法的通风

在崩落法、分段法、阶段矿房法及留矿法等采矿方法中，广泛采用耙道底部结构。这类结构出矿能力大，效率高，生产安全。有耙道底部结构时，采场作业面被分为两部分，一是耙矿巷道作业面；二是凿岩作业面。这两部分均应利用贯通风流通风，并应各有独立的通风路线，风流互不串联。耙矿巷道中的风流方向，应与耙矿方向相反，使电耙司机处于风流的上风侧。各耙矿巷道之间应构成并联风路，保持风流方向稳定，风量分配均匀，避免出现风流串联现象。

图 1-20 是有电耙巷道的留矿采矿法的风流路线图。新鲜风流由进风平巷经人道天井到电耙道及上部凿岩作业面，清洗作业面后的污浊风流，由回风天井排至上中段回风道。这种通风网路，使凿岩作业面与电耙巷道之间风流互不串联，通风效果好。

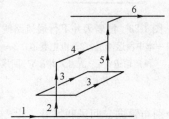

图 1-20 有电耙巷道
采场的通风路线图

1—进风平巷；2—人道天井；3—耙矿巷道；4—凿岩作业面；5—回风天井；6—回风井

图 1-21 是有电耙巷道的分段采矿法的风流路线图。分段采矿法的主要作业地点是分段巷道和电耙巷道。当作业面从矿房中央向两端后退回采时，在中央要开凿回风天井。新鲜风流由两端人道天井分别达到电耙巷道和各分段凿岩巷道，清洗作业面后的污风，通过矿房顶部的回风天井排到上中段回风道。这个通风网路虽然风流不串联，但是由于矿房空间大而排烟慢，而且风流分散，各分段巷道风速很低，通风状况不太好。不少矿山为了避免上下风流混淆，常采用集中凿岩，然后分次爆破，使出矿时二次破碎过程所产生的烟尘不至对上部分段凿岩工人造成危害。

利用凿岩天井（或硐室）进行中深孔凿岩工作的采矿方法，需要向凿岩天井和电耙巷道供给新鲜风流。当回风道在上中段、凿岩天井不因回采工作而遭到破坏的情况下，可用图 1-22 所示的通风网路。新鲜风流由运输巷道送入凿岩天井和电耙巷道，凿岩天井的污风由上部的回风联络巷排入上中段回风道，电耙巷道的污风则由电耙巷道末端的回风联络巷及脉外回风天井送入上中段回风道。

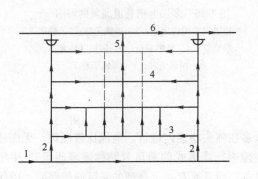

图 1-21 有电耙巷道的分段采
矿法通风路线图

1—进风平巷；2—人道天井；3—电耙巷道；4—分段凿岩巷道；5—回风天井；6—回风平巷

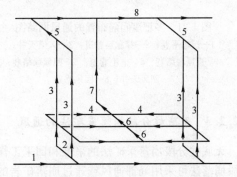

图 1-22 有电耙巷道和凿岩天井
采场的通风路线图

1—下运输平巷；2—穿脉运输道；3—凿岩天井；4—电耙巷道；5—回风联络巷；6—电耙巷道回风联络巷；7—回风天井；8—上中段回风平巷

当回风道在本中段，而且凿岩天井随回采工作逐渐被破坏的情况下，可用图 1-23 所示的通风网路。电耙巷道可由本中段入风道获得新鲜风流，污风由回风小井下行，流入本中段回风道。凿岩天井则从上中段入风道获得新风，风流下行，污风由漏斗口及电耙巷道尾部流到本中

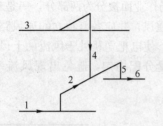

图 1-23　凿岩天井下行通风路线图
1—本中段运输道；2—电耙巷道；3—上中段运输道；4—凿岩天井；5—回风小井；6—回风平巷

段回风道。

开采厚大矿体时，一个采区内耙道数量很多。为防止风流串联，可采用进风巷道与回风巷道间隔布置的通风网路。图 1-24 是 4×4 共 16 条电耙巷道纵横间隔布置的通风网路图。新鲜风流均由人道天井进入电耙巷道，电耙巷道的污风汇集于两条回风联络巷后，由回风天井排走。这个通风网路虽能防止风流串联，但网路比较复杂，风流稳定性较差。

用崩落法开采缓倾斜厚矿体时，需要布置多层电耙巷道。欲使每层耙道均能独立地获得新鲜风流，可采用图 1-25 所示的通风网路。各层耙道均垂直走向，在顶、底盘分别布置进、回风联络巷，设专用进风天井和回风天井与各层耙道相连。新鲜风流由采区进风井送到各层耙道的进风联络巷，清洗各耙道的污风，通过各层耙道的回风联络巷送到采区回风天井，由上中段回风巷排走。

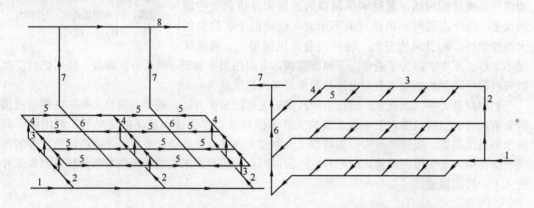

图 1-24　多耙道间隔布置的通风网路图
1—运输平巷；2—穿脉运输道；3—人道天井；4—进风联络巷；5—电耙巷道；6—回风联络巷；7—回风天井；8—回风平巷

图 1-25　多层电耙巷道通风网路图
1—耙道层专用进风道；2—进风天井；3—进风联络巷；4—电耙巷道；5—回风联络巷；6—回风天井；7—回风平巷

1.2.2.3　无底柱分段崩落采矿法的通风

无底柱分段崩落采矿法的采准和回采工作大多在独头巷道内进行，通风比较困难。无底柱分段崩落法可采用局部通风或通过崩落矿岩的空隙进行渗透式的通风（简称爆堆通风）。采用局部通风时，不仅要合理选用通风方式和通风设备，而且要有一个合理的采区通风路线，以保证在分段巷道内有较强的贯通风流，防止烟尘积聚和作业面风流串联，并为搞好回采进路的局部通风创造有利条件。

在一般情况下，分段巷道可布置在下盘脉外，各回采进路垂直矿体走向，沿走向每隔一定距离（40～50m）设一回风天井，通过支巷与各分段巷道和上中段回风平巷相连。新鲜风流由运输巷和设备井送入各分段巷道，污风由各回风天井排至上中段回风道，使各分段巷道内产生较强的贯通风流，如图 1-26 所示。

各回采进路用局扇通风时，抽出式或压入式均可，但抽出式可将作业面的污风通过风筒排到回风天井，不污染分段巷道和其他作业面，通风效果较好。图 1-27 是各回采进路局部通风布置图。

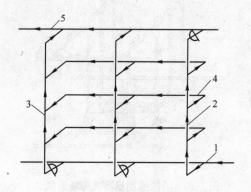 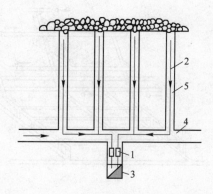

图 1-26　无底柱分段崩落采矿法采区通风网路图
1—进风平巷；2—进风天井；3—回风天井；
4—分段巷道；5—回风平巷

图 1-27　各回采进路局部通风布置图
1—局扇；2—风筒；3—回风天井；
4—分段巷道；5—回采进路

无底柱分段崩落采矿法中，应用爆堆通风是一个好方法。爆堆通风就是利用较高风压的扇风机，使新鲜风流经各回采进路强行通过已崩落矿岩的空隙，由上部空区排走，使各分段巷道和回采进路形成贯通风流。

大冶铁矿尖林山坑首先试用了这种通风方法。在覆盖岩层崩落以前，该矿采用抽出式通风系统，使污风通过矿岩的缝隙后，由上部回风道经扇风机排出地表（如图 1-28 所示）。当各进路爆堆的阻力为 392～490Pa（40～50mmH$_2$O）时，大部分回采进路的风速可达 0.3m/s，满足了通风要求。

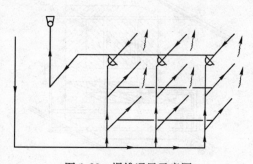

图 1-28　爆堆通风示意图

实践证明，这种通风方法，在条件适合的情况下，可使凿岩及出矿作业的粉尘浓度达到国家卫生标准，缩短了二次破碎及中深孔爆破时的排烟、排尘时间，通风效果较好。对于崩落矿岩通风阻力不太大的矿山可采用这种通风方法，此外，使用这种通风方法时，应加强对非作业进路的风流控制，以保证各作业进路内有足够的风量。

1.2.2.4　采场通风网路实例

以下简介几种采场通风网路的实例。

（1）阶段强制崩落法采场通风，如图 1-29 和图 1-30 所示。

（2）阶段矿房法采场通风，如图 1-31 所示。

（3）水平分层留矿法采场通风，如图 1-32 所示。

（4）薄矿脉采场通风，如图 1-33 和图 1-34 所示。

（5）无底柱分段崩落法采场，采掘作业都在独头巷道内进行，给采场通风防尘工作增加了困难。对这种采矿方法目前有两种通风方法。当爆下的矿石堆有一定的空隙，能利用矿井总压差形成贯通风流时，用爆堆通风，如图 1-35 所示；否则得依靠局扇通风，如图 1-27 所示。

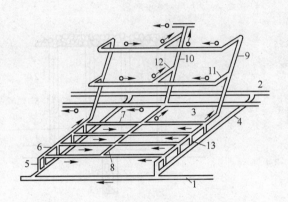

图 1-29　阶段强制崩落法采场通风 1

1—上盘运输平巷；2—下盘脉外运输平巷；3—脉外专用回
风巷；4—穿脉巷；5、13—进风人行天井；6—进风联络平
巷；7—耙矿巷；8—回风联络平巷；9—下盘回风人行天井；
10—回风天井；11—下盘回风联络道；12—下盘回风平巷

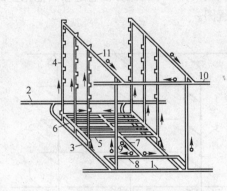

图 1-30　阶段强制崩落法采场通风 2

1、2、10—脉外平巷；3—矿块横巷；4—通风人行
天井；5—耙矿平巷；6—耙矿司机所在平巷；
7—集中横巷；8—下盘横巷；9—脉外
天井；11—通风横巷

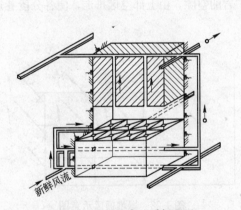

图 1-31　阶段矿房法采场通风

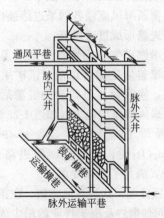

图 1-32　水平深孔分层留矿法采场通风

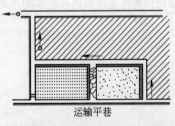

图 1-33　采场利用总压差通风

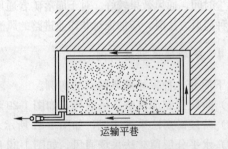

图 1-34　采场用局扇通风

（6）在使用爆堆通风时，当开采水平往下延深后，崩落带的透气性会逐渐降低，给通风造成困难。若采用高端壁无底柱崩落采矿法，如图 1-36 所示，则各分段之间的爆堆阻力相差不大，不受开采深度和覆盖层厚度的影响，有利于实现爆堆通风，凿岩及出矿工人呼吸带空气中

的粉尘浓度容易达到卫生标准，排出烟尘的时间大为缩短。但是应采取措施克服溜井的风流短路。

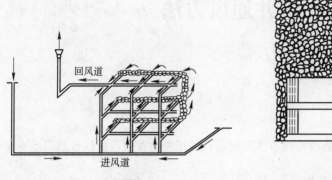

图 1-35　爆堆通风

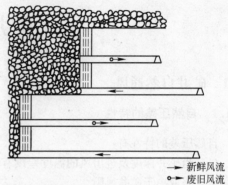

→ 新鲜风流
◦→ 废旧风流

图 1-36　高端壁爆堆通风

复习思考题

1　矿井统一通风及分区通风的应用条件是什么？

2　怎样确定具有自燃发火矿井的通风系统？

3　矿井常用的通风方式有哪些？

4　主扇的安装地点应该怎样确定？

5　试比较中央并列式、中央对角式和侧翼对角式三种通风方式的优缺点。

6　中段通风网络结构有几种，各有什么特点？

2 矿井通风方法

2.1 矿井自然通风

2.1.1 自然压差的特性

自然压差的特性有：

（1）当矿井深度及进出风的温度差没有改变时，自然压差是常数，所以自然压差一定时，其风量大小取决于矿井风阻。

（2）当矿井风阻一定时，进、出风井空气柱的温差改变，必然改变该矿井的自然压差，改变矿井的风量。在矿井风阻一定时，自然压差越大，自然风量越大。

（3）自然风流的方向主要受空气密度的支配，而空气密度又受到地温、气候等的影响。所以一般在冬季进风气温降低，自然通风往往与机械通风方向一致；在夏季则相反，自然通风往往会干扰机械通风。

（4）在一些岩石裂缝及溶硐发育的矿井，由于自然压差的作用，冬季由矿井向地表漏风，夏季由地表向矿井漏风，致使矿井空气中的氡及其子体浓度在冬季降低，在夏季升高。

（5）在机械通风的矿井里，当扇风机停止运转时，出风部分的气温不会因主扇停止运转而马上降低，自然风流也不会马上反向。

自然通风的优点主要在于不消耗电能，但其效果不稳定，会给通风管理工作带来一定的困难。因此，应根据矿井的具体情况，有利则用，有害则防。

2.1.2 矿井风流的自然分配

一个矿井有很多的井巷，它们之间的连接方式不同，风流在当中流动时，会出现许多分支及汇合现象，因而组成各种不同的通风网路。网路的状态在一定程度上影响着矿井的风量分配。

2.1.2.1 串联通风网路

图 2-1 所示是一个矿井通风系统，风流从进风井 1—2，经石门 2—3、运输平巷 3—4、回风石门 4—5 及回风井 5—6、风硐 6—7，由扇风机排出地表，构成串联风流。

在没有漏风的情况下，通过每条井巷的风量都相等；从进风点到出风点的压差就等于各条井巷风流压差之和。这种没有分支风流的连接，叫串联通风网路。

任何矿井的通风系统中，都会出现一些串联现象，所以串联是一种最基本的风流连接形式。但是由于它一方面使总风阻增大，另一方面当几个工作面的风流相串

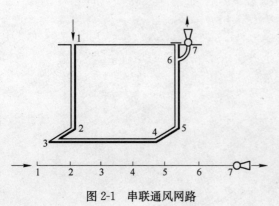

图 2-1 串联通风网路

联时，必然影响后部工作面风流的质量，所以在制定通风系统时，一定要避免工作面间风流的串联。因此，克服工作面之间的串联风流，是矿井通风管理工作的主要内容之一。

2.1.2.2 并联通风网路

图 2-2（a）是中央式开拓用抽出式通风的矿井通风系统。风流从提升斜井进入，在运输平巷分为左右两支进入工作面，经回风平巷汇合进入通风斜井，由扇风机排出地表。其风流线路可做成图 2-2（b）所示的通风示意图。由于风流同在点 A 分开以后，又同在另一点 B 相汇合，故这种风流网路称为并联通风网路。

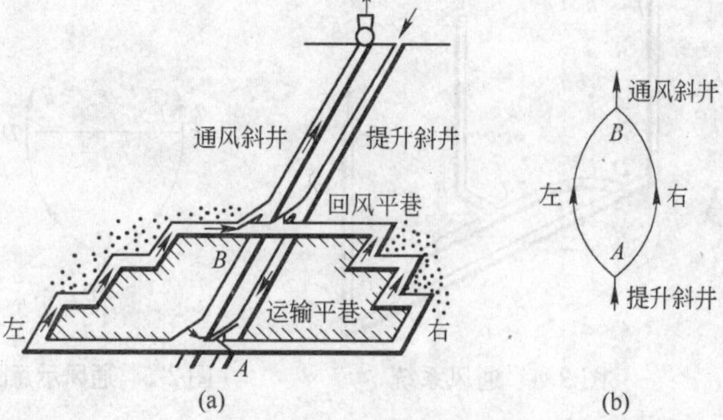

以上这些都是在没有考虑漏风的前提下提出的，出现漏风后就会增加风流分支，使风量的分配及风阻都会受到不同程度影响。

图 2-3 本来是串联风流，在采空区有漏风时，这些漏风流可以看成是与工作面风流并联的风流。这种漏风有两方面的影响：一是采空区的漏风流为层流，当压差增加后，漏风更为增加；另一方面，漏风与主风流之间的并联关系虽然使总风阻减小，但漏风使工作面所得到的风量减少。这种漏风是没有好处的。

图 2-2　并联通风网路

（a）通风系统图；（b）通风示意图

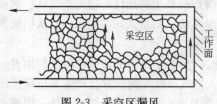

图 2-3　采空区漏风

又如图 2-2 所示，若进风井与出风井之间有漏风，这时漏风流与矿内风流也形成并联。同样的道理，虽然矿井总风阻减小，总风量会增加，但工作面所得到的风量显然减少。这种漏风也是极为有害的，所以克服矿井漏风，也是矿井通风管理工作的主要内容之一。

但是漏风能降低风阻，使总进风量增加，也应该是可以利用的一面。例如一个抽出式通风的矿井，漏风方向由地表向矿内，则地表向进风部分的漏风，可能会增加工作面的风量；而地表向出风部分的漏风，必然减少工作面得到的风量。又如压入式通风矿井，由于漏风方向由矿内向矿外，则进风部分向地表漏风，必然减少工作面风量；出风部分向地表漏风，可能增加工作面风量。

2.1.2.3 角联通风网路

如图 2-4 所示的通风系统，当风流从 A 进入后，必然从 F、G 两处排出。CD 及 CE 巷道的风流方向比较明显，但 DE 巷道的风流方向如何？

把这个通风系统作成如图 2-5 所示的通风示意图。从图中可以看出，DE 风流方向有三种可能，即或无风流，或流向 E，或流向 D。这种风流连接形式不能看成并联。它是在一个并联网路中，存在一条或几条巷道，从并联网路的一支风流跨接到另一支风流，这种通风网路叫做角联通风网路。跨接的这几条巷道，称为对角巷道。角联通风网路具有它的一些特点，其中一个主要特点是对角巷道中的风流方向不稳定。

为了搞清角联通风网路的基本特点，现用图 2-6 所示的一个典型的角联通风网路示意图来说明这个问题。当风流从 A 流向 D 时，除了对角巷道 BC 外，其他几条巷道的风流方向都比较明显。那么影响 BC 的风流方向的因素有哪些？

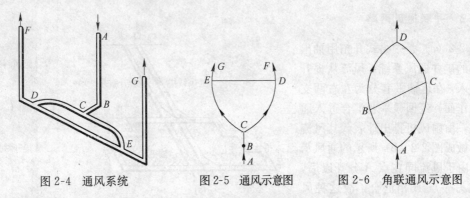

图 2-4　通风系统　　　　　图 2-5　通风示意图　　　　图 2-6　角联通风示意图

因为两点间的空气能量差是空气流动的根本原因，所以 BC 的风流方向完全取决于 B、C 两点的空气能量差。若 B 点空气能量大于 C 点，风流方向为 BC；反之，当 B 点空气能量小于 C 点，风流方向为 CB；若 B 点空气能量等于 C 点，则 BC 巷道内无风流。

2.2　扇风机通风

2.2.1　矿用扇风机

目前矿山常用的扇风机，就其构造来说，有离心式及轴流式两种。

离心式扇风机如图 2-7 所示。当工作轮在螺旋形机壳内旋转时，由于叶片所产生的离心力，在工作轮的中心部分出现低压区，空气被吸入；轮缘部分产生高压区，会把空气从扩散器压出去。工作轮由电机带动不停地转动时，空气就不断地从吸入口进入，并经工作轮从扩散器压出。

轴流式扇风机如图 2-8 所示。当工作轮不停地转动时，由于叶片为机翼形并与旋转面有一定夹角如图 2-9 所示，在叶片的后方会产生低压区并吸入空气，叶片的前方会产生高压区压出空气，从而不断造成风流。为了提高扇风机的效率，可在工作轮的入风侧安装流线体，以减少冲击损失；在出风侧安装整流器，它是一个固定的工作轮，目的在于克服工作轮排出的旋转风流；然后再经扩散器提高静压。为了提高扇风机的风压，可以再增加一组工作轮及整流器，这

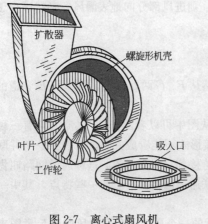

图 2-7　离心式扇风机

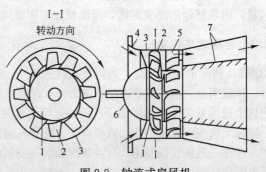

图 2-8　轴流式扇风机

1—工作轮；2—叶片；3—外壳；4—集风器；
5—整流器；6—流线体；7—扩散器

样的扇风机称为二级轴流式扇风机。轴流式扇
风机的叶片与旋转面的夹角称为安装角。安装
角 θ 可以调节。安装角增大，风压及风量都随之
增大。一般安装角有 15°、20°、25°、30°、35°、
40°、45°等七种角度。

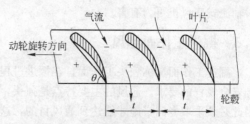

图 2-9 轴流式扇风机的叶片安装角
θ—叶片安装角；t—叶片间距

矿井使用的扇风机根据用途可分为：用于
全矿通风的扇风机，称为主要扇风机，简称主
扇；用于加强某一区域通风的扇风机，称为辅
助扇风机，简称辅扇；用于独头工作面通风的扇风机，叫局部扇风机，简称局扇。这些扇风机
根据使用要求，具有不同的特性。

2.2.2 扇风机的工作

2.2.2.1 扇风机的联合工作

如果一台扇风机满足不了工作的需要，可采用多台扇风机联合工作。联合工作的基本形式
有并联及串联两种。

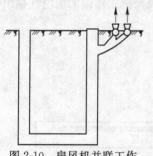

图 2-10 扇风机并联工作

（1）扇风机并联工作。如图 2-10 所示，两台扇风机并联
在一起工作，扇风机并联后，供风量增大。但是并联工作增加
的风量不会增加到单独工作的两倍。而且网路的风阻越大，并
联工作增风量越小。

（2）扇风机串联工作。当两台扇风机串联工作时，在风量
相等的情况下，压差相加。当矿井风阻一定时，联合工作风量
有所增加。

2.2.2.2 扇风机联合工作的运用

由以上所述可以看出：扇风机并联工作时，压差相等，风量相加；扇风机串联工作时，风
量相等，压差相加。联合工作的目的都是为了保证足够的风量。所以为了增加风量，一台扇风
机满足不了要求的情况下，网路的风阻小时应采用扇风机并联，网路风阻大时应改用扇风机串
联，才能收到良好效果。

2.2.2.3 自然通风及漏风对扇风机工作的影响

矿井自然风流随地表气温而变化，所以气温的变化，会影响到扇风机进风量的大小。当矿
井存在自然压差时，若自然风流方向与扇风机风流方向一致，则风量增加。若自然风流方向与
扇风机风流方向相反，则风量减少。所以自然通风与机械通风联合作用时，因自然通风引起的
增风量或减风量，都小于自然通风单独工作的风量。

漏风会减小矿井风阻，从而改变矿井的通风特性。漏风使扇风机工作风量增加可能产生不同
的结果。若是矿井进出风之间的漏风，必然减少工作面的风量。有的漏风也可能会增加工作面
的风量。扇风机工作风量虽然增加，但离心式风机的功率随之增加，效率随之降低；对轴流式来
说，漏风使功率减小，效率随之降低。所以漏风的存在，相比之下对离心式扇风机更为有害。

在自然通风与离心式扇风机风流方向一致时，虽然风量增加，但功率也随之增加，效率下
降。自然通风与轴流式扇风机风流方向相反时，风量减少，功率增加。所以自然通风的反作用

对轴流式扇风机更为有害。

2.3 掘进工作面通风

　　掘进工作面又称独头工作面，在掘进过程会产生粉尘及炮烟，不进行有效的通风，很难达到安全规程的要求。通风的主要特点是独头，只有一条通路，既要作进风，又要作出风之用。因此必须采取专门措施才能达到通风目的，这种措施通常称为局部通风。

2.3.1 平巷掘进的通风

2.3.1.1 局部扇风机通风

　　A　通风方式

　　在掘进工作面，局部扇风机必须配合专用风筒才能把新鲜空气送入工作面，并排出废空气。根据局扇及风筒的布置形式，通风方式可以分为压入式、抽出式及混合式。

　　在图2-11中，把局扇安装在有新鲜风流的巷道中，风筒引入工作面，使新鲜空气沿风筒压入工作面，这种方式称为压入式通风。

　　又如图2-12所示，扇风机安装在有新鲜风流的巷道中，利用风筒把工作面的废空气抽出，这种方式称为抽出式通风。

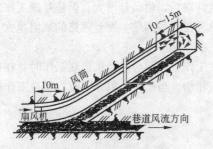

图2-11　压入式通风

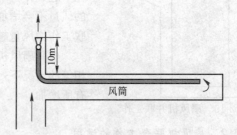

图2-12　抽出式通风

　　这两种通风方式有不同的特点，压入式通风从风筒口射出的风流作用距离较远，可达12m左右，风筒末端距爆破工作面可保持一定距离，避免爆破时打坏风筒。由于风流强力射出，容易把工作面的炮烟排尽。但是使用压入式通风，在爆破后，有毒气体是与新鲜风流混合后从巷道中排出的，排出时间较长。随着掘进巷道增长，爆破循环加快，巷道中炮烟不易排出。故压入式通风一般使用于掘进巷道长度在200m以内的效果较好。

　　在采用抽出式通风时，若风筒入风口能伸入到爆破后的纯炮烟区域中，纯炮烟的排出较快。由于炮烟及矿尘在风筒内流动，则掘进巷道内为新鲜风流，可改善作业条件，尤其当工作面使用柴油设备时，效果更佳。但风筒入风口的吸风距离很小，约2m左右，要求入风口距离工作面很近，这在爆破时是难以实现的。风筒吸风口附近的风速随着距吸风口距离的增长而下降，在工作面附近就会出现炮烟停滞区域。风筒吸风口距工作面距离越长，炮烟停滞区域越大，排出炮烟越困难。

　　在巷道掘进时，一般很少使用单一的抽出式通风。随着巷道掘进长度增加，当使用压入式通风不能把巷道中的炮烟排尽时，应使用混合式通风。

　　混合式通风布置如图2-13所示。它充分利用了压入式及抽出式的优点，只要使用得当，通风效果较好。为了防止循环风流产生，在选择扇风机时，应使抽出式扇风机的风量比压入式的风量大20%～25%，否则废风不能有效排出。

所以在巷道掘进时，先使用压入式通风，随着爆破工作面向前移动，风筒也随之增长，使风筒出风口距工作面保持 10～15m。掘进距离达到 200m 以后，改用混合式通风。若使用柔性风筒，按图 2-14 布置。在混合式通风中，压入式的风筒最初只有 50m 长，并保持出风口距工作面 10～15m 的距离。随着工作面向前移动，增加压入式风筒，当风筒加至 200m 左右时，搬动一次压入式扇风机，并把压入式的风筒改为 50m 长，同时增加抽出式风筒，使两者的风筒在巷道中相重合 20～30m。随着工作面向前移动，继续增加压入式风筒。所以只需每掘进 150m 才移动一次扇风机。

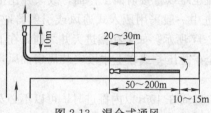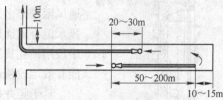

图 2-13 混合式通风　　　　　　图 2-14 用柔性风筒的混合式通风

B 安装局扇必须注意的问题

安装局扇必须注意如下问题：

(1) 克服工作面的串联风流。在布置通风方式时，应避免工作面间串联风流，各工作面的废风应直接排往回风道。

(2) 克服漏风。漏风是影响局扇通风的一个很重要的因素，在现场往往被人们忽视，从而使通风效果很差。在掘进过程中，炮崩、矿车碰撞等原因，经常引起风筒破损漏风。遇到这种情况必须及时补漏。所以，在井下应将破漏的胶皮风筒擦干，涂上胶水及时就地补漏。

(3) 克服循环风流。除按图 2-11～图 2-14 的要求布置局扇外，当通风距离较长需要局扇串联工作时，若两台扇风机串联在一处，往往因压差增加而增加漏风，但两台局扇相距太远也不恰当。处理不好会使工作面排出的废风重新进入工作面反转循环。如果是柔性风筒，还会吸扁风筒。一般来说，两台局扇的距离最好为风筒全长的三分之一。局扇的工作风量必须小于安装局扇巷道风量的 70%，循环风流才不会产生。

(4) 压入式出风口的风筒要平直，以克服工作面的废风涡流循环。

(5) 局扇应连续开动，以使工作面的炮烟、矿尘及其他有害气体浓度符合卫生标准。

2.3.1.2 总风压通风

在条件允许时，可以利用矿井的总压差把新鲜空气引入工作面，布置方式按图 2-15 安装风筒及按图 2-16 安装风幛。利用风幛把掘进巷道沿走向分隔开，新鲜风流由一侧进入，经工作面使用后由另一侧排出。

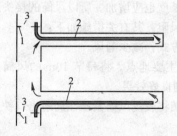

图 2-15 安装风筒利用总压差通风　　　　图 2-16 安装风幛利用总压差通风
1—挡风墙；2—风筒；3—调节风窗

但是利用总压差通风会直接增加主扇负荷而相应地减少矿井的总进风量，一般只用于几十米长的通风距离。

2.3.2　天井掘进与竖井掘进的通风

掘进天井时，由于爆破后炮烟温度高、密度小，容易聚集在工作面；天井断面窄小，又分

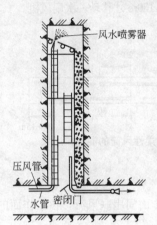

图 2-17　天井掘进通风

为梯子间及管道间，还架设安全棚等，可见天井通风不仅敷设风筒困难，而且风筒的风流也难以直接射向工作面，故天井比平巷通风困难得多。天井掘进中一般采用压入式通风或引射器通风、风水混合式通风，如图 2-17 所示。如果在掘进天井之前，在上下中段用钻孔贯通，利用全矿总压差或在上中段安装局扇抽风，则能有效地改善通风条件。

对于竖井掘进通风，井筒在 40m 以内掘进时，可以不必安装局部扇风机，依靠空气的自然运动即可排出工作面炮烟。深度增加后，必须采用局扇通风。局扇安在地表，风筒接到工作面。由于炮烟密度小，有向上流动趋势，采用压入式通风效果较好。

2.3.3　风筒的应用

局部扇风机通风中，风机主要是克服风筒风阻，而风筒风阻及漏风直接影响通风效果，所以风筒的悬挂及接头的优劣直接影响局部通风效果。目前常用的风筒有金属风筒及柔性风筒两种。

（1）金属风筒　用厚 1.2～3mm 的白铁皮制成，一般做成 3m 一节，用法兰盘连接，内夹橡皮垫圈。它的好处是可以用于负压状态下的通风。但接头处容易漏风，移动搬运不方便。

（2）柔性风筒　以玻璃布作衬布，外表压上塑料称为"塑料人造革风筒"，压上橡胶称为"胶皮风筒"。柔性风筒耐酸耐湿、重量较轻，可以折叠，每节长 10m，安装搬运方便，漏风小。当压差增大，金属风筒接头处漏风增大，而柔性风筒则相反，其接头处的金属圈顶得更紧，反使漏风减少。所以柔性风筒在矿井得到普遍使用。

实践证明，一台局扇，风筒如果使用不当，送风距离只有几十米；一般情况下，送风距离为 200m；对风筒悬挂及接头稍加处理，送风距离就可达 400～500m。

在巷道掘进时，掘进距离在 200m 以内，使用压入式通风，只要按一般接法，并使风筒悬挂平直，即可收到良好效果。当巷道掘进增长后，改用混合式通风时，压入式的这一台扇风机每前进 150m 就应搬动一次，所以风筒按一般接法即可。在使用柔性风筒时，抽出式的这一台，也要每前进 150m 才搬动一次局扇，增长一次风筒。但作为抽出式的风筒安装后，一直要使用到巷道掘进作业全部结束。随着巷道距离增加，风筒长度也应增加。所以风筒的接头及悬挂，从开始就必须引起足够重视，要尽量防止漏风并减小风阻。其有关措施如下：

（1）改进风筒接头。根据风筒特点，选择合理的接头方式，减少漏风。

（2）减少风筒接头。风筒接头处是漏风及风阻增大的主要地点。将每节 10m 的风筒用胶浆接成 100m 长，使用于混合式通风的抽出式部分，能收到良好效果。

（3）防止漏风。在局扇及胶皮风筒的连接处，用外压圈将胶皮风筒紧压在局扇出口铁皮风筒外。胶皮风筒的针眼应全部用胶水粘盖。

（4）降低风阻。风筒的悬挂必须做到"吊挂平直，拉紧吊稳，逢环必吊，缺环必补，拐弯缓慢，放出积水"。应垫高局扇，使之与风筒在同一高度。若在风筒出口换上一段铁皮风筒，

则能明显地减小风阻。

2.4 矿井通风工作

2.4.1 主扇通风工作

主扇通风工作的要求有：

（1）认真完成交接班工作，交流设备运输情况，认真检查设备及仪表运行状况。做好交接班记录工作。

（2）工作过程中，要坚守岗位，不准离开机房，注意倾听设备运转声音，观察电压表、电流表、风流表的状态，出现问题及时处理。

（3）主扇运行过程中，严禁触及设备的运转部位。

（4）做好经常性维护工作，经常检查设备润滑情况，对旋转部分如轴承、轴瓦经常注油。

（5）开关电器开关及按钮时要穿好高压绝缘靴，戴好绝缘手套，站在绝缘板上操作。

（6）主扇发生事故或需要停车时，值班人员必须立即通知调度和安全科，以统一调度，调整生产，未经同意不准擅自停开主扇风机。

（7）要保持机房和设备整齐干净，每班清扫和保持卫生，文明生产，但严禁使用湿抹布擦电器设备及按钮。

2.4.2 井下通风工作

井下通风工作的要求有：

（1）由于通风工作的特殊性，通风工不许单独井下作业，必须两人或两人以上同时作业。回风巷、天井、独头井巷要加倍注意，并且佩戴好必要的劳动保护用品。

（2）进入某地点工作前，首先要确认地点的安全性，包括风流畅通情况、顶板稳固情况、岩壁的安全状况等。确认工作环境安全可靠无危险方可开始工作。

（3）风机和风筒等材料和设备的运输要使用平板车，不许用矿车运输。运输过程中要捆绑牢固、装卸、移动风机时要有专人指挥。大家步调一致，严防挤伤手脚，并注意脚下障碍物。

（4）运输设备的过程中要注意设备的宽度和高度，严禁撞坏架线、电线电缆、风水管线及各种电器设备。

（5）安装局扇时，局扇的底座应该平整，局扇应安装在木制或铁制的平台上，电缆和风筒应吊挂在巷道壁上，吊挂距离为5～6m，高度以不应妨碍行人和车辆的运行为宜，做到电缆接头不漏电、风筒接头不漏风，多余的电缆应该盘好放置在宽敞处的巷道壁上，局扇开关至风机的距离及其高度要适中。

（6）通风风筒的安装必须要平直牢固，百米漏风量在10%以内，吊挂风筒的铁线与架线应采取一定的安全绝缘、隔离措施，以免发生触电现象。

（7）进入局扇工作面前要注意观察工作面炮烟情况，严禁顶烟进入工作面，开启局扇前应对风机的各部进行认真仔细的检查，确认设备状态良好才可开机工作。

（8）多台风机串联工作时，应该首先开动抽风机，然后开启进风机，停止工作时首先关闭进风机，然后关闭抽风机。

（9）通风工要经常检查局扇的运行情况、各种通风设施的工作状况，保证风流畅通、通风设施完好。检修风机时，首先要断开电源，严禁带电检修。在通风设备工作时严禁触及设备的运转部分。

2.4.3　通风注意事项

通风作业应注意以下事项：

（1）作业前佩戴好劳动防护用品，严格遵守有关安全技术规程和安全管理制度。

（2）及时按设计要求安装风机和风筒，并要固定牢固可靠。

（3）安装作业点，遇有装岩机、电耙子、木料等影响安装时，必须同有关单位联系移设，不得自行开动。

（4）禁止一人上天井作业，登高作业要系安全带。

（5）对通风不良的作业面要及时安装局扇。各局扇、吸风口必须加安全网。

（6）拆卸风机风筒时，要相互配合，防止掉下伤人，搬运时须绑扎牢固，防止碰坏设备和触及机车架线。

（7）负责维修局扇风机、风筒，发现有漏风现象及时修理。拆卸下的风机、风筒应放在不影响人员和设备运行的地点。

（8）安装完后须试车，确认机械、电气正常后方准离开，属安装完毕。

（9）经常到现场检查局扇运转情况，发现声音异常等故障应及时停机进行处理。发现风筒不够长，要及时接到位，保证排污效果。

（10）掘进工作面和个别通风不良的采场，必须安装局部通风设备。局扇应有完善的保护装置。

（11）局部通风的风筒口与工作面的距离：压入式通风不得超过 10m；抽出式通风不得超过 5m；混合式通风，压入风筒不得超过 10m，抽出风筒应滞后压入风筒 5m 以上。

（12）进入独头工作面之前，必须开动局部通风设备。独头工作面有人作业时，局扇必须连续运转。

（13）停止作业并已撤除通风设备而又无贯穿风流的采场、独头上山或较长的独头巷道，应设栅栏和标志，防止人员进入。如需要重新进入，必须进行通风和分析空气成分，确认安全后方准进入。

（14）井下产尘点，应采取综合防尘技术措施。作业场所空气中的粉尘浓度，应符合 TJ36《工业企业设计卫生标准》的有关规定。

（15）湿式凿岩的风路和水路，应严密隔离。凿岩机的最低供水量，应满足凿岩除尘的要求。

（16）装卸矿（岩）时和爆破后，必须进行喷雾洒水。凿岩、出渣前，应清洗工作面 10m 内的岩壁。进风道、人行道及运输巷道的岩壁，应每季至少清洗一次。

（17）防尘用水，应采用集中供水方式，水质应符合卫生标准要求，水中固体悬浮物应不大于 150mg/L，pH 值应为 6.5~8.5。贮水池容量应不小于一个班的耗水量。

（18）接尘作业人员必须佩戴防尘口罩。防尘口罩的阻尘率应达到Ⅰ级标准（即对粒径不大于 5μm 的粉尘，阻尘率大于 99%）。

（19）全矿通风系统应每年测定一次（包括主要巷道的通风阻力测定），并经常检查局部通风和防尘设施，发现问题，及时处理。

（20）定期测定井下各产尘点的空气含尘量。凿岩工作面应每月测定两次，其他工作面每月测定一次，并逐月进行统计分析、上报和向职工公布。粉尘中游离二氧化硅的含量，应每年测定一次。

（21）矿井总进风量、总排风量和主要通风道的风量，应每季度测定一次。主扇运转特性及工况，应每年测定两次。作业地点的气象条件（温度、湿度和风速等），每月至少测定一次。

（22）矿山必须配备足够数量的测风仪表、测尘仪器和气体测定分析仪器等，并每年至少要校准一次。

（23）矿井空气中有毒有害气体的浓度，应每月测定一次。井下空气成分的取样分析，应每半年进行一次。

复习思考题

1 矿井自然风流是怎样形成的？
2 自然压差有什么特性？
3 常使用的扇风机有哪几种，各有什么优点？
4 扇风机有几种工作方式，分别是怎样工作的？
5 平巷掘进常用的通风方式有哪些？
6 天井掘进常用的通风方式有哪些？
7 井下通风工作的主要任务有哪些？
8 井下通风工作有哪些注意事项？

3 井下通风管理

3.1 井下空气质量与检测

3.1.1 井下空气环境

为了保证工人的身体健康和提高劳动生产率，需要创造一个舒适的劳动环境。不论在工作或休息时，人体都在不断地产生热量和散发热量以保持热平衡，劳动强度越大，散发的热量就越多。若热量不能充分散发，会感到闷热；体内积热严重，会中暑。反之，人体过量散热会导致感冒。只有当人体产生的热量与散发的热量相平衡，使体温保持在 36.5～37℃ 时的外部条件才是最合理的。

人体借助于对流、辐射及汗水蒸发三种方式向空气散发热量。影响对流散热的是人体与周围空气的温度差和空气的流动速度；辐射的效果是受人体及周围介质温差大小的影响的；汗水蒸发与空气温度、湿度和风流速度都有关系。这样可以看出，影响人体散热的条件是空气温度、湿度及其流动速度的综合作用，称为矿内气候条件，它对人体的健康及劳动生产率的提高有着重要的影响。

3.1.1.1 矿内空气的温度

矿内空气温度是矿内气候条件的重要因素。温度过高，人体散热困难；温度过低，则散热太快，人体过冷。最适宜的矿内空气温度是 15～20℃。

矿内空气的温度受多种因素的影响。

（1）地面空气温度的变化。地面空气温度对井下温度有直接影响。冬季地面冷空气进入矿井，可使矿内空气温度降低，甚至发生结冰现象。夏季地面热空气进入矿井，可使井下温度升高。这种影响对较浅的矿井比较明显，因为风流进入矿井后，不能有充分的热交换时间。而对较深的矿井则影响不太显著。

（2）岩石温度。浅部岩石温度是随地表温度而变化的；但从恒温带以下，则岩石温度随着深度的增加而升高，不受地表气候的影响。恒温带的深度一般为 20～30m，其温度等于该地区空气的年平均温度。由于岩石性质种类不同，岩石温度每增加 1℃ 所相应的下降深度叫地温率。根据地温率可计算不同深度岩石的温度。当矿井开采深度增加后，温度的升高将是一个显著的问题。如南非的深部矿井中 2750m 水平的岩石温度高达 43.5℃；印度的奥列古姆矿井在 2750m 水平，岩石温度高达 61.5℃。

（3）氧化生热。对于硫化矿床，矿石的氧化是高温的直接原因。如安徽向山硫铁矿的独头工作面气温曾达 40℃。

（4）水分蒸发。水分蒸发时从空气中吸收热量，使空气温度降低。1g 的水蒸发可吸收 2449J 的热量，$1m^3$ 的空气吸收或放出 1298J 热，将使空气温度升高或降低 1℃。所以在 $1m^3$ 空气中有 1g 水蒸发，将使空气温度降低 1.9℃。

（5）空气受压缩或膨胀。当空气向下流动时，随着温度的增加，空气受压缩而放出热量，一般垂直深度每增加 100m，气温增高 1℃；当空气向上流动时，因膨胀而吸热，平均每升高 100m，气温下降 0.8～0.9℃。

（6）矿井通风。矿井通风对矿井气温有直接影响。许多矿井的实践表明，在高温工作面通过适量的风流，气温会显著下降。因为空气流过巷道或工作面时，吸收热量排出地表。若气温较低，风流速度过大会使人体大量散热，所以根据不同的气温有不同的风速要求。如表 3-1 (a) 所示。

为了给井下工人创造一个良好的劳动环境，GB 16424—1996《金属非金属地下矿山安全规程》（以下简称为"安全规程"）规定：井下作业地点最高允许温度为 27℃，否则必须采取降温措施。

井下最高允许风速不得超过表 3-1 (b) 的规定。

表 3-1 (a)　不同气温下的风速要求

空气温度/℃	风速要求/m·s⁻¹
小于 15	不大于 0.5
15～20	不大于 1.0
20～22	不低于 1.0
20～24	不低于 1.5
24～25	不低于 2.0

表 3-1 (b)　井下最高允许风速

井巷名称	最高允许风速/m·s⁻¹
专用风井、风硐	15
专用材料提升井	12
人员、材料提升井	8
风桥	10
主要进风道	8
运输巷道	6
采矿场、采准巷道	4

（7）其他因素。如机电设备散热、灯火燃烧、人体散热等对气温也有一定的影响。

3.1.1.2　矿内空气的湿度

矿内空气中常含有一定的水蒸气，衡量矿内空气中所含水蒸气量的参数是湿度。单位体积或单位质量的空气所含有的水蒸气量称为空气的绝对湿度或实际湿度；在某一温度时，单位空气所含有的最大水分称为该温度时的饱和湿度。过多的水分将变为水滴。

在同温度的情况下绝对湿度与饱和湿度之比的百分数，称为相对湿度，表示为：

$$\varphi = \frac{\gamma_A}{\gamma_B} \times 100\%$$

式中　φ——空气的相对湿度，%；

　　　γ_A——空气的绝对湿度，g/m³；

　　　γ_B——同温度的空气饱和湿度，g/m³。

对人体有影响的主要是相对湿度，所以一般所指的湿度是相对湿度。相对湿度低于 40% 说明空气极为干燥，高于 80% 表示空气比较潮湿。湿度过大，则人体出汗不易蒸发；湿度过小则感到干燥并引起黏膜干裂。湿度一般以 50%～60% 为宜。湿度对人体散热有一定的影响，但远不如风速及温度的作用明显。

所以，创造良好气候条件的措施，首先仍然是合理的通风。在高温矿井还可采用喷水降温。此外，我国南方的矿井用岩石冷却进风温度，可使工作面气温降低 2～5℃；北方矿井采用旧巷道在冬季预热进风，亦收到良好效果。

3.1.1.3　矿内空气主要成分

空气主要由氧（O_2）、氮（N_2）和二氧化碳（CO_2）所组成。金属矿山井下常见的对安全生产威胁最大的有毒气体有一氧化碳、二氧化氮、二氧化硫、硫化氢等。氧是人与动物呼吸和物质燃烧不可缺少的气体，井下空气中二氧化碳浓度过大，会使氧含量相对减少，使人中毒或窒息；氮对人体无害，但空气中氮含量增加，也会使氧气含量相对减少，而使人窒息；当人体吸入的空气含有一氧化碳时，血液就要多吸收一氧化碳，少吸入氧气，当血液中一氧化碳达到饱和时，血液就完全失去输送氧的能力，使人死亡；二氧化氮遇水后生成硝酸，对人的眼、鼻、呼吸道和肺部都有强烈的腐蚀作用，以致破坏肺组织而引起肺部水肿；硫化氢易溶解于水，能燃烧，性极毒，能使人体血液中毒，并对眼膜和呼吸系统有强烈的刺激作用；二氧化硫对呼吸器官有腐蚀作用，严重时引起肺水肿。

3.1.1.4　矿内空气其他危害

自然界存在着很多放射性元素，它们在不断地进行衰变，并不断放出 α、β、γ 射线。一种原子核放出射线后，变成另一种原子核，称为放射性衰变。现已查明，自然界存在铀、钍、锕三个衰变系，它们都有一个在常温常压下以气体形式存在的放射性元素，其中铀系中的氡容易对井下工作人员造成危害。在凿岩、爆破、运输及破碎岩石过程中会产生大量矿尘。小于 $5\mu m$ 的粉尘进入肺细胞后，被吞噬细胞捕捉并排出体外。若进入肺细胞的是硅尘，一部分被排出体外；余下的由于其毒性作用，破坏了吞噬细胞的正常机能，使细胞逐渐变性坏死，肺失去弹性，这就是人们常说的硅肺病（旧称矽肺病）。

3.1.2　井下环境检测

3.1.2.1　有毒气体的检测

A　有毒气体检测原理

利用各种检定管测定空气中各种有害气体的原理是：根据各种待测气体和检定管中指示剂发生化学变化后指示剂变色的深浅或长度来确定各种气体的浓度。前者称为比色法，后者称为比长法。目前生产的有一氧化碳、硫化氢和氧化氮等几种检定管。

比长式检定管测定一氧化碳浓度的原理是：利用吸附五氧化二碘和发烟硫酸的硅胶作指示剂，置于玻璃管中；当含有一氧化碳的气体通过检定管时，检定管中的指示剂与一氧化碳相接触并起化学反应，一氧化碳将五氧化二碘还原，产生一个棕色变色圈（游离碘），变色圈的长度与通过检定管的气体中的一氧化碳浓度成正比。因此，根据变色圈的长度就可以指示一氧化碳的浓度，并从检定管的刻度上直接读出被测气体的一氧化碳浓度。

B　有毒气体检测仪器

常用检测仪器的分类如表 3-2 所示，常用检测仪器如表 3-3 所示。

表 3-2　仪　器　分　类

分类方式	类	型	
使用方式	袖珍式	携带式	固定式
显示方式	指针式	数字式	光柱式
工作方式	间断式	连续式	
输出方式	报警式	控制式	
采样方式	泵吸式	扩散式	

表 3-3 有毒气体检测仪器

序 号	仪 器 名 称	测 量 范 围
1	一氧化碳检测报警仪	$0\sim2000$（$\times10^{-4}\%$）
2	一氧化碳检测报警仪	$0\sim10000$（$\times10^{-4}\%$）
3	氧气检测报警仪	$0\sim30\%$（体积分数）
4	硫化氢检测报警仪	$0\sim100$（$\times10^{-4}\%$）
5	硫化氢检测报警仪	$0\sim1000$（$\times10^{-4}\%$）
6	二氧化硫检测报警仪	$0\sim100$（$\times10^{-4}\%$）
7	二氧化硫检测报警仪	$0\sim1000$（$\times10^{-4}\%$）
8	氯气检测报警仪	$0\sim50$（$\times10^{-4}\%$）
9	氰化氢检测报警仪	$0\sim30$（$\times10^{-4}\%$）
10	一氧化氮检测报警仪	$0\sim100$（$\times10^{-4}\%$）
11	二氧化氮检测报警仪	$0\sim100$（$\times10^{-4}\%$）
12	甲烷检测报警仪	$0\sim4.0\%CH_4$
13	可燃气体检测报警仪	$0\sim100\%LEL$
14	甲烷/氧气检测报警仪	CH_4：$0\sim4.0\%$ O_2：$0\sim30\%$（体积分数）
15	甲烷/一氧化碳检测报警仪	CH_4：$0\sim4.0\%$ CO：$0\sim1000$（$\times10^{-4}\%$）
16	三合一气体检测报警仪	CH_4：$0\sim4.0\%$ CO：$0\sim1000$（$\times10^{-4}\%$） O_2：$0\sim30\%$（体积分数）
17	四合一气体检测报警仪	CH_4：$0\sim4.0\%$ CO：$0\sim1000$（$\times10^{-4}\%$） O_2：$0\sim30\%$（体积分数） H_2S：$0\sim100$（$\times10^{-4}\%$）
18	二氧化碳检测仪	$0\sim2000$（$\times10^{-4}\%$）
19	氢气检测报警仪	$0\sim2000$（$\times10^{-4}\%$）
20	臭氧检测报警仪	$0\sim2000$（$\times10^{-4}\%$）
21	气体检测仪校准装置	（$CH_4/CO/O_2$）
22	氨气检测报警仪	$0\sim100$（$\times10^{-4}\%$）

3.1.2.2 空气含尘量的测定

粉尘检测是以科学的方法对生产环境空气中粉尘的含量及粉尘的物理化学性状进行测定、分析和检查的工作。从安全和卫生学的角度出发，日常的粉尘检测项目主要是粉尘浓度、粉尘中游离二氧化硅含量和粉尘分散度（也称为粒度分布）的检测。

A 粉尘浓度测定

矿的粉尘浓度测定方法主要有滤膜测尘法和快速直读测尘仪测尘法。

（1）滤膜测尘法。测尘原理是用粉尘采样器（或呼吸性粉尘采样器）抽取采集一定体积的含尘空气，含尘空气通过滤膜时，粉尘被捕集在滤膜上，根据滤膜的增重计算出粉尘浓度。

（2）快速直读测尘仪测尘法。用滤膜采样器测尘是一种间接测量粉尘浓度的方法，由于准备工作中粉尘采样和样品处理时间比较长，不能立即得到结果，在卫生监督和评价防尘措施效果时显得不方便。为了满足这方面工作特点的需要，各国研制开发了可以立即获得粉尘浓度的快速测定仪。

B　粉尘中游离二氧化硅的测定

国家标准中规定的测定方法是焦磷酸质量法，也有用红外分光光度计测定法进行测定的。

（1）焦磷酸质量法。在 245~250℃ 的温度下，焦磷酸能溶解硅酸盐及金属氧化物，对游离二氧化硅几乎不溶。因此，用焦磷酸处理粉尘试样后，所得残渣的质量即为游离二氧化硅的量，以百分比表示。为了求得更精确的结果，可将残渣再用氢氟酸处理，经过这一过程所减轻的质量则为游离二氧化硅的含量。

（2）红外分光分析法。当红外光与物质相互作用时，其能量与物质分子的振动或转动能级相当时会发生能级的跃迁，即分子电低能级过渡到高能级。其结果是某些波长的红外光被物质分子吸收产生红外吸收光谱。游离二氧化硅的吸收光谱的波数为 800cm—1、780cm—1、694cm—1（相当于波长为 12.5μm、12.8μm、14.4μm）。

C　粉尘分散度的测定

粉尘分散度分为数量分散度和质量分散度。前者是针对具有代表性的一定数量的样品逐个测定其粒径的方法。其测定方法主要有显微镜法、光散射法等。测得的是各级粒子的颗粒百分数。后者是以某种手段把粉尘按一定粒径范围分级，然后称取各部分的质量，求其粒径分布，常采用离心、沉降或冲击原理将粉尘按粒径分级，测出的是各级粒子的质量分数。

常用仪器：各种规格、型号的粉尘采样器，如图 3-1 所示。

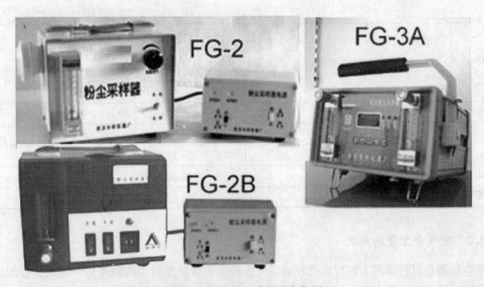

图 3-1　常用粉尘采样器实物图

3.1.2.3　矿井气候条件的测定

A　卡他度与卡他计

温度、风速、湿度三项气候参数对人体散热强度（即散热的快慢）均有不同影响。散热强度是指物体表面单位表面积在单位时间内向外散发的热量，其单位为毫焦/（厘米^2·秒），即 mJ/（cm^2·s）。对于一定的物体，散热强度是气温、湿度和风速的函数。

显然，仅用气温、湿度、风速这三个气候条件参数中的任何一个来衡量气候条件的舒适性都是不全面的。因此，人们研究并提出了许多综合评价作业环境气候条件舒适性的指标，如有效温度、合成温度、范格舒适方程、标准有效温度、卡他度等，其中卡他度是一种比较简单、有效的评价指标。卡他度是一种评价作业环境气候条件的综合指数，它采用模拟的方法，度量环境对人体散热强度的影响。卡他度由卡他温度计测量，卡他温度计的构造很简单，是一根底部为一个大圆柱管的酒精温度计（如图 3-2 所示）。

卡他度实际上就是用卡他计液球的散热强度来模拟人体的散热强度的。因此，可将卡他度定义为：卡他度是卡他计在平均温度为 36.5℃（模拟人体平均体温）时液球单位表面积上在单位时间内所散发的热量（mJ/（cm^2·s））。由卡他度的定义可知，卡他度的实质就是卡他计液球在平均温度为 36.5℃时的散热强度，用它来模拟人体的散热。卡他度又分为干卡他度和湿卡他度。干卡他度只能反映对流和辐射的散热效果，而湿卡他度可反映对流、辐射和蒸发的综合散热效果。

卡他度的测定方法为：将卡他计放入 60～80℃的热水中，使酒精上升到上部空间的 1/3 处，取出擦干（测干卡他度）后挂在测定空间点。随着液球的散热，温度下降，酒精液面不断下降，记录由 38℃降到 35℃所需要的时间。然后按公式计算卡他度，以使衡量环境气候条件对人体散热强度的影响成为可以度量并且可以测定的一个指标。测定湿卡他度时，卡他计液球表面要包湿纱布。测干卡他度则不需要包湿纱布，图 3-3 是干卡他度测量方法。卡他度的计算公式为：

$$H = F/t$$

式中　H——卡他度，mJ/（cm^2·s）；

　　　F——卡他计常数，mJ/cm^2；

　　　t——卡他计液面从 38℃降到 35℃所需要的时间，s。

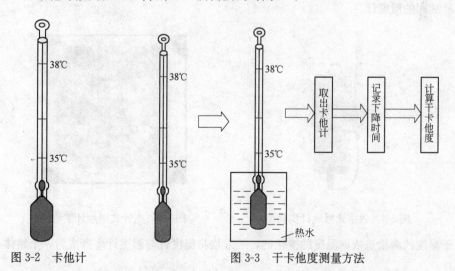

图 3-2　卡他计　　　　　　　　图 3-3　干卡他度测量方法

卡他度常用的另一单位为：毫卡/（厘米^2·秒）（即 mcal/（cm^2·s），1cal≈4.18J）。对于不同劳动强度，推荐的舒适卡他度值如表 3-4 所示。

一般卡他度的值愈大，散热条件愈好，根据现场观测，不同的卡他度对人体的影响如表 3-5 所示。

表 3-4   不同劳动强度的舒适卡他度值

卡他度类型	轻微劳动		一般劳动		繁重劳动	
	mJ/(cm² · s)	mcal/(cm² · s)	mJ/(cm² · s)	mcal/(cm² · s)	mJ/(cm² · s)	mcal/(cm² · s)
干卡他度	＞25	＞6	＞33	＞8	＞42	＞10
湿卡他度	＞75	＞18	＞105	＞25	＞126	＞30

表 3-5   不同卡他度对人体的生理影响

冷却能力		上身赤膊人体的生理反应
湿卡他	干卡他	
5	1.5	工作时感觉非常闷热、大量出汗，体温上升，特别是心跳次数增加
10	3.5	感到闷热，只有在大量出汗的情况下才能保持正常的体温，皮肤红晕而潮湿，脉搏数增加
15	5.5	舒适条件的下限
20	8.0	工作时很舒适
25	10.0	工作时感到凉爽或稍冷

B   湿度计

湿度计是用来测量湿度的。湿度计由两支完全相同的温度计构成，其中一支温度计为干泡温度计，另一支为湿泡温度计。

湿度计测量相对湿度的原理为：由于湿泡温度计的感温泡包着棉纱，棉纱的下端浸在水中，水的蒸发使湿泡温度计的温度示数总是低于干泡温度计的温度示数（气温），这一温度差值跟水蒸发快慢（即当时的相对湿度）有关。根据两温度计的读数，从表或曲线上可查出空气的相对湿度。湿度计按结构分为悬吊式湿度计、手摇式湿度计、吸风式湿度计、记录式湿度计、氯化锂湿度仪，按结果的获取方式可分为数字式湿度计和指针式湿度计。图 3-4、图 3-5 所示为两种常用的湿度计。

图 3-4   数字式湿度计实物图   图 3-5   指针式湿度计实物图

由于湿度的测量是依据温度的变化的，一般均将湿度计与温度计生产成为一个整体，统称温湿度计。

矿内空气与地面空气一样，都是由空气与水蒸气混合而成的湿空气。衡量矿内空气所含蒸气量的参数有绝对湿度和相对湿度。

影响矿井湿度的因素有以下几种：

（1）地面湿度的季节变化。阴雨季节湿度较大，夏季相对湿度较小，但气温较高，绝对湿度较大，冬季相对湿度较大，但气温较低，绝对湿度并不太高。地面湿度除受季节影响外，还与地理位置有关。我国湿度分布，在沿海地区较高，向内陆逐渐降低，在西北地区出现最低值。

（2）矿井涌水量和滴水的变化。当矿井涌水量较大或滴水较多时，由于水珠易于蒸发，井下会比较潮湿。一般金属矿山井下湿度在 $80\%\sim90\%$ 左右。盐矿的涌水较小，且盐类吸湿性较强，相对湿度一般为 $15\%\sim25\%$。

矿井湿度变化规律：冬天地面空气温度较低，相对湿度高，进入矿井后，温度不断升高，相对湿度不断下降，沿途不断吸收井壁水分，于是出现在进风段空气干燥现象。夏天则相反，地面空气温度高，相对湿度低，进入矿井后，温度逐渐降低，相对湿度不断升高，可能出现过饱和状态，致使其中部分水蒸气凝结成水珠，进风段显得很潮湿。这就是人们所见进风段冬干夏湿的现象。当然，进风段有滴水时，即使在冬天仍是潮湿的。

回采工作面由于湿式作业，喷雾洒水，一般湿度比较大，特别是总回风道和出风井中，相对湿度都在 95 %以上。如果开采深度比较大，进风线路比较长，回采工作面和回风道的空气温度常年变化不大，则其湿度常年变化也不大。

3.2 井下风流质量与检测

3.2.1 矿井风流压力

在一条风道中的两点空气能量不同，空气必然从能量高的地点流向能量低的地点，从而形成风流。这说明空气流动必须具备两个条件：一是有通路，二是能量不同。空气本身能量的变化是造成风流流动的根本原因。为了掌握空气运动的规律，首先应了解有关空气压力的一些问题。

3.2.1.1 空气的密度

单位体积的空气所具有的质量称为空气的密度。具体地说，按照国际单位制的规定，矿井通风中把每立方米空气具有多少千克质量称为空气的密度。所以空气密度的单位为 kg/m^3。确切地说，空气的密度不是定值，它随空气的压力、温度及湿度而变化。

把单位体积的水所具有的质量称为重率，以 γ 表示。重率和密度是两个不同的概念，但是在过去使用的工程单位制中水的重率 γ 等于 $1000kgf/m^3$，相当于底部压力为 $1000\ mmH_2O$，所以 $1\ mmH_2O$ 等于 $1kgf/m^2$。但是国家法定单位中，水的密度 ρ 等于 $1000kg/m^3$。因此，必须注意，两者数值相等含义不同。

重率与密度之间存在如下关系：

$$\gamma = \rho g$$

式中，g 为重率加速度，取 $9.81m/s^2$。

3.2.1.2 空气压力

包围着地球的大气，受地心吸引力的作用，其底部单位面积上所具有的重力（即质量）称为大气压力，也称为气压。所以大气压力是一个压强的概念。

由于气压随海拔高度而变，所以空气的密度也随海拔高度而改变。

在我国法定计量单位（亦即国际单位制）中以帕斯卡作为压强单位[1]，简称帕，以 Pa 表

---

❶ 关于气压单位，除我国法定计量单位 Pa 外，其他均为已废除单位，但在实际应用中还很常见。

示。它的物理意义是每平方米面积所承受牛顿（N）的压力，也可用 N/m^2 表示其单位。

工程上常使用的单位有毫米汞柱（mmHg）和标准大气压（atm）。

$$1mmHg=133.3224Pa$$

$$1atm=760mmHg$$

在实际应用中，还有很多表示大气压的单位，见表 3-6。

表 3-6　气压单位互换表

各种气压单位	atm	mmH₂O	Pa 或 N/m²	lb/ft²	mbar	mmHg
1 atm	1	1.0336×10^4	1.013×10^5	2116	1013	760
1 mmH₂O	9.675×10^{-5}	1	9.804	20.48×10^{-2}	9.804×10^{-2}	7.356×10^{-2}
1 Pa 或 N/m²	9.869×10^{-6}	10.20×10^{-2}	1	2.089×10^{-2}	10^{-2}	750.1×10^{-5}
1 lb/ft²	4.725×10^{-4}	4.882	47.88	1	47.88×10^{-2}	0.3591
1 mbar	0.9869×10^{-3}	10.20	10^2	2.089	1	0.7500
1 mmHg	1.316×10^{-3}	13.60	1.333×10^2	2.784	1.333	1

矿井通风中，目前常常运用毫米水柱（mmH₂O）表示风流压力损失的单位。因为 $1m^3$ 标准状态水重 1000kg（$\gamma=1000kg/m^3$），故水柱高度 Z 等于 1mm 时对其底部产生的压力为 $1kg/m^2$。即

$$p=Z\gamma=\frac{1}{1000}\times1000=1kg/m^2$$

换句话说，1kg 重的水铺在 $1m^2$ 面积上恰好形成 1mm 高的水柱，则：

$$1kg/m^2=1mmH_2O$$

这与测压仪表中的水柱高度相一致，十分简明、形象。

3.2.1.3　风流中的点压力

气压具体表现在作用于与它接触的任何表面上，不论这一表面的方向如何，其压力都是相等的，这种形式的压力叫静压。通常所说的大气压力就是静压，风流中任一点的静压，在任何方向都相等。

在管道中的两点，若空气能量不同就会引起空气的流动并产生动压。动压用下式表示：

$$h_v=\frac{1}{2}\rho v^2$$

式中　h_v——风流的动压，kg/m^2；

ρ——空气密度，kg/m^3；

v——风流速度，m/s。

因为　$\rho=\dfrac{\gamma}{g}$，故

$$h_v=\frac{v^2}{2g}\gamma$$

式中，γ 为空气重率，kg/m^3。

动压具有方向性，其大小以作用于垂直风流断面上的压强表示。

因此，风流中任何一点都存在两种压力，即静压和动压。两者之和称为全压。当风速等于零时，动压为零，静压等于全压。

3.2.1.4 绝对压力和相对压力

一般所指的大气压力的计算基准是以绝对真空状态为零点压力，又称为绝对压力。在矿井通风中常以当地同标高的大气压力为计算基准，用高于或低于它的数值来表示，称为相对压力。气体的压力如果大于当地大气压力称为正压，小于当地大气压力称为负压。这种相对压力在矿井通风中常常称为矿井压差。

3.2.2 矿井通风压差

3.2.2.1 风流中两点间的压力差

A 等断面水平风流

如图 3-6 所示，A 点风流的全压为 $p_A + \frac{1}{2}\rho_A \times v_A^2$，$B$ 点风流的全压为 $p_B + \frac{1}{2}\rho_B v_B^2$。

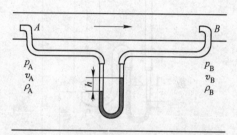

当 A 点的全压大于 B 点的全压时，则风流由 A 向 B。它们之间的差值为

$$h = \left(p_A + \frac{1}{2}\rho_A v_A^2\right) - \left(p_B + \frac{1}{2}\rho_B v_B^2\right)$$

式中　h——A、B 两点间的全压差；

p_A——A 点大气压力；

p_B——B 点大气压力；

v_A——A 点风流速度；

v_B——B 点风流速度；

ρ_A——A 点空气密度；

ρ_B——B 点空气密度。

图 3-6　等断面水平风流的能量关系

在图中，h 所表示的 U 形管的液面差，按工程单位制其单位为 mmH_2O，换算成国家法定计量单位则为 Pa，所表示的差值称为 A、B 两点风流的全压差。全压差还可以写成

$$h = (p_A - p_B) + \left(\frac{1}{2}\rho_A v_A^2 - \frac{1}{2}\rho_B v_B^2\right)$$

即 A、B 两点间的全压差等于两点的静压差加两点的动压差。若风流断面未改变，$v_A = v_B$，而空气密度变化很小，则动压差为零。此时 $h = p_A - p_B$，即全压差等于静压差。这种情况可以理解为在等断面的水平管道中，风流从压力高的地方流向了压力低的地方。

但是不能因此而得出风流一定是从气压大的地方流向气压小的地方的结论。在静止的空气中，高空的气压必然小于地面，并没有由于两者的气压差而产生从地面向高空的风流。这是因为两点的能量是相等的，高空的气压虽低但位能大，地面气压虽高但位能小。所以，把气压、位能、动压三者之和称为某一点风流的总能量。

有了能量差，空气才会流动。所以矿井通风中的压差，实质上是能量差。

B 等断面垂直风流

如图 3-7 所示，对于任意水平面 O—O 来说，A、B 两点的能量差为

$$h = (p_A + \frac{1}{2}\rho_A v_A^2 + H_A\rho_A g) - (p_B + \frac{1}{2}\rho_B v_B^2 + H_B\rho_B g)$$

若风流断面相等,风速 v_A 等于 v_B,并且密度 ρ_A 近似于 ρ_B,则

$$h=(p_A+H_A\rho_Ag)-(p_B+H_B\rho_Bg)$$

在图中,h 恰好是 U 形管的液面差,所以 h 也是 A、B 两点的能量差。

C　任意风流

如图 3-8 所示,对 $O—O$ 水平面来说,A 点的能量为 $p_A+H_A\rho_Ag+\frac{1}{2}\rho_Av_A^2$,$B$ 点的能量为 p_B $+H_B\rho_Bg+\frac{1}{2}\rho_Bv_B^2$。由于 A 点能量大于 B 点的能量,因而产生由 A 向 B 的风流。

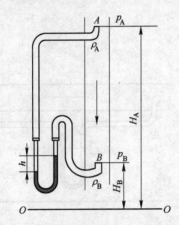

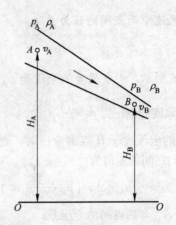

图 3-7　等断面垂直风流的能量关系　　　　　图 3-8　任意风流的能量关系

其能量差为

$$h=\left(p_A+\frac{1}{2}\rho_Av_A^2+H_A\rho_Ag\right)-\left(p_B+\frac{1}{2}\rho_Bv_B^2+H_B\rho_Bg\right)$$

式中　　h——A、B 两点的能量差;

p_A——A 点的气压;

H_A——A 点相对于 $O—O$ 水平的高度;

ρ_A——A 点的空气密度;

v_A——A 点风速;

p_B——B 点气压;

H_B——B 点相对于 $O—O$ 水平的高度;

ρ_B——B 点空气密度;

v_B——B 点风速。

所以,空气总是从总能量大的地方流向总能量小的地方;不论任何形式的风流,都是由能量差而引起它的流动。在矿井通风中已习惯于把引起空气流动的能量差称为压差,以 h 表示。

D　管内外的压差

上面所说到的压差概念,都是针对管内的各点之间的压差而言的,即管内各点的相对压力。现在分析管内外的相对压力。

如图 3-9、图 3-10 所示,不论压入式或抽出式都以管外大气压力作为比较的标准压力。设管外大气压力以 p 表示。为了说明方便起见,管内外的静压差、全压差及管内动压在图上以三个不同点表示,实际上是在同一点上测定的。

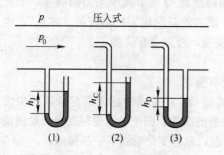
图 3-9 压入式管道管内外压差变化关系

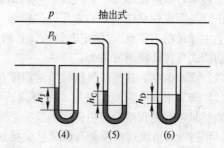
图 3-10 抽出式管道管内外压差变化关系

图 3-9 所示为压入式管道。管内空气压力大于管外,故 U 形管(1)的水面左边下降右边上升,液面差就是管内外的静压差,以 h_J 表示。U 形管(3)左边承受管内动压和静压,右边只承受管内静压,因两边静压相等而相互抵消,所以两边液面差值只是管内动压,以 h_D 表示。U 形管(2)的左边承受管内的动压和静压,即全压;右边承受管外的静压,但管外风速为零,动压也为零,也是承受全压。和 U 形管(1)相比左边增加了管内动压作用,使液面差增大,其值为 h_C,则 $h_C = h_J + h_D$。这里全压差与静压差都以管内压力大于管外压力来表示。

图 3-10 所示为抽出式管道。管内空气压力小于管外,则 U 形管(4)左边水面上升,右边下降,其差值以 h_J 表示。U 形管(6)左边增加动压作用,使水面下降,其差值仍为管内动压,以 h_D 表示。U 形管(5)左边承受管内静压及动压;右边只承受管外静压。由于管外风速为零,所以水面差是管内外的全压差,以 h_C 表示。和 U 形管(4)相比较,左边增加动压作用,故 $h_C = h_J - h_D$。这里全压差与静压差都以管外压力大于管内压力来表示。

上面现象如何理解?实质上,不论压入式或抽出式,管内外的全压差 h_C 及静压差 h_J 都以绝对值表示,不像管内两点的压差具有风流的方向性。设管内静压为 p_0,管外静压为 p,管内动压为 h_D,管外动压为零,则管内外全压差 h_C 为:

对于压入式管道 $h_C = (p_0 + h_D) - (p + 0) = (p_0 - p) + (h_D - 0) = h_J + h_D$

对于抽出式管道 $h_C = (p + 0) - (p_0 + h_D) = (p - p_0) + (0 - h_D) = h_J - h_D$

所以,对于风流中的任意两点来说,其全压差必然是静压差加动压差。但是对于管内外的压差,由于管外动压为零,则压入式的管内外全压差的绝对值等于静压差的绝对值加管内动压;抽出式的管内外全压差的绝对值等于静压差的绝对值减管内动压。

3.2.2.2 矿内空气压力的测定

A 绝对压力的测定

通常使用水银气压计和空盒气压计测定矿内外空气绝对压力。

水银气压计主要由一个水银盛槽与一根玻璃管构成。玻璃管上端密闭,当装满水银后,下端插入水银盛槽中,管内上端形成绝对真空,下部充满水银。盛器里的水银表面受到空气压力,故管内水银柱高度随着空气压力而变化。此管中水银面与盛器里水银面的高度差,就是所测空气的绝对压力,如图 3-11 所示。根据结构水银气压计分为动槽式与定槽式两种。

动槽式气压计结构如图 3-12 所示。它将一支长 90cm 的玻璃管封闭上端,管中装满水银,然后将开口端倒插入下部汞槽中,管中的汞由于重力的作用而下降,因而在封闭的玻璃管上部出现一段真空,汞槽与大气相通。盛汞的玻璃管装在黄铜管中,黄铜管上部刻有主标尺,并在相当两边开有长方形小窗,在窗内装一可上下滑动的游标尺,通过转动调节游标螺旋可使游标尺上下移动。汞槽底部为一羊皮袋，可以借助下端的螺旋 Q 调节其中汞面的高度，汞面的高度应正好与固定在汞槽顶端的象牙针尖接触。这个汞面就是测定汞柱高度的"零点"，也就是铜管上主标尺的"零点"，测定时气压计必须垂直安装，否则会有误差。

动槽式气压计使用方法为：

（1）读取温度。首先从气压计所附温度计上读取温度。

（2）调节汞槽中汞面的高度。慢慢旋转底部螺旋 Q，使汞槽中的汞面与象牙针尖恰好接触，调节时可利用汞槽后面白瓷板的反光来观察汞槽的高度，调节动作要轻而慢，汞面调节好以后，稍待 30s 再次观察汞面与象牙针尖接触的情况，没有变化后继下一步操作。

（3）调节游标尺。转动调节游标螺旋使游标尺的下沿高于汞柱面，然后缓慢下降直至游标尺下沿与汞柱的凸面相切，此时观察者的眼睛与游标尺的下沿及汞柱的凸面在同一水平面上。

（4）读取气压计数值。先从主标尺上读出靠近游标尺下端且在其下面的刻度，即为大气压的整数部分。再从游标尺上找出一根与主标尺上某一刻度线相吻合的刻线，其刻线值即为大气压的小数部分，单位是 kPa。

定槽式气压计与动槽式气压计大同小异，不同之处在于定槽式气压计的汞槽中汞面无需调节，它的水银装在体积固定的槽内。当大气压力发生变化时，玻璃管内水银液面和水银槽内的水银液面的高度差也相应变化。在计算气压计的标尺时已经补偿了水银槽内液面的变化量。其使用方法除槽中汞面无需调节，其他均与动槽式气压计相同，气压计读数的校正方法也完全相同。

图 3-13 所示为一种常用的水银气压计。外部为黄铜管，内部为一支一端封闭的玻璃管，管

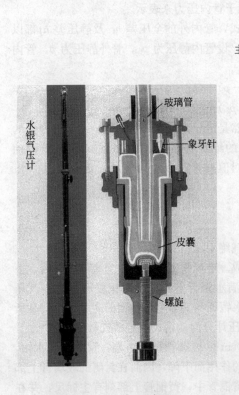

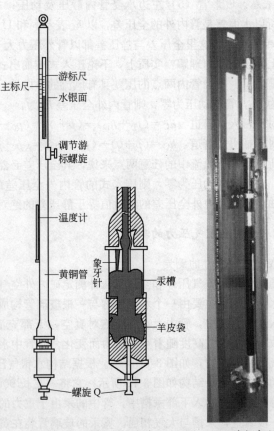

图 3-11 水银气压计原理   图 3-12 动槽式气压计   图 3-13 水银气压计

内装满水银，开口一端插入水银槽中，管内水银柱受重力作用而下降，当作用在水银槽面上的大气压力强度与玻璃管内水银柱重力作用相平衡时，水银柱就稳定在某一高度上，这个高度就表示出当时的气压。

空盒气压计又称无液气压计，由一个被抽成真空的皱纹状金属空盒与连接在盒上带指针的传动机构所构成。由于盒内抽成真空（实际上还有少许余压），当大气压力作用于盒面上时，盒面被压缩，并带动传动杠杆使指针转动。

图3-14 所示即空盒气压计的一种。它的主要部分是一种波纹状表面的真空金属盒。为了不使金属盒被大气压所压扁，用弹性钢片向外拉着它。大气压增加，盒盖凹进去一些；大气压减小，弹性钢片就把盒盖拉起来一些。盒盖的变化通过传动机构传给指针，使指针偏转。从指针下面刻度盘上的读数，就可知道当时大气压的值。它使用方便，便于携带，但测量结果不够准确。

图3-14 空盒气压计

空盒气压计是根据指针转动的幅度来获得表示大气压力的数值的。空盒气压计是一种携带式仪表，一般用在矿内外非固定地点概略地测量大气压力，使用前必须经水银气压计校正。测量时将盒面水平放置在被测地点，停留 10～20min，待指针稳定后再读数。读数时视线应垂直于盒面。

除以上介绍的水银气压计、空盒气压计外，还有先进的电子直读式气压计，如图3-15所示。

B 相对压力的测定

相对压力的测定通常使用 U 形压差计、倾斜压差计和皮托管。如图3-16所示，U 形压差计是使用比较普遍的压差计。在 U 形玻璃管的两个管口分别连接两根皮管，引至需要测定压差的两点。U 形管的两支玻璃管水面的高差，即两点的风流压差，以 mmH$_2$O 表示其单位。必须注意，U 形管的刻度尺一定要安放垂直。测定时，若水面波动较大，可用一只小棉花球塞入胶皮管或用一根内径很小的玻璃管接于胶皮管与 U 形管之间。

图3-15 电子直读式气压计

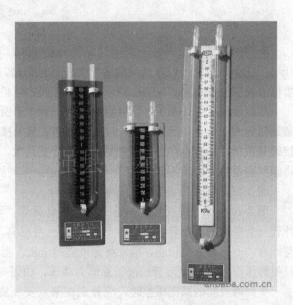

图3-16 常用 U 形压差计

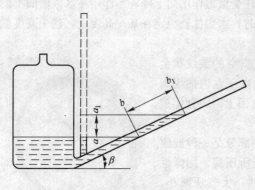

图 3-17　倾斜压差计原理

倾斜压差计是一种可见液体弯面的多测量范围的液体压差计，其原理如图 3-17 所示。较高的压力和宽容器接通，较低的压力和倾斜管接通。假设在所测压力的作用下，与水平线之间有倾斜角为 β 的管子内的工作液体在垂直方向升高了一个高度 h_1（即 aa_1），相应地在倾斜方向上升 l（即 bb_1），而在宽广容器内的液面下降 h_2。这时在仪器内工作液体液面的高度差将表示为

$$h = h_1 + h_2$$

并且　　　　　　　　　　$h_1 = l\sin\beta$

假设 F_1 为管子的断面积，F_2 为宽容器的断面积，

那么　　　　　　　　　　　　　　$lF_1 = F_2 h_2$

也就是在倾斜管内所增加的液体体积为 lF_1，等于宽广容器内所减少的液体体积 $F_2 h_2$。

$$h_2 = l\frac{F_1}{F_2}$$

把以上三式整理可得到

$$h = l\left(\sin\beta + \frac{F_1}{F_2}\right)$$

当所使用液体的相对密度为 γ 时，根据倾斜读数 l 换算为垂直水柱 h，则

$$h = \gamma\left(\sin\beta + \frac{F_1}{F_2}\right)l \qquad (\text{mmH}_2\text{O})$$

令 $k = \gamma\left(\sin\beta + \dfrac{F_1}{F_2}\right)$，称为倾斜压差计校正值或倾斜系数。$k$ 值一般注明在该仪器的弧形支架上。

则　　　　　　　　　　　　　　　$h = kl$

从图 3-17 可以看出，相同的压差在垂直玻璃管上的读数为 aa_1，在倾斜玻璃管上的读数为 bb_1，很明显：

$$bb_1 > aa_1$$

$$aa_1 = bb_1 \times \sin\beta$$

若两根玻璃管的内径不同，其断面比为 250，当细管液面上升 250mm 时，粗管只下降 1mm。在测压差时，可以只观察细管中液面的变化。若使用密度小的液体（如酒精）代替水，可使液面变化值增大。根据这些原理所制作成的倾斜压差计，读数就较为精确。

使用倾斜压差计测压时，应将倾斜测压管置于所需的倾斜角，把仪器调整水平，将三通旋塞旋钮到测压位置，然后取掉胶皮管与三通旋塞的接头，用嘴轻吸，使倾斜测量管液面上升到接近其顶端，排除积存于仪器中的气泡，反复几次，直到气泡排尽为止。转动零位调整旋钮，将倾斜测量管内的液面调到"0"位；将三通旋塞转到测压位置，即可用来测量压差。

图 3-18、图 3-19 所示为两种倾斜压差计。

图 3-20 所示为皮托管。它是一支双层金属管，两层管互不相通，内管直接与管嘴相通，外管与管嘴不通。外管壁上开有 4～6 个小孔与标有"－"的管脚相通，用来测定静压。内管与标有"＋"的管脚相通，用来测定风流的全压。当管嘴正对风流时，内管受全压作用，外管只受静压作用，则 U 形管的液面差即为动压，如图 3-21 所示。

要测两点间的风流压差时，应分别在两点安装皮托管，如图 3-22 所示。使皮托管嘴对正风流，管脚用胶皮管与 U 形管或倾斜压差计相接。若胶皮管都与两支皮托管的"＋"号脚相

接，所测之值为全压差；与两支皮托管的"—"号脚相接，所测之值为静压差。

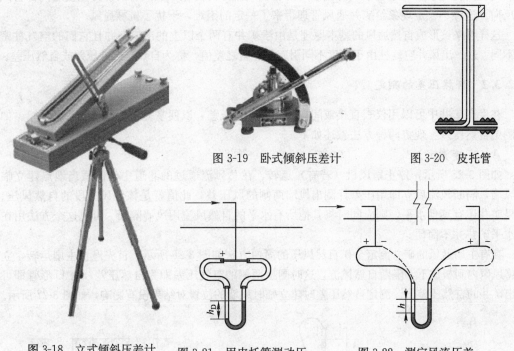

图 3-19　卧式倾斜压差计　　　　　　图 3-20　皮托管

图 3-18　立式倾斜压差计　　图 3-21　用皮托管测动压　　图 3-22　测定风流压差

3.2.3　矿井自然压差

3.2.3.1　矿井自然风流的形成

一个矿井只要有两个以上的出口，而这些出口的空气柱密度不同，就会产生自然通风。在图 3-23 中，若空气柱 AB、CD 的空气密度 ρ_1 及 ρ_2 相等，则矿井无风流，若 ρ_1 大于 ρ_2，风流如实线箭头所示；反之，如虚线箭头所示。

空气的密度主要决定于大气压力及空气温度。对于一个矿井来说，大气压力的变化并不显著，而温度的变化较为明显，所以矿井空气密度的变化受温度的影响较大，并且温度越高密度越小。一般来说，由于岩石温度以及其他因素的影响，在不是平硐开拓的矿井，矿井的出风井温度有所增高，形成了出风井温度高于进风井的温差现象，实际起到了一定的自然通风作用。

平硐开拓的矿井，矿内外的温差将有利于自然通风的形成。在图 3-24 中，若矿外气温低于

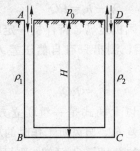

图 3-23　竖井开拓的自然通风

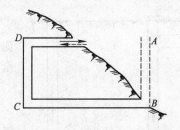

图 3-24　平硐开拓的自然通风

矿内，AB 空气柱密度大于 CD，风流方向如实线箭头所示；反之，如虚线箭头所示。所以，地表气温的变化会使多中段平硐开拓矿井的自然风流方向变化，以致有的矿井昼夜之间都会风流反向。这种不稳定现象给矿井通风管理带来了一定的困难，干扰了机械通风。

这样看来，形成自然通风的基本原理是由于矿井有两个以上的出口，并且它们的空气柱密度不同。进、出风井空气柱由于密度不同引起的能量之差值，称为自然通风的压差或自然压差。

3.2.3.2　自然压差的测定

在生产矿井中可以用仪表直接或间接地测出自然压差，以便掌握自然通风的变化规律。如何测定自然压差？现将两种方法叙述如下。

A　直接测定法

如图 3-25 所示，停止扇风机（若有）运转，在总风流通过的巷道中任何适当地点建立临时风墙，隔断风流后立即用压差计测出风墙两侧的风压差，此值就是该停风区段的自然风压。如果矿井还有其他水平，则应同时将其他所有水平的自然风流用风墙隔断。可见这个方法用在多水平矿井并不简便。

在有主扇通风的矿井测定全矿自然风压的简便方法如图 3-26 所示。首先停止主扇运转，立即将风硐内闸板放下，隔断自然风流，这时闸板两侧的空气压差即为自然压差，由 U 形管即可读出矿井的自然压差值。测定自然压差时建立临时风墙的位置对结果没有影响，如图 3-27 所示。

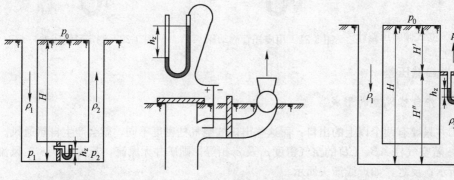

图 3-25　自然压差的测定　　图 3-26　风硐中测自然压差　　图 3-27　任意点测自然压差

B　间接测定法

在有主扇工作的矿井，根据图 3-28 所测出的扇风机总压差 h_s（压入式通风为扇风机全压 h_c，抽出式通风为扇风机的有效静压）及总风量 Q，可列出：

$$h_s + h_z = RQ^2$$

然后停止扇风机运转，待停机一定时间避免风流的惯性作用后，测出只有自然压差 h_z 作用的风量 Q_z：

$$h_z = RQ_z^2$$

可以看出，以上两式是一组联立方程。其中，扇风机的工作压差 h_s、扇风机工作时的总风量 Q 及只有自然通风时的总风量 Q_z 已知，则可算出自然压差 h_z 及矿井总风阻 R。

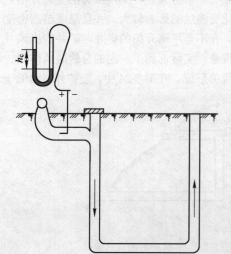

图 3-28　压入式通风矿井实测扇风机全压

3.2.3.3 自然压差的特性

自然压差的特性有：

（1）当矿井深度及进出风的温度差没有改变时，自然压差值 h_z 是常数，其特性曲线如图3-29所示。它与矿井风阻特性曲线 Ⅰ 的交点 A，就是自然压差对该矿井的工作点，此时矿井总进风量为 Q；若矿井风阻减小到曲线 Ⅱ，则总进风量将增加到 Q'（工作点此时为 B）。所以自然压差一定时，其风量大小决定于矿井风阻。

（2）当矿井风阻一定时，进、出风井空气柱的温差改变；必然改变该矿井的自然压差大小，使自然压差特性曲线上下平移，从而改变矿井的风量。在矿井风阻一定时，自然压差越大，自然风量越大。

（3）自然风流的方向主要受空气密度的支配，而空气密度又受到地温、气候等的影响。所以一般在冬季进风气温降低，自然通风往往与机械通风方向一致；在夏季则往往干扰机械通风。

（4）在一些岩石裂缝及溶硐发育的矿井，由于自然压差的作用，冬季由矿井向地表漏风，夏季由地表向矿井漏风，致使矿井空气中的氡及其子体浓度，在冬季降低，在夏季升高。

（5）在机械通风的矿井里，当扇风机停止运转时，出风部分的气温不会因主扇停止运转而马上降低，自然风流也不会马上反向。

例如红透山矿机械风流方向，如图3-30所示，在冬季，当主扇停止运转后，预计自然风流会马上反转。而实际情况是，自然风流并未马上反转。所以在需要用自然风流反向时应估计到这些问题。

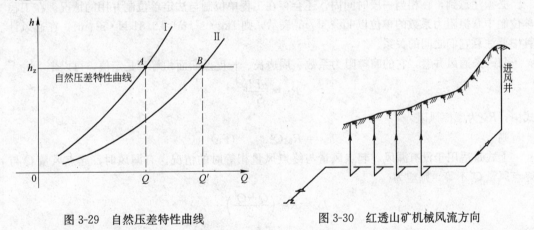

图 3-29 自然压差特性曲线　　　　　图 3-30 红透山矿机械风流方向

自然通风的优点主要在于不消耗电能，但它不稳定，会给通风管理工作带来一定的困难。因此，应根据矿井的具体情况，有利则用，有害则防。

3.3 井下风流环境与检测

3.3.1 矿井风流的阻力

空气在井巷中流动，沿途必然受到井巷对它所呈现的各种阻力的作用，因此要维持空气在井巷中流动，就必须克服这种阻力的作用，从而导致风流本身的能量损失。在通风上，空气沿井巷流动时，井巷对风流所呈现的阻力，称为井巷的通风阻力；而单位体积风流的能量损失称为风压降或称为压差。所以要使空气沿井巷流动，就要提高起点的能量，形成压力差用以克服通风阻力，故压差的大小（单位以 Pa 即 N/m² 表示）就是通风阻力（单位也以 Pa 即 N/m² 表示）的大小。

空气流动的过程就是克服阻力的过程。这些阻力按其发生的原因归纳起来不外乎三种，即摩擦阻力、局部阻力和正面阻力。

3.3.1.1　摩擦阻力

空气在井巷中流动时，由于井巷壁与风流间的摩擦引起风流本身分子间的相互干扰和摩擦而产生的阻力叫摩擦阻力，由该阻力所引起的风流能量损失叫摩擦阻力损失。

空气在井巷中流动和水在管道中流动很相似，所以可以把水力学中的有关公式应用于矿井通风中。根据水力学实验，摩擦阻力损失为

$$h_M = \frac{\alpha P L}{S^3} Q^2 \qquad (Pa)$$

式中　α——摩擦阻力系数，N·s²/m⁴;

P——管道壁的周边长，m;

L——管道的长度，m;

S——管道的断面积，m²;

Q——风量，m³/s。

摩擦阻力系数 α 是由巷道壁的粗糙程度决定的，不受风速的影响，受空气密度的影响很小，对于一条具体的井巷来说，巷道壁的粗糙程度是一定的，α 值可视为常数。各种井巷的 α 值，按空气密度 ρ 为 1.2kg/m³ 计算，在有关通风类图书及设计参考书中都可以查出。

必须注意到，在相当一段时间内，还会存在工程单位制与法定单位制并用的情况。在工程单位制中摩擦阻力系数的单位以 kg·s²/m⁴ 表示，则 1kg·s²/m⁴ = 9.81 N·s²/m²，在通风计算中要注意它们之间的关系。

每一条通风井巷，它的摩擦阻力系数、周边长、长度及断面积等都是定值，可以令

$$R_M = \frac{\alpha P L}{S^3}$$

式中，R_M 为摩擦风阻。

则

$$h_M = R_M Q^2 \qquad (Pa)$$

上式是适用于没有漏风、起点风量与终点风量相等时的情况。有漏风时，起点风量 Q 与终点风量 Q' 不等，则应为

$$h_M = R_M \left(\frac{Q+Q'}{2} \right)^2$$

3.3.1.2　局部阻力

风流运动时，转弯、突然缩小等会导致风速的突然重新分布，引起分子之间的互相冲击产生的阻力叫做局部阻力，该阻力引起的风流能量损失叫局部阻力损失。从实验得知

$$h_{JU} = \xi \frac{\rho}{2} v^2$$

式中　h_{JU}——局部阻力损失，Pa;

ξ——局部阻力系数，无因次;

ρ——空气密度，kg/m³;

v——平均风速，m/s。

令 $\rho = 1.2 \text{kg/m}^3$，则

$$h_{\text{JU}} = 0.6\xi \frac{1}{S^2} Q^2$$

由于断面积 S 是定值，令

$$R_{\text{JU}} = 0.6\xi \frac{1}{S^2}$$

式中，R_{JU} 为局部风阻。

得

$$h_{\text{JU}} = R_{\text{JU}} Q^2$$

矿井产生局部阻力的地点有风硐、风桥、弯道、断面变化的巷道、巷道交叉和汇合处、扇风机扩散器等。就全矿而言，上述地点产生的局部阻力的总和，在全矿通风阻力中所占的比例通常小于 20%。但在特殊情况下，局部阻力有时可能加大，不应忽视。

3.3.1.3 正面阻力

若风流中存在物体，则空气流动时，必然使风速突然重新分布，造成风流分子间的互相冲击而产生的阻力叫正面阻力，由正面阻力所引起的风流能量损失叫正面阻力损失。从实验得知

$$h_{\text{ZH}} = R_{\text{ZH}} Q^2 \quad (\text{Pa})$$

式中，R_{ZH} 为正面风阻。

正面风阻在矿井中所占比例较小，一般都忽略不计，特殊情况下可包括在摩擦风阻中。

3.3.2 降低矿井风阻的措施

矿井要求一定的风量。为了满足所需风量，需要使用扇风机。扇风机的电耗与矿井风阻及风量有关。当风量不能降低要求时，应通过降低风阻来降低电耗，从而降低矿井通风费用。降低风阻的措施如下：

(1) 降低摩擦风阻。从摩擦风阻公式可知，井巷的断面积、长度、周边长及摩擦阻力系数都在不同程度上影响着摩擦风阻的大小。从降低风阻的角度，都属于应该考虑的因素。

1) 增大风流断面积。可以明显地看出，风流断面积的三次方与摩擦风阻成反比关系。同一形状的断面，断面增大，周边长也相应增加。例如梯形巷道，断面与周边长存在如下的关系：

$$P = 4.16\sqrt{S}$$

式中　P——井巷周边长；

　　　S——井巷断面积。

摩擦风阻公式可以理解为

$$R_{\text{M}} \propto \frac{P}{S^3}$$

$$R_{\text{M}} \propto \frac{\sqrt{S}}{S^3}$$

所以

$$R_{\text{M}} \propto \frac{1}{S^{5/2}}$$

虽然摩擦风阻与井巷断面积没有达到三次方的反比关系，但它仍然是降低风阻的一个重要因素。从通风的角度，断面越大，风阻越小，耗电越少。但是断面增大，掘进成本增高，所以

其中存在着合理的经济断面，使其通风费用与掘进费用之总和能达到最低。

2）减少周边长。面积相同，形状不同的井巷断面，其周边长也各不相同。设圆形断面的周边长为 1 时，其他同面积但形状不同断面的周边长列于表 3-7 中，可根据生产需要选用。

表 3-7　不同断面与圆形断面相比在断面积相等的条件下的周边长

断面形状	周边长为圆周长的倍数
圆　形	1
正方形	1.13
梯　形	1.18
椭圆形	1.09~1.23
矩　形	1.2~1.5

3）减小风流长度。为了降低摩擦风阻，应以最短距离送风。

4）减少摩擦阻力系数。井巷壁的光滑程度直接影响摩擦风阻。一般来说，混凝土砌碹及喷浆支护具有较小的摩擦阻力系数。保证设计的井巷断面规格是降低摩擦风阻的有效措施。

（2）降低局部风阻。在通风井巷中，尽量避免风流的直角转弯、突然扩大及突然缩小等现象。

（3）降低正面风阻。在通风井巷中，应清除不必要的堆积物，尤其是抽出式通风的回风道，往往不易引起人们的重视。这一点应予特别注意。

（4）合理选择降低风阻的井巷。降低风阻的目的，是为了降低通风阻力从而降低电耗。在同样风阻的条件下，风量的大小对阻力的影响更为突出一些。那么在风量大的井巷采取降低风阻的措施，收效就显著得多。所以对主要的进、出风井巷，采用适当措施降低风阻就显得特别重要。

3.3.3　风速的测定

3.3.3.1　风速表

通风工程中，常用的风流速度测定仪器有：机械风表、热球风速仪、卡他计、热线风速仪、激光测速仪等。矿山一般应用前两种仪器测定风速。

A　机械风表的类型

常用风表有杯式和翼式两种（如图 3-31 所示）。杯式风表用于风速大于 10m/s 的高风速测定；翼式风表用于测定 0.1~10m/s 的中等风速，具有高灵敏度的翼式风表可以测定 0.1~0.5m/s 的低风速。

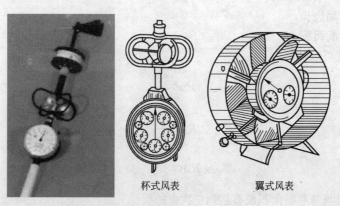

杯式风表　　　　　翼式风表

图 3-31　机械风表类型

B　机械风表的组成结构

杯式风表和翼式风表内部结构相似，由一套特殊的钟表转动机构、指针和叶轮组成。杯式的叶轮是四个杯状铝勺，翼式则为八张铝片。此外，风表上有一个启动和停止指针转动的小杆，打开时指针随叶轮转动，关闭时叶轮虽转动但指针不动。某些风表还有回零装置，以便从零开始计量表速。

C　机械风表的测定

测定时，先回零，待叶轮转动稳定后打开开关，则指针随着转动，同时记录时间。约经 $1\sim2$ min，关闭开关。测完后，根据记录的指针读数和指针转动时间，算出风表指示表速 N：

$$N=(N_t-N_0)/t$$

然后由下式换算成实际风速 u：

$$u=aN+b$$

式中　N——风表的指示表速，r/s 或 m/s；

　　　N_t——测定 t 时间后风表的读数，r（转）；

　　　N_0——测定前风表的读数，r；

　　　t——测定时间，s；

　　　u——测定的实际风速，m/s；

a、b——常数。

值得注意的是，因机械风表转动部件很容易磨损，磨损后精度降低，因此需定期校正。校正一般在室内专门的设备上进行，也可采用精度高的测风仪进行。校正的原理就是把待测风表置于风速已知的风流中，测出风表的读数，根据风表读数与实际风速的差别即可得出校正曲线。

D　电子（数字）风表

随着机电一体化技术的发展，机械风表与电子技术结合，形成了电子风表（如图 3-32 所示）、数字风表（如图 3-33 所示）

图 3-32　轻便型磁感风向风速表

和遥测风向风速仪（如图 3-34 所示）等，大大提高了风速的测定效率和准确度。

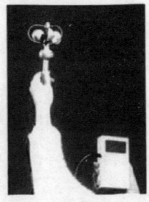

图 3-33　数字风表

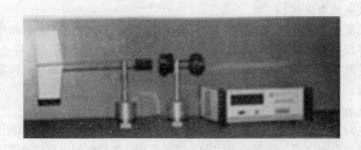

图 3-34　遥测风向风速仪

E　热式风速仪

热式风速仪包括热球风速仪、热线风速仪等，其原理是通过热敏感元件的温度随风速变化而引起其电性参数的改变，实现对风速的测定。图 3-35 所示为热球风速仪。

图 3-36 为新型热式风速计，它同热球风速计相比，探头坚固耐用，测试精度更高。同叶轮风速计相比，测试精度更高，更易于测试狭小空间的气流。并且增加了风压测试功能。主要技术指标：计测风速范围为 0.1~50m/s。

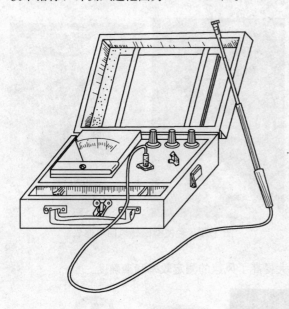

图 3-35　热球风速仪　　　　　　　　　　　图 3-36　热式风速计

3.3.3.2　风速的测定

由于风流在断面上速度分布不同，为了测定平均风速，可按以下方法测定：

(1) 迎面法。测风员面向风流站立，手持风表，手臂伸向正前方，然后按一定的线路使风表作均匀移动。

(2) 侧身法。测风员背向巷道壁站立，手持风表，手臂伸出与风流垂直，再按一定线路使风表作均匀移动。

测风时应注意以下几个问题：

(1) 用迎面法测定风速时，身体挡住了风流，降低了通过风表的风速，故测定结果应乘以

1.14 的校正数；用侧身法测定风速时，由于风表与人体在同一断面，使风流断面减小，风速增大，所以应乘以校正值 K：

$$K = \frac{S - 0.4}{S}$$

式中　K——侧身法校正系数；

　　　　S——风流巷道断面，m^2。

（2）将巷道断面分为若干小断面，如图 3-37 所示。若使用热球风表或皮托管测风速时，分别测出各小断面的中心风速，再求平均风速；在使用翼式或杯式风表时，由于风表是累计读数，应使风表在每一小断面中心点停留时间相等，整个断面测定时间为 60～100s，再求出平均风速。

（3）在同一断面测定不应少于 3 次，它们之间的误差应在 ±5％以内。

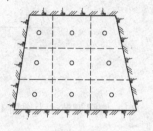

图 3-37　用点格法测风速

3.3.4　矿井巷道摩擦阻力系数的测定

一般通风类图书及设计手册都有各种不同井巷的摩擦阻力系数，可供参考使用。由于摩擦阻力系数与空气密度成正比，所以在书本及手册中所列的数值是以空气密度为 $1.2kg/m^3$ 为标准的。

为了使摩擦阻力系数更切合实际，可在现场实测。矿井里，可以用皮托管、倾斜压差计及风速表等测算出井巷的摩擦阻力系数 α。所测井巷的断面、形状及巷道壁的粗糙度应无变化，选择其中不小于 200m 长的一段直线巷道，测出该巷道的风流压差 h_M 及风量 Q，并量出巷道的周长 P、断面积 S 及两测点之间的距离 L，即可求出摩擦阻力系数 α 值。

还应说明，当巷道漏风时，应按两测点的风量求出巷道的平均风量，再求出 α 值。测定时应注意以下几点：

（1）压差计应放在欲测段风流下方测点的后面距离 6～8m 处，以免影响压差的测定。

（2）读数时，两测点之间不应有行人或车辆。

（3）胶皮管内不能进水，管内应畅通无阻。

（4）各接头处不能有漏气。

（5）皮托管应用支架支撑牢固。

3.4　矿井风流的管理

矿井生产不断发展，矿井通风系统不断变化。定期对通风系统作检查，可以使通风管理工作有的放矢，可以不断积累通风管理的经验，可以为通风设计提供可靠的依据，从而不断完善矿井通风系统。

3.4.1　矿井风量的调节

风量按自然分配规律流动，常常不能满足生产要求，同时由于井下生产的不断变化，所需风量也经常发生变化，因此必须采取措施使风量的分配适应生产的需要。这一工作就是风量的调整。

因为风流运动的过程，就是损失能量克服通风阻力的过程，在这个过程中，风量的大小受到压差及风阻两方面的影响，所以只有改变风流的压差或风阻，才会实现风量的再分配。

图 3-38 中相并联的两巷道 1、2 的风阻分别为 R_1、R_2，按自然分配通过的风量为 Q_1、Q_2，若要求将 Q_1 增到 Q'_1、Q_2 减为 Q'_2 时，由于 R_1 不等于 R_2，则必须增大 2 支巷的风阻以增加 1 支巷的风量，或减小 1 支巷的风阻以增加 1 支巷的风量，或采用其他的调节措施。

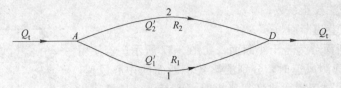

图 3-38　并联通风网路

(1) 增阻调节。为增加 1 支巷的风量，在 2 支巷中安装风窗。风窗就是在风墙或风门上开一个窗口，如图 3-39 所示。采用风窗调节的方法比较简单，工程量较小，在一条巷道中风窗安装的位置对风阻没有影响，故最好设在不妨碍运输、岩石较稳定及漏风少的地点。但安装风窗后风阻增大，会引起整个系统的风阻增大而减少进入矿井的总风量。所以安装风窗的这一支巷所减少的风量大于另一支巷道所增加的风量。

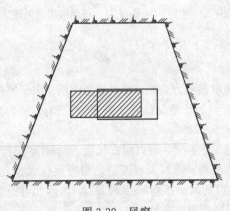

图 3-39　风窗

(2) 减阻调节。在图 3-38 所示的并联网路中，要使 1 支巷的风量增到 Q'_1，2 支巷的风量降到 Q'_2，则其风阻应符合：$R'_1 Q_1'^2 = R_2 Q_2'^2$，即将 1 支巷的风阻 R_1 减小到 R'_1，而 $R'_1 = \dfrac{\alpha P'_1 L}{S_1'^3}$，故可以从其中每一因素着手，将摩擦阻力系数减小到所需之值，巷道周长及长度也尽可能减小，或增大巷道断面。若通风系统中某一巷道风阻减小，则总风阻减小、总风量增大，故减小风阻的这一支巷所增加的风量大于另一支巷所减少的风量，其效果与风窗调节相反。但是改变整条巷道的风阻，工程量较大，只有在所需工程量不大时才考虑采用这种方法。

(3) 辅扇调节。当改变风阻达不到风量调节的要求时，可直接用辅助扇风机来调节风量，目前这种调节方法已得到普遍重视。辅扇的特点是质量较轻，电耗小，调节方便。关于它的安装方式，可以设风墙（如图 3-40 所示），也可以不设风墙（如图 3-41 所示）。很明显，没有风墙时，可以减小对运输及行人的影响。它的工作原理是：由于扇风机出口风流速度高，动压增加，静压降低，从而带动巷道的风流。这时通过巷道的风量大于扇风机的工作风量，但是当巷道风阻过大，会减小通过巷道的风量，以致使巷道中扇风机旁的风流反转。若设置风墙，通过巷道的风量与扇风机工作风量相等，这一现象即可避免。所以一般来说，安装辅扇的分支风流中，若风阻较小，不设风墙可以收到良好效果；风阻较大时，就应安设风墙。

辅扇的应用给通风管理带来一定的方便，但是辅扇使用不当也会造成风流反转或循环风流。在使用辅扇调节时，应注意以下几点：

1) 若增加风量的巷道风阻较小，可以使用无风墙辅扇调节，当在辅扇旁发生循环风流时，应安设风墙。

2) 辅扇的选型要恰当，一方面要达到所要求的风量，另一方面防止产生循环风流。

3) 辅扇安装位置应结合矿井通风系统作分析，防止循环风流。

4) 辅扇应选用压差小、风量大的扇风机，可以节约电能消耗。目前 K 系列扇风机可供选用。

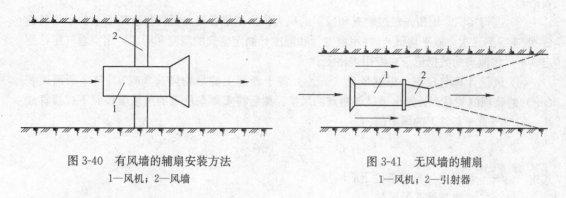

图 3-40 有风墙的辅扇安装方法
1—风机；2—风墙

图 3-41 无风墙的辅扇
1—风机；2—引射器

3.4.2 矿井风流的测量

3.4.2.1 全矿风量和风速的检测

全矿风量和风速检测的目的是：确定全矿总进风量和各作业地点的进风量是否满足需要；检查各主要巷道的风速是否符合规定；检查漏风情况，确定漏风地点或漏风区段。

原冶金工业部《矿山通风防尘试行规定》指出，掘进巷道及巷道型采矿工作面的最低风速不得小于 0.15m/s。井巷最高允许风速不得超过表 3-8 的规定。

表 3-8 井巷最高允许风速

井 巷 名 称	最高允许风速/m·s⁻¹	井 巷 名 称	最高允许风速/m·s⁻¹
专用风井、风硐	15	主要进风道	8
专用物料提升井	12	运输巷道	6
人员、材料提升井	8	采场、采准巷道	4
风 桥	10		

为了准确地测定风量，应在井下一些主要地点设置测风站，以便将全矿总进风量和总回风量、各翼各中段的进风量和回风量、各主要作业地点的进风量和回风量测定出来。测风站必须符合下列要求：测风站应设在平直的巷道中；测风站附近最少要有 10~15m 断面无明显变化的巷道；测风站本身的长度不得小于 4m；测风站不得设在风流分支或汇合处附近；测风站内不能有障碍物；测风站应挂有记录牌并注有编号；服务期间较长或地压较大区段内的测风站，最好用砖或混凝土砌筑；用木支架、混凝土支架、金属支架支护的巷道里，采用木板测风站，木板测风站的背板要平整，设置要严密，使通过巷道的风量全部通过测风站；当在无测风站的巷道里需要测风时，则应在比较平直且断面无明显变化的巷道区段里进行测定。

全矿风量和风速检查的步骤如下：

(1) 布置测点。根据检查工作的目的与要求，在矿井通风系统图和有关的中段平面图上布置测点并按顺序将测点编号。布置测点的原则是：必须保证通过对所有测点的风速测定与计算后，能够得到全矿总进风量和总回风量、各翼各中段的进风量和回风量、各主要作业地点的进风量和回风量的数据，并能得到主要漏风地点、漏风区段的漏风量的数据。在此前提下，布置的测点数目越少越好。在图纸上将测点布置妥善后，应将测点标定在井巷的适当位置上。

(2) 测点断面的测定与计算。将测点标定到井巷的适当位置之后，应测定测点所在位置的井巷断面尺寸并计算井巷断面积（m²）。然后按照测点序号将各测点的井巷断面积记录在专用表格上。

（3）进行实测。用预先经过检查和校正的风表依次测定各测点所在巷道断面上的平均风速（一般连续测三次，取平均值），并用温度计和湿度计测定空气的温度和湿度，用空盒气压计测定气压，将测得的数据记录在专用表格上。

（4）风量计算与校正。根据风量（m³/s）等于断面上的平均风速（m/s）与净断面面积（m²）的乘积的关系，计算出通过各测点的风量。然后将实测条件下的风量值按照下式换算成统一的空气重率条件下的风量值：

$$Q_c = \frac{Q_i \gamma_i}{\gamma_c} \quad (\mathrm{m}^3/\mathrm{s})$$

式中　Q_c——统一空气重率条件下的风量，m³/s；

　　　Q_i——实测条件下的风量，m³/s；

　　　γ_i——实测条件下的空气重率，kg/m³；

　　　γ_c——统一的空气重率（压入式通风时，指主要扇风机出风口的空气重率；抽出式通风时，指主要扇风机入风口的空气重率），kg/m³。

最后将全矿的、各翼各中段的、各主要作业地点的进风量和回风量标示在通风系统图和有关的中段平面图上。在此基础上，分析漏风地点或漏风区段以及漏风量的大小，并提出减少漏风的措施；分析矿内风量分配是否合理，若存在问题则应提出调节风量的措施，使风量分配合理化。

3.4.2.2　矿井通风阻力的测定

根据矿井通风的伯努利方程式可知，风流沿矿山井巷流动时，任何一段井巷的通风阻力，在数值上等于该段井巷始末两个断面上风流的绝对静压差、位能差、动压差三者之和。这个结论是进行矿井通风阻力测定的理论根据。

生产矿井应该定期地进行通风阻力的测定，目的在于查明各段井巷上通风阻力的分布情况，并针对通风阻力较大的地点或区段采取有效措施，减少通风阻力，以便改善矿井通风的状况，降低矿井主要扇风机的电能消耗。此外，通过通风阻力测定计算出来的井巷摩擦阻力系数 α 和局部阻力系数 ξ，是进行风量调节或改善通风系统工作的可靠的基础资料，也可供设计时参考和使用。

A　选择测定路线与布置测点

在选择测定路线之前必须下井调查了解主要通风井巷和整个通风系统的实际情况，然后根据矿井通风系统图、开拓系统图以及有关的中段平面图，一般选取通风困难的路线作为主要测定路线。至于全矿共分几条路线进行测定，要看矿井规模与通风系统的具体情况以及测定目的而定。测定路线选定后，应按下列原则布置测点：

（1）凡是主要风流分支或汇合的地点必须布置测点。当测点位于分支或汇合处之前时，其间的距离应大于巷道宽度的3~4倍；当测点位于分支或汇合处之后时，其间的距离应大于巷道宽度的12~14倍。

（2）在相互并联的几条巷道中，沿其中任何一条风道测定阻力均可。但在其余风道中应布置风量测点，借以测出其余风道中通过的风量。这样就可按相同的通风阻力和各自的风量求出各条风道的风阻。

（3）在测点的前面（以风流方向为准），至少要有3m长的巷道区段的支架良好，无空顶、空帮、凹凸不平，无堆积物。

（4）在井下布置测点的过程中，各测点处要做出明显的标记，按顺序注明测点的编号，还应将相邻两个测点间的距离以及各测点的巷道断面量好。

B 人员分工与组织

为了保证测定结果的准确性，最好能在一个工作班内将测定工作进行完毕。测定小组通常由6～7人组成。若矿井范围很大，测定任务繁重时，可以组成几个测定小组同时进行测定工作。

C 测定仪表与工具准备

此法需要使用的仪表与工具有静压管或皮托管、精密压差计、胶皮管、三角架、风表、秒表、干湿温度计、空盒气压计及卷尺等。所有仪表在使用前都必须经过检查和校正。此外，应各有专门的记录表格。

D 井下测定工作

井下测定时，仪表布置情况如图3-42所示。测定工作的步骤是：首先在测点1和测点2分别安设三角架和静压管或皮托管；在测点2的下风侧6～8m处安置精密压差计，调整水平并将液面调到零位（或读取初读数）；利用打气筒将胶皮管内原有的空气压出以换进所测巷道的空气，然后利用胶皮管将压差计分别与两只静压管连接起来。当胶皮管无堵塞、无漏气时，便可在压差计上读数，并将读数值记入专用表格内。以上测定工作完毕之后，将测点1的三角架和静压管移到测点3，然后在测点2和测点3之间用同样的方法进行测定，这样依此类推地测定下去，直到测完最后一个测点为止。

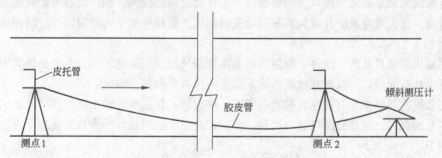

图3-42 精密压差计和皮托管测压差

测定时的注意事项：胶皮管接头处连接要牢靠、严密，不可漏气；严防水和其他杂物进入胶皮管内；防止车辆和行人挤压或损坏胶皮管；当压差计液面上下波动厉害而使读数发生困难时，可在胶皮管内放上一个棉花球，以减小波动便于读数。

E 测定资料的计算和整理

相邻两个测点间的通风阻力按下式计算：

$$h_{1-2} = Kh_r + \frac{v_1^2}{2g}\gamma_1 - \frac{v_2^2}{2g}\gamma_2 \quad (\text{mmH}_2\text{O})$$

式中　h_r——测定1与2两点时压差计的读数值，mm；

　　　K——压差计校正系数；

$\frac{v_1^2}{2g}\gamma_1$——测点1所在的巷道断面上的平均动压，mmH_2O；

$\frac{v_2^2}{2g}\gamma_2$——测点2所在的巷道断面上的平均动压，mmH_2O。

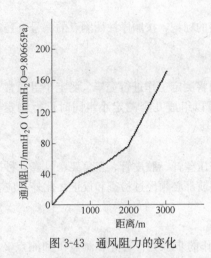

图 3-43　通风阻力的变化

然后将测定路线上各段风路的通风阻力 h_{1-2}、h_{2-3}、h_{3-4}…加起来，便可求得全矿的通风阻力值。为了便于比较，可根据全矿通风阻力值与全矿风量值计算出矿井总风阻或矿井等积孔。

根据测定记录与计算的结果，可在方格纸上以井巷的累计长度为横坐标，以通风阻力为纵坐标，将通风阻力的变化情况绘制成一条曲线，如图 3-43 所示。这样可以更加醒目地表明矿内通风阻力的变化情况。

这种测定方法的优点是测定结果的精确度较高，可以用来测定小区域的通风阻力，同时测定资料的整理和计算也比较简单，所以在我国金属矿山和煤矿中应用都比较普遍。此测定法的缺点是工作比较麻烦和复杂，特别是收放胶皮管的工作量很大，所需的测定时间较长，所需的测定人员也较多。因此，在矿井正常作业的条件下，尤其是在运输频繁的井巷中测定很困难，通常都是利用矿山公休或假日在停产条件下进行测定。

3.4.3　矿井通风的管理

3.4.3.1　矿井漏风的管理

最有害的漏风是新风及废风之间的漏风、工作面之间的漏风、抽出式通风矿井地表向出风部分的漏风、压入式通风矿井进风部分向地表的漏风。前两种属于内部漏风，后两种属于外部漏风。

矿井漏风必须具备两个条件，即漏风的通路和漏风地点两侧的压差，不论去掉其中哪一个条件都可以杜绝漏风，所以应从这两方面采取措施来减少和防止漏风。

外部漏风的通路主要有通地表的岩石裂隙、采空区、各主要运输平窿的风门以及主要扇风机装置本身的漏风。这部分漏风极为严重，一些矿井由于通风设计不合理或管理不善致使这种漏风达到 70%～80%。

克服有害漏风可以考虑如下几方面：

(1) 阻塞漏风通道，提高各种通风构筑物的严密性。主要通风道在漏风严重时，必须采取阻漏措施。如云南锡业公司马拉格矿外部漏风非常严重，对一条 475m 长的专用进风道认真喷混凝土浆后，主扇风量为 88m³/s，漏风只有 0.76m³/s。

(2) 根据围岩漏风情况的不同，采用不同的供风方式。针对围岩的漏风情况，进风部分漏风严重时，可使用抽出式供风，出风部分漏风严重时使用压入式供风，用风部分漏风严重时使用混合式供风。

(3) 坚持合理的开采顺序。外部漏风一般容易发现，也便于采取相应措施。内部漏风除了集中漏风如各种通风构筑物漏风容易发现外，其他如采空区的充填料、废坑道等分散漏风很不容易发现，而且总漏风量较大。对于这种情况，除加强通风构筑物的严密性外，更为重要的是坚持合理的采掘顺序，认真封闭废旧井巷及采空区，这是降低内部漏风的有效措施。

(4) 减小矿井压差，采用分区通风。例如江西西华山钨矿原设计只用一台压入式主扇通风，漏风极为严重。根据具体情况改为八个分区后，有效风量率大为提高。

(5) 合理选择主扇位置。主扇尽量靠近用风部分，能减少漏风。如湖南锡矿山将主扇迁入井下，使中部通风系统的有效风量率从 30％提高到了 88.5％。

（6）可利用空气幕或导风板防止井口漏风。

3.4.3.2　矿井风流方向的管理

某些风流反转，可减少工作面风量或造成废风串联，破坏合理的通风系统，这是通风管理工作中经常遇到的问题。反转风流一般出现在对角巷道里，原因是其他巷道风阻变化，改变了对角巷道两端的空气压力。所以为了保证对角巷道的风流方向，可以改变有关巷道的风阻，或在对角巷道中安装辅扇。当通风网路较复杂时，应从进出风的布置形式来保证风流的稳定性。

循环风流的出现，不仅导致废风串联，而且使废风不能排出矿外。循环风流的出现往往是因为使用辅扇不当、能力过大而迫使与它平行的风流反转。辅扇造成的反转风流必然循环；由于风阻改变而形成的对角巷道的反转风流不会循环。循环风流中必有反转风流；反转风流不一定循环。循环风流一定是在风流的闭合回路中出现了新的通风动力，由于这一动力作用，原有的风量分配破坏了，造成新的压差代数和为零而出现的。因此除串联外的通风网路，都为循环风流创造了条件，再加上某种通风动力的作用就出现了循环风流。在矿井里采用辅扇时，一定要注意循环风流的出现，可以用调节辅扇风量或改变辅扇位置来克服循环风流。

3.4.3.3　矿井风流的预热和预冷

有些地区的矿井通风中，有时会遇到需要预热或预冷两种情况。

A　空气预热

我国北方广大地区冬季气温较低，在进风井巷中，若有淋水或潮湿，就会产生冰冻现象，将给运输、提升机械设备正常运转带来困难，对安全生产造成威胁，使气候条件恶化，影响工人身体健康。因此，矿山安全规程规定：进风井筒冬季结冰，对提升及其他装置有危险时，须设暖风装置，将空气加热到 2℃以上。

暖风装置安在进风井筒旁边，用专门风道与井筒连通，使一部分冷空气经暖风装置后，温度提高到 70~80℃（不能超过 100℃，以免灼伤升降人员），与进风混合后使其温度提高到 2℃以上。

我国东北地区不少矿井用废旧巷道及采空区进风，利用地热预热进风温度获得良好的效果。必要时还可开凿专用预热进风巷道，进风井深度越大，预热效果越好。

B　空气预冷

我国南方夏季进风温度高达 36~38℃，直接引起井下高温现象。如矿井深度很大，岩石温度很高，也会引起井下高温。故必须冷却进风温度，用循环冷水在进风井巷或井底喷成水雾，由于水分蒸发吸收热量，可使空气温度下降。

为了降低进风温度，亦可利用进风井附近的废旧巷道或在进风井附近开凿几条通至恒温带的专用小井，并用平巷与井筒连通，形成并联进风，既可使空气沿小井冷却后再进入井下，又有利于降低通风阻力。

影响井下空气温度升高的热源主要来自老硐、崩落带及采空区发热矿石和坑木氧化散热，其次是新暴露的矿石表面的氧化散热；地表气温也有所影响。因此，降低作业面温度，改善作业条件，可采取下列措施：

（1）消除老硐和崩落带的热源。目前消除热源较为有效的方法是对老硐和崩落带实行灌浆抑制氧化。如湘潭锰矿、铜骨山铜矿及向山硫铁矿均采用过此种方法。但有的地点不可能全部灌到，应配合密闭隔离及其他综合方法。

（2）及时消除热量的积聚。良好的通风是及时排出工作面热量、改善作业点气候条件的有效措施之一。

（3）利用低温脉外巷道吸热。脉外进风井巷有着明显的调热作用，它夏季吸热，冬季放热，可以适当利用。

（4）局部降低温度。冷水喷雾、压气风管加隔热材料、局扇空气淋浴等，都是改善高温作业面劳动条件的有效措施。

3.5　矿井通风设施的管理

3.5.1　矿井主要扇风机工况的测定

3.5.1.1　矿井主扇工况测定的目的与任务

矿井生产条件的变化（例如因工作面的推移使巷道长度增加或缩短、矿井开采深度增加等），必然引起矿井总风阻的变化。矿井总风阻的变化又将引起矿井主扇工况的改变，从而导致主扇风量和矿井总风量的改变。为了合理地运用主扇，使主扇造成的矿井总风量能适应生产条件的变化而经常地满足实际生产的需要；为了保证主扇实际运转在经济上的合理性，以减少主扇电机的电能消耗，必须定期进行主扇工况的测定。

主扇工况测定的主要任务是：

（1）测定主扇的风量和风压，分析主扇风量是否满足矿山生产的实际需要；计算矿井通风阻力与矿井总风阻或矿井等积孔。

（2）测定拖动主扇的电动机的输入功率，计算主扇的运转效率，分析主扇的运转参数与矿井通风网路的匹配是否适当，确定是否需要进行主扇的工况调节。

3.5.1.2　主扇风量和风压的测定

主扇的风量通常在风硐内预先选定的适当断面上进行测定。由于通过风硐的风量和风速较大，一般使用高速风表测定断面上的平均风速；有时也将该断面分成若干等份，用皮托管、压差计、胶皮管测定每个等份中心的动压，然后将动压换算成相应的速度后，再计算出若干个速度的算术平均值作为断面的平均风速。断面平均风速与风硐断面面积的乘积等于通过风硐的风量，也就是主扇的风量（m^3/s）。

主扇风压的测定，通常也是在风硐内测定风速的断面上进行。先在该断面上设置静压管或皮托管，再用胶皮管将静压管或皮托管的静压端与安设在主扇房内的压差计连接起来，当胶皮管无堵塞、无漏气时，即可在压差计上读数，此读数就是风硐内该断面上的相对静压。在抽出式通风条件下，将设置静压管或皮托管的断面视为扇风机的入风口，而在压入式通风条件下，将风硐内设置静压管或皮托管的断面视为扇风机的出风口。当测得了风硐内该断面上的相对静压、动压以及主扇风量之后，即可根据主扇全压等于主扇出风口全压与入风口全压之差的关系将主扇全压计算出来。无论抽出式还是压入式通风，主扇的全压中除了主扇扩散器出口的动压（抽出式）或矿井出风口的动压（压入式）消耗之外，其余的全部可以用来克服矿井通风阻力。因此，可以计算出矿井通风阻力。求得了矿井通风阻力和矿井风量之后，可算得矿井等积孔或矿井总风阻。

3.5.1.3　主扇电机功率的测定

为了计算主扇效率，应将拖动主扇的电动机的输入功率测定出来。三相交流电动机的功率通常采用两瓦特表法或电流表、电压表及功率因数表法进行测定，并按下式计算：

$$N = \sqrt{3}UI\cos\varphi$$

式中　N——电机输入功率，kW；

　　　U——线电压，kV；

　　　I——线电流，A；

　　$\cos\varphi$——电机功率因数。

3.5.1.4　主扇效率的计算

将有关的数据测定、计算出来后，按下式计算主扇效率：

$$\eta = \frac{QH}{102N\eta_e\eta_d} \times 100\%$$

式中　η——主扇效率；

　　　Q——主扇风量，m^3/s；

　　　H——主扇风压（若以主扇全压代入则得主扇全压效率，若以主扇静压代入则得主扇静压效率），mmH_2O（$1mmH_2O = 9.80665Pa$）；

　　　N——拖动主扇的电机的输入功率，kW；

　　　η_e——拖动主扇的电动机的效率；

　　　η_d——拖动主扇的电动机与主扇间的传动效率。

3.5.2　井下通风设施的管理

良好的通风系统，可将新鲜空气按规定路线送到工作面，这在很大程度上要用通风构筑物来保证。

（1）风桥。当新鲜空气与废空气都需要通过某一点（如巷道交叉处）而风流又不能相混时，需设置风桥。风桥可用砖石修建，也可用混凝土修建。在一些次要的风流中可用铁风筒架设风桥，如图 3-44 所示。对风桥的要求是：风阻小，漏风少，具有足够的坚固性。

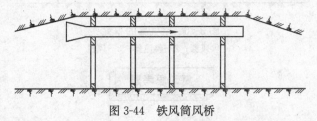

图 3-44　铁风筒风桥

（2）风墙。不通过风流的废巷道及采空区，需设置风墙，风墙又称密闭，根据使用年限不同，风墙分为永久风墙与临时风墙两种。在建造永久风墙时可根据材料来源选用砖或石料建成，也可用混凝土建造。风墙应尽量建在岩石稳固及漏风少的地点。若在巷道周边刻槽使风墙镶入围岩中，并在风墙表面及四周抹水泥砂浆，能有效地提高风墙的严密性。临时风墙可用木板建造，也可用帆布做成风帘临时遮断风流。

（3）风门。某些巷道既不让风流通过，又要保证人员及车辆通行，就得设置风门。在主要巷道中，运输频繁时应构筑自动风门。目前广泛使用的风门是光电控制的自动风门。为了使风门启开时不破坏通风系统，必须设置两道风门，人员或矿车通过风门时应使一道风门关闭后，另一道风门才启开。因此，两道风门之间要间隔一定的距离。次要巷道中可修筑简易风门，有手动式及碰撞式，如图 3-45 所示。为了保证风门能自动关闭，风门应沿风流方向略微倾斜。

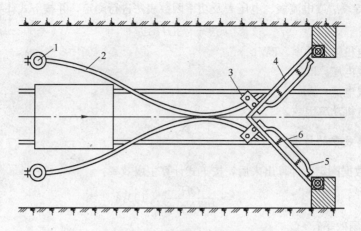

图 3-45　碰撞式自动风门
1—杠杆回转轴；2—碰撞推门杠杆；3—门耳；4—门板；
5—推门弓；6—缓冲弹簧

（4）空气幕。利用特制的供风器（包括扇风机），由巷道的一侧或两侧，以很高的风速和一定的方向喷出空气，形成门板式的气流来遮断或减弱巷道中通过的风流，称为空气幕，它可克服使用调节风窗或辅扇时存在的某些不可避免的缺点，特别是在运输巷道中采用空气幕时，既不妨碍运输，工作又可靠。空气幕布置方式如图 3-46 所示。若改变空气幕的喷射方向及出风量，可以调节巷道中的风量。

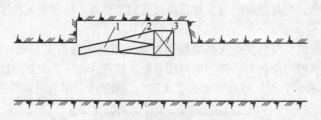

图 3-46　空气幕的布置
1—供风器；2—整流器；3—风机

复习思考题

1　哪些因素会影响矿内空气的温度？
2　矿内空气主要成分是什么，对人体有哪些影响？
3　矿内有毒气体怎样检测？
4　矿内空气压力怎样测定？
5　矿井自然压差有什么特性？
6　矿井风流有哪些阻力，怎样降低阻力？
7　风速怎样测定，有哪些常用仪表？
8　风力和风阻是不是一回事？
9　影响摩擦风阻的因素有哪些？
10　降低矿井风阻有哪些常用方法？

4 露天矿开采通风

4.1 露天矿开采大气的污染与危害

在露天开采过程中，由于使用各种大型移动式机械设备，包括柴油机动力设备，露天开采的空气发生了一系列的尘毒污染。矿物和岩石的风化与氧化等过程也增加了露天开采对大气的毒化作用。

露天开采时大气中混入的主要污染物质是有毒有害气体、粉尘和放射性气溶胶。如果不采取防止污染的措施，或者防尘和防毒的措施不利，露天开采空气中的有害物质浓度必将大大超过国家卫生标准规定的最高允许浓度，因而对矿工的安全健康和对附近居民的生活环境都将造成严重危害。

4.1.1 露天开采大气污染源分类

按分布地点，污染源有露天矿内部的，也有从露天边界以外涌入的外来污染；按作用时间，露天开采污染源分为暂时的和不间断的。浅孔凿岩和二次爆破是暂时的污染源；钻机和电铲扬尘、岩石风化、矿物自燃，以及从矿岩中析出毒气和放射性气体，则属于不间断的污染源；按涌出有毒气体的数量和产尘面的大小，露天开采污染源又分为点污染（电铲、钻机等）、线污染（汽车运输扬尘等）、均匀污染（指从台阶工作面析出的有毒有害气体以及矿水中析出的二氧化硫和硫化氢等）；按尘毒析出面的情况，分为固定污染源和移动污染源。前者如电铲和钻机扬尘、后者如汽车、推土机产生的尘毒；按有毒物质的浓度，分为不混入空气的毒气涌出（如从矿坑水中析出硫化氢）和混合气体污染（如汽车尾气）。上述有毒物质污染源的不同，都影响着它们的传播扩散、污染程度以及消除污染的方法的选择。

4.1.2 露天矿大气中的主要有害气体及其危害

露天开采大气中混入的主要有毒有害气体有：氮氧化物、一氧化碳、二氧化硫、硫化氢、甲醛等。个别矿山还有放射性气体氡、钍、锕等。工人吸入上述有毒有害气体能发生急性和慢性中毒，并可导致职业病。

4.1.2.1 露天开采有毒气体的来源

露天开采大气中混入有毒有害气体是在爆破作业、柴油机械运行、台阶发生火灾时产生的，以及从矿岩中涌出和从露天开采的水中析出的。

露天开采爆破后所产生的有毒气体，其主要成分是一氧化碳和氮氧化合物。如果将爆破后产生的毒气都折合成一氧化碳，则1kg炸药能产生80～120L毒气。柴油机械工作时所产生的废气，其成分比较复杂，它是柴油在高温高压下进行燃烧时产生的混合气体。其中以氧化氮、一氧化碳、醛类和油烟为主。硫化矿物的氧化过程是缓慢的，但高硫矿床氧化时，除产生大量的热以外，还会产生二氧化硫和硫化氢气体。在含硫矿岩中进行爆破，或在硫化矿中发生的矿尘爆炸以及硫化矿的水解，都会产生硫化气体：二氧化硫和硫化氢。露天开采火灾时，往往引燃木材和油质，从而产生大量一氧化碳。另外，从露天开采邻近的工厂烟囱中吹入矿区的烟，其主要成分也是一氧化碳。

4.1.2.2 各种有毒气体对人体的危害

各种有毒气体及其对人体的危害叙述如下：

(1) 一氧化碳。它是无色、无味、无臭的气体，对空气的相对密度为 0.97，一氧化碳极毒，它同血液中的血红蛋白相结合，妨碍体内的供氧能力，中毒症状为头晕、头痛、恶心、下肢无力、意识障碍、昏迷甚至死亡。

(2) 二氧化氮。它是一种红褐色有强烈窒息性的气体，对空气的相对密度为 1.57，易溶于水而生成腐蚀性很强的硝酸。所以，它对人体的眼、鼻、呼吸道及肺组织有强烈腐蚀破坏作用，甚至引起肺水肿。症重时丧失意识而死亡。

(3) 硫化氢。它是一种无色而有臭鸡蛋味的气体，具有强烈的毒性，能使血液中毒。

(4) 二氧化硫。它是一种无色而有强烈硫磺味的气体，在高浓度下能引起激烈的咳嗽，以致呼吸困难。反复长期地在低浓度下工作，则能导致支气管炎、哮喘、肺心病。

(5) 甲醛。甲醛等醛类是柴油设备尾气中的一种有毒气体。甲醛等能刺激皮肤使其硬化，甲醛的蒸气能刺激眼睛使之流泪，吸入呼吸道能引起咳嗽。丙烯醛也有毒性，它刺激黏膜和中枢神经系统。醛类气体除汽车尾气中含有之外，在使用火钻时也能产生。

(6) 露天开采大气中的放射性气溶胶。有的金属矿床与铀钍矿物共生。含铀金属矿有四大共生类型：赋存有连续的铀矿化体；赋存有非连续的点状或小块状铀矿化体；分散性低的含铀、钍的稀有矿物和稀土矿物；铀—金属共生矿。这些共生的铀钍矿床，如采用露天开采，都能程度不同地有氡气、钍气及锕射气析出到露天开采大气之中，从而造成了矿区的放射性污染。除钍品位极高的矿山外，矿区内空气中的放射性气体主要是氡气（^{222}Rn）及其子体。

氡子体具有金属特性，而且带电。由于热扩散和静电作用使带电的氡子体在非放射性矿尘上沉积、结合和黏着。这就使非放射性的微粒被活化为放射性气溶胶。因为这是天然产生的，故称为天然放射性气溶胶。露天开采天然放射性气溶胶对人体的危害，主要是氡及其子体衰变时产生的 α 射线。这些放射性气溶胶随空气进入肺部，大部分沉积在呼吸道上形成对人体的内照射。这不仅能促进硅肺病（旧称矽肺病）的发展，而且有导致矿工肺癌的危险。

4.2 露天开采的通风

4.2.1 露天开采的自然通风

4.2.1.1 自然通风的主要动力和分类

露天开采的矿内空气和地面大气的交换，称为露天开采自然通风。这一过程用来从露天开采工作地点排出粉尘和有毒气体，并向露天开采输入新鲜空气。

露天开采空气交换的自然动力有二：其一为充满露天开采的坑内大气团中个别分层间的温差；其二为自然风力的动能。形成露天开采空气流动的主要热源是太阳辐射；在个别情况下，火灾和氧化过程也能构成露天开采的热力通风。温度因素不仅参与而且也妨碍露天开采空气的热交换。当土壤与岩石层温度下降变冷时，温度梯度为负值，此时风流变向而且使露天开采自然通风的效果极差。风力因素的影响小于温度因素，这与露天开采所在地区的有无风、风流速度大小与强弱有关。无风或微风的天气所占百分比越多，露天开采自然通风的能力越弱，随之而来的露天开采污染则越严重。

大气的风向、风速不同，风流状态和风流结构各异，造成了不同露天开采或同一露天开采的深浅各部位的空气中有害物质的分布、特征、污染情况等等的显著差别。对露天开采自然通风进行分类的主要依据是：地面风速、绝热温度梯度等物理参数；露天开采深度、走向长度或称之为与风流方向垂直的露天长度、与风流同向的露天开采地表开口水平长度、相对长度、边坡倾角（背风边坡角、上部阶段角，下部阶段角）等几何参数以及实现空气交换的动力（即温度和风流的风力）。

4.2.1.2 露天开采自然通风方法

通风的基本方式有四种：回流、环流、直流和复环流。此外还有两种方式联合作用的环流—直流、直流—复环流。环流通风与回流通风的产生与地形、露天几何尺寸、边坡角等无关，而是在温度因素作用下形成的。至于回流—环流联合通风方式则与温度和地形、几何尺寸等多种条件均有关联。在无风或微风天气的露天开采内，空气流动呈环流和回流的方式出现的场合较多。随着地面风速增大，通风动力从以热力为主转化为以风力为主时，露天通风方式则常呈现直流和复环流。在这种情况下，和地面空气流动相一致的区域称为第一代射流区；构成闭路循环的复环流称为第二代射流。形成复环流的条件是地形极凹、开采深度较大等因素。

A　露天开采的环流通风

露天开采的空气交换之所以呈现环流方式，是由于热气流上升造成的。在太阳辐射热的作用下，露天开采在白天极易发生环流；但当工作面发生火灾和激烈氧化过程中所产生的热量较大时，即使夜间也有形成环流的可能。露天开采空气的环流运动产生条件是：空气垂直方向的温度梯度为正值，且此值大于绝热温度。

B　露天开采的回流通风

当露天开采垂直温度梯度为负值时，交换空气的方式呈回流状态。回流的产生是由于空气经过露天矿边帮及其连接的地表温度下降从而促使近地空气层变冷下行的结果。沿边帮下行风流冲刷露天凹地工作面以后，又上升经露天中部将尘毒排出地面。露天开采的回流通风有两种不同情况影响着露天开采通风效果和大气成分。这两种情况虽然物理现象基本相同，但结果却有显著差异：第一种情况，露天开采位于平原地区，随露天阶段的下降日益形成深凹，致使四面封闭；第二种情况，顺山坡开挖阶段，构成山坡露天，形不成封闭区。在封闭凹坑露天开采中，冷而重的空气沿四周边坡向深部流动，在风流下行的过程中带走了台阶面上的粉尘和毒气，在露天坑底形成污染的冷空气团，这种空气流速缓慢，一般小于 1m/s。

当露天开采处于有利地形时，回流通风能保证冷空气在所有时间内流动并排出粉尘毒气，所以它是防止露天大气污染的较好通风方式。反之，如果露天开采的深凹极深且四面封闭，污染十分严重时，有时亦可开凿专用通风井以便从露天的极深部将有毒气体和粉尘排出，即采用沿山坡自然入风，而利用风井机械排风的方式，或者利用移动式风机辅助通风。

C　回流—环流方式的通风

在日出或日落的时间里，某一边坡处于放热变冷状态，而另一边坡因吸光受热增温，两个边坡的垂直温度梯度一正一负，且其值有显著差别。在此种情况下，空气沿一边坡由上往下运动，而在另一边坡则出现从下往上的上行风流。这就形成了回流和环流的混合式通风。在回流下阶段表面的风速，一般不超过 1~1.5m/s，越往深部则风速越小，但不易形成停滞气团，或者说停滞空气层的高度不大。这种无风状态即使形成，持续时间也不会太长，因为日落之后环流则转为回流，而日出以后回流又可转化为环流。

由于空气容重之差是形成这种空气流动的作用力，而且和高度差有密切的关系。所以，当冷热两边坡即使空气温差很大，但处于同一水平或者高差较小时，风速也不会太大。对此，北方露天开采和高山露天开采较为有利，在个别情况下，从背阴的边坡到光照的边坡之间的局部气流，其风速有时可达 5～6m/s。

4.2.2　露天开采的人工通风

随着露天开采深度的不断延伸，台阶工作面不断下降，劳动条件也逐渐恶化。尽管露天开采全面通风基本上是靠自然通风来实现的，但是，对粉尘炮烟及尾气停滞区，以及大爆破区等个别地点则很有必要用人工通风进行辅助，以便减少停工时间和进一步改善作业环境。实践证明，露天开采深度越大，各种风向的自然通风效率越低；露天开采深度与长度的比值越大，自然通风的效果越差。

4.2.2.1　人工通风方法分类

按通风动力分，人工通风方法有三种：一是利用移动式通风机造成湍流自由风流；二是借助工作区加热和制造对流风流以加强自然换气；三是在边坡外和底部开凿竖井和平巷安装风机进行全矿的抽出、压入式通风。

按露天开采人工通风装置的风流运动方向，分为两类：一是造成垂直向射流的装置，分为造成固定射流、活动射流及混合射流的装置；二是造成水平向和斜向射流的装置，也分为造成固定射流、活动射流及混合射流三类装置。

这样区分的依据是直、平、斜三向射流的参数均在不同程度上取决于重力的作用、上行和下向垂直向风流的扩展程度。至于造成固定射流、活动射流及混合射流的分法，是根据射流的活动性决定的。所谓"射流活动性"，是指通风装置运转过程中风流在垂直面和水平面上或者同时在这两个面上的位移而言。

按照射流由出口流出的排斥力和惯性力的比例关系，通风装置又可分为下列四类：一是等温射流装置。在等温射流中不存在排斥力，射流的扩展是由惯性力的作用决定的，表示排斥力和惯性力之间联系的阿基米德准数，在此情况下等于零；二是不等温的弱射流装置。在不等温的弱射流装置中，同惯性力相比，排斥力较小；三是不等温的强射流装置。不等温的强射流中，排斥力相当于惯性力，对风流扩散性质的影响较大；四是对流射流装置。在对流风流中没有惯性力，风流是在排斥力作用下扩展的。

4.2.2.2　通风装置

在露天矿的开采中，多采用大型风机作为通风装置，只有很少的情况下使用小型风机。主要的风机型号有 AN-20K 型风机、AH-20KB 型风机、ABK-2M 型风机、ABK-4 型风机等等。

实践表明，在露天矿上部岩盘稳固处设置风机，用大型风筒将新风送到深凹底部和空气停滞区，可以获得良好的通风效果。露天矿人工通风的另一办法是露天矿井通风井巷化，即在露天凹底开凿排风井，一水平巷道与抽出式立风机相连排出废风。风机可设在露天矿上部抽风井的近旁。

由此可见，人工通风只能在完全无自然风的条件下才适用于露天矿通风，而在有自然风的情况下，人工通风仅仅适用于个别空气停滞区的通风。改善矿山的环境，防止露天大气的污染，首要的措施是控制尘源和减少有毒气体的发生量，从根本上解决问题。

复习思考题

1 露天开采大气污染源有哪些?
2 露天矿大气中的主要有害气体是什么,对人体有什么危害?
3 露天开采自然通风的主要动力有哪些?
4 露天开采自然通风的通风方法有哪些,各有什么特点?
5 露天开采人工通风有什么方法?
6 试说明回流—环流方式通风的原理与过程。

5 矿山空气污染及其防治

5.1 井下空气

5.1.1 矿井内空气成分

矿内空气来源于地面空气。地面空气主要由氧（O_2）、氮（N_2）和二氧化碳（CO_2）所组成。此外，地面空气还含有微量的水蒸气、微生物和灰尘等，但这些物质仅在城市或工业中心等局部地区变化较大，不影响整个地面的空气组成，所以不包括在地面空气的组成成分之内。

地面空气进入矿井后，成分将发生一系列的变化，如氧含量减少，混入各种有害气体和矿尘，空气温度、湿度和压力也发生变化。

可见，地面空气与矿内空气是有区别的。但是，矿内空气在其成分与地面空气相近似时（如进风巷道中的风流）称为新鲜风流；反之称为污浊风流或废风（如回风道中的风流）。下面研究矿内空气的主要成分。

（1）氧。氧是一种无色、无味、无臭的气体，和空气相比，它的相对密度是 1.11。它的化学性质很活泼，几乎能与所有的气体化合，易使其他物质氧化，是人与动物呼吸和物质燃烧不可缺少的气体。

因此，井下工作地区必须供给含有足够氧气的新鲜空气。我国矿山安全规程规定：在总进风和采掘工作面进风中，氧气的体积分数不得低于 20%。

（2）二氧化碳。二氧化碳是一种无色、略带酸臭味的气体，俗称碳酸气，相对密度 1.52，容易聚集在巷道底部或下山盲巷没有风流的地方；不助燃，不能供呼吸，易溶于水。

二氧化碳对人的呼吸有刺激作用，人体内二氧化碳增多，能刺激人的呼吸神经中枢，而引起频繁的呼吸，使人的需氧量增加。另外，井下空气中二氧化碳浓度过大，又会使氧含量相对减少，使人中毒或窒息。

为了防止二氧化碳的危害，安全规程规定：在总进风和采掘工作面进风中，二氧化碳的体积分数不得超过 0.5%，在总回风中不得超过 0.75%。

（3）氮。氮是一种无色、无味、无臭的气体，相对密度 0.97，既不助燃，也不能供人呼吸。在正常情况下，氮对人体无害，但当空气中氮含量增加时，会使氧气含量相对减少，而使人窒息。在通风正常的巷道中氮含量一般变化不大。

综上所述，地表空气的主要成分是氧、二氧化碳及氮。空气进入矿井后，其成分会发生变化。由于在矿井里，矿岩及木材等不断缓慢氧化，消耗大量氧气，并产生二氧化碳，因此，主要是氧减少及二氧化碳增加。在矿内通风不好的地方，尤其是火区及采空区附近以及有二氧化碳放出的独头巷道，氧的体积分数可能会降到 1%～3%。所以在进入这些巷道前应该进行检查，否则贸然进入将会有窒息死亡的危险。已经停止通风的旧巷，未经检查决不允许进入，以免发生二氧化碳中毒窒息事故。

5.1.2 矿内空气中的有毒气体

5.1.2.1 爆破及内燃设备产生的主要有毒气体

爆破是矿山生产的主要作业之一。爆破后不能立即进入工作面，因为现代各种工业炸药爆破分解都建立在可燃物质（如碳、氢、氧等）气化的基础上。当炸药爆炸时，除产生水蒸气和氮外，还产生二氧化碳、一氧化碳、氮氧化物等有毒有害气体，统称为炮烟。它会直接危害矿工的健康和安全。

井下使用柴油动力的无轨设备能使劳动生产率大大提高，但必须解除柴油机排出的废气对矿工的危害。因为柴油是由碳（质量分数 85%～86%）、氢（13%～14%）和硫（0.05%～0.7%）组成的，柴油的燃烧一般不是理想的完全燃烧，产生很多局部氧化和不燃烧的东西。所以，柴油机排出的废气是各种成分的混合物，其中氮氧化合物（主要是一氧化氮和二氧化氮）、一氧化碳、醛类和油烟等四类成分含量较高，毒性较大，是柴油机废气中的主要有害成分。一般柴油机废气中氮氧化物的体积分数为 0.005%～0.025%，一氧化碳体积分数为 0.016%～0.048%。所以应进一步了解一氧化碳和氮氧化物的特点，才能清楚地知道它们的危害及其预防方法。

A　一氧化碳

一氧化碳是一种无色、无味、无臭的气体，相对密度 0.97。由于一氧化碳与空气重量相近，易于均匀散布在巷道中，若不用仪器测定很难察觉。一氧化碳不易溶解于水，在通常的温度和压力下，化学性质不活泼。

一氧化碳是一种性质极毒的气体，在井下各种中毒事故中所占的比例较大。一氧化碳性质极毒是由于它与人体血液中血色素的结合力比氧大 250～300 倍，也就是说血液吸收一氧化碳的速度比吸收氧快 250～300 倍。当人体吸入的空气含有一氧化碳时，那么血液就要多吸收一氧化碳，少吸入甚至不吸入氧气。这样人体内循环的不是氧素血色素（H_BO_2）而是碳素血色素（H_BCO），使人患缺氧症。当血液中一氧化碳达到饱和时就完全失去输送氧的能力，使人死亡。这说明空气中一氧化碳含量过高会妨碍人体吸氧；反之，有足够的氧气也会排出人体内的一氧化碳。因此一氧化碳中毒时只要吸入新鲜空气就会减轻中毒的程度，所以一氧化碳中毒者如能尽快地被转移到新鲜风流中进行人工呼吸，仍可得救。

由于一氧化碳的毒性很大，安全规程规定：井下作业地点（不采用柴油设备的矿井），空气中一氧化碳体积分数不得超过 0.0024%，按质量浓度计不得超过 0.03mg/L。这个规定的允许浓度比有轻微症状的中毒浓度还有几倍的安全系数，这主要考虑到人在这样环境下从事劳动也不致中毒和受到伤害。但爆破后，在扇风机连续运转不断送入新鲜风流的情况下，一氧化碳的体积分数降到 0.02% 时就可以进入工作面。使用柴油设备的矿井一氧化碳的体积分数应小于 0.005%。

若经常在一氧化碳浓度超过允许浓度的环境中工作，虽然短时期内不会发生急性病状，但由于血液长期缺氧和中枢神经系统受到伤害，就会引起头痛，眩晕，胃口不好，全身无力，记忆力衰退，情绪消沉及失眠等慢性中毒。

还应注意到，发生井下火灾时，由于井下氧气供应不充分，会产生大量的一氧化碳。

B　氮氧化物

爆破后和柴油机废气中都有大量的一氧化氮产生，一氧化氮是极不稳定的气体，遇到空气中的氧即转化为二氧化氮。

二氧化氮是一种褐红色的气体，相对密度 1.57，具有窒息气味，极易溶解于水；二氧化氮遇水后生成硝酸，对人的眼、鼻、呼吸道和肺部都有强烈的腐蚀作用，以致破坏肺组织而引起肺部水肿。

二氧化氮中毒的特点是起初无感觉，往往要经过 6～24h 后才出现中毒征兆。即使在危险浓度下，起初也只感觉呼吸道受刺激、咳嗽，但经过 6～24h 后，就会发生严重的支气管炎、呼吸困难、吐黄痰、发生肺水肿、呕吐等症状，以致很快死亡。

为了防止二氧化氮的毒害，安全规程规定：井下作业地点（不采用柴油设备的矿井）空气中二氧化氮的体积分数不得超过 0.000259%（换算为 N_2O_5 的氮氧化合物为 0.0001%），按质量浓度计不得超过 0.005mg/L；使用柴油设备的矿井二氧化氮的体积分数应小于 0.0005%。

C　一氧化碳和二氧化氮中毒时的急救

从一氧化碳和二氧化氮的特性可以看出，二者都是毒害很大的气体，又同时产生在爆破后和柴油机排出的废气中，但由于它们对人体中毒的部位不同，在对中毒伤员进行急救时应加以区别对待。一氧化碳中毒，呼吸浅而急促，失去知觉时面颊及身上有红斑；嘴唇呈桃红色。对中毒伤员可施用人工呼吸及苏生输氧，输氧时可掺入 5%～7% 的二氧化碳以兴奋呼吸中枢促进恢复呼吸机能；口服生萝卜汁有解毒作用。二氧化氮中毒，突出的特征是指尖、头发变黄，另外还有咳嗽、恶心、呕吐等症状。因为二氧化氮中毒时，往往发生肺水肿，所以切忌采用人工呼吸，以免加剧肺水肿的发展。可用拉舌头刺激神经引起呼吸，或在喉部注入碱性溶液 $NaHCO_3$，以减轻肺水肿现象。

5.1.2.2　含硫矿床产生的主要有毒气体

在开采含硫矿床的矿井里，眼和鼻会有特殊的感觉，这是因为硫化矿物被水分解产生的硫化氢和含硫矿物的缓慢氧化、自燃和爆破作业等产生的二氧化硫所引起的。

A　硫化氢

硫化氢是一种无色的气体，相对密度 1.19，具有臭鸡蛋味及微甜味，当其在空气中体积分数为 0.0001%～0.0002% 时，可以明显地感到它的臭味；易溶解于水，能燃烧；性极毒，能使人体血液中毒，并对眼膜和呼吸系统有强烈的刺激作用。安全规程规定，矿内空气中硫化氢的体积分数不得超过 0.00066%。

应该注意到，硫化氢容易出现在一些老硐中。由于它的相对密度大，易溶解于水，很容易聚集在老硐的水塘中；若被搅动，就有放出的危险。

B　二氧化硫

二氧化硫是无色的气体，具有强烈的烧硫磺味，相对密度 2.2，易溶解于水，对眼有刺激作用；与呼吸道潮湿的表皮接触后能产生硫酸，对呼吸器官有腐蚀作用，使喉咙支气管发炎，呼吸麻痹，严重时引起肺水肿。所以二氧化硫中毒的伤员也不能进行人工呼吸。

安全规程规定，矿内空气中二氧化硫的体积分数不得超过 0.0005%。

在矿石含硫量（体积分数）超过 15%～20% 的矿井里，一氧化碳和二氧化硫含量不断增加，是矿石自燃火灾的主要征兆之一。

C　硫化氢、二氧化硫中毒时的急救

硫化氢中毒，除施行人工呼吸或苏生输氧外，可用浸过氨水溶液的棉花或毛巾放在嘴和鼻旁，因为氨是硫化氢的良好解毒物。二氧化硫中毒可能引起肺水肿，故应避免用人工呼吸；当必须用苏生输氧时，也只能输入不含二氧化碳的纯氧。

外部器官受硫化氢、二氧化硫刺激时，对眼睛可用 1% 的硼酸水或明矾溶液冲洗，对喉咙可用苏打溶液、硼酸水及盐水漱口。

5.2 矿区大气污染的产生及危害

5.2.1 矿区大气污染

5.2.1.1 矿区大气

空气是人类赖以生存所不可缺少的物质。每人每天吸入空气的次数约两万多次，按体积算约一万升，按重量计约 $15\sim20kg$，相当于人每天所需食物的 $8\sim10$ 倍。人类对空气的质量要求是比较严格的，各国均制定了居民区、工矿企业车间空气的卫生标准。在矿井条件下对于空气中的粉尘、放射性以及各种有毒有害气体，安全规程均有一定要求。据统计，人与空气接触的肺泡膜表面积约为 $50m^2$，当空气受污染以后，其中有害物质很容易进入人体，如果人们长期在受污染的空气环境中工作，则会发生各种疾病。

现代矿山，特别是大型矿山，多为采矿、选矿和冶炼的联合企业，同时还设有为产品服务的建材、化工、烧结、焦化、电厂等辅助企业。在生活和生产活动的过程中，每时每刻都在向矿区地面和井下空间排放各种无机的、有机的气体，以及烟雾、矿物性及金属性粉尘。这些污染物质进入矿区大气，经足够的时间，达到足够的浓度时矿区大气质量恶化，从而危害人们的生活和身体健康，破坏了矿区的大气环境，影响了生态平衡，这种状态称为矿山空气污染。矿山空气污染属于地区性污染，即污染范围通常为矿区及其附近地区。

矿区地面空气污染物主要来源于冶炼厂对矿石的冶炼加工过程。据统计，生产 1t 铅，排烟量达 $30000m^3$；电炉炼铜废气排放量达 $40000\sim60000m^3/h$。其次是露天开采的矿岩风化、大爆破生成的有毒气体、粉尘，汽油、柴油设备产生的尾气，采选冶的固体堆积物氧化、水解产生的有害气体和由矿井排出的废气。

5.2.1.2 大气污染物分类

矿山空气污染物按其性质可分为气态污染物和气溶胶污染物两大类。

A 气态污染物

气态污染物系指矿山在采矿、选矿、冶炼生产过程中产生的在常温常压下呈气态的污染物，它们以分子状态分散在空气中，并向空间的各个方向扩散。密度大于空气者下沉，并随气流的方向以相等速度移动，密度小于空气者向上飘浮。它们可分为：以二氧化硫为主的含硫氧化物；以一氧化氮和二氧化氮为主的含氮氧化物；以二氧化碳为主的含碳氧化物、碳氢化合物以及少数卤素化合物。此外，含铀钍的矿山还存在放射性气体。

(1) 含硫氧化物。矿区地面空气中含硫氧化物主要为二氧化硫和三氧化硫，此外还有少数硫化氢。含硫氧化物与空气中的原有成分或其他污染物可以发生化学或光化学反应产生二次污染物，主要有硫酸烟雾和光化学烟雾。

(2) 含氮氧化物。氮氧化合物通常主要指一氧化氮和二氧化氮。全世界由于人为活动，每年产生的一氧化氮和二氧化氮总量约为 500 万 t。矿区地面氮氧化合物主要来自冶炼厂的生产过程、锅炉烟气、露天开采的炸药爆炸以及矿区运输、装载、铲运等使用汽油、柴油为燃料的设备所排放的尾气。

(3) 含碳氧化物。含碳氧化物系指一氧化碳和二氧化碳。人们向大气排放的一氧化碳主要是由燃料不完全燃烧产生的。矿区碳氧化物主要来自冶炼生产，此外，还来自矿山爆破作业、汽油、柴油等内燃设备排放的尾气以及煤和矿石的自燃、矿岩中涌出的气体。

　　B　气溶胶污染物

　　所谓气溶胶系指沉降速度可以忽略的固体粒子、液体粒子或固体和液体粒子在气体介质中的悬浮体。按照其性质，属于气溶胶的物质有：粉尘、烟尘、液滴、轻雾及雾等。矿区气溶胶成分极其复杂，含有数十种有害物质。

　　(1) 粉尘指在矿山生产过程中，对矿物和岩石进行破碎、筛分、研磨、钻孔、爆破、运输等手段产生的悬浮于大气中或在大气中发生缓慢沉降的微小固体颗粒，它属于固态分散性气溶胶。

　　(2) 烟指在冶炼和燃烧过程中矿物高温升华、蒸馏及焙烧时产生的固体粒子，它属于固态凝聚性气溶胶或指常温下是固体物质，因加热熔融产生蒸气，并逸散到空气中，当被氧化后或遇冷时凝聚成极小的固体颗粒分散悬浮于空气中。例如，在熔铅过程中，有氟化铅烟尘产生；电焊时有锰烟及氧化锰烟产生；黄铜和青铜中含有锌，当铜被熔化时，则有锌蒸气逸到空气中，继而氧化成氧化锌烟等。这些微细的气溶胶颗粒，都具有规则的结晶形态，并且其颗粒比一般粉尘小。

　　(3) 液滴指在常温常压下是液体的物质，能在静止条件下沉降，在紊流条件下保持悬浮状态，是粒径范围在 $200\mu m$ 以下的液体粒子。

　　(4) 雾指在常温常压下能悬浮于气体中的微小液体，它是在蒸气的凝结、液体雾化和化学反应等过程中形成的，属于液态凝聚性气溶胶，如酸雾、碱雾、水雾等。

5.2.1.3　影响矿区大气污染浓度分布的因素

　　(1) 污染物的性质。指污染物的相态（固态、液态、气态）、形状、大小、密度、成分以及其他物理或化学性质。它们对污染的浓度和污染物在大气中的分布及停留时间或能否造成二次污染等有着重要影响。

　　(2) 污染源的性质。包括污染物的排放量、排放时间、污染源的高度、形状、口径以及污染源内温度排放速率等。

　　(3) 矿区气象条件。气象条件是指温度、湿度、气压、风、湍流及大气稳定度。大气湍流系指无规则阵性搅动的气流，它是当空气在起伏不平的地面流动时，由于风向、风速的不断变化，加之空气的黏性和地形地物的阻力，使得流动的空气形成大小涡旋，处于无规则的运动状态，大气污染物的扩散，主要靠湍流的作用。大气稳定度指大气中某一高度上的气团在垂直方向上相对稳定的程度，它是影响大气扩散的重要因素。大气稳定度与气温垂直递减率、风速及湍流有着密切关系。根据气温垂直变化率，大气稳定度可分为稳定状态和不稳定状态：大气的垂直温度随高度增高而降低时，大气为不稳定状态，此时对流强烈，湍流激烈，污染物扩散和稀释能力增强；当大气的垂直温度随高度增高而增高时，呈现出逆温，这时大气是稳定的，湍流作用受到抑制，污染物扩散能力弱。所谓逆温是当气温垂直递减率小于零时，大气层的温度分布与标准大气气温分布相反。逆温现象是形成矿区及深凹露天采场空气污染物聚集、不易扩散的主要原因。矿区气象参数具有相互影响与相互制约的关系。

　　(4) 地面性质。包括矿区地形、地貌、粗糙度、地面植被对污染物的吸收、吸附和反射。

5.2.1.4　矿区大气环境污染标准

　　A　空气中有害物质最高容许浓度

　　制定空气中有害物质的最高容许浓度，是为了控制毒物在人们劳动环境中浓度的分布量，以预防职业中毒。关于空气中有害物质的容许浓度的概念，各国所用的定义不一，可分为下列三种：

（1）最高容许浓度。最高容许浓度是指在工人工作地点的空气中经长期多次有代表性的采样测定后，有害物质均不超过的数值。该浓度是以保障生产工人健康为目的，接触有害物质时间以每天 8h、每周 5d 计算。在不超过该浓度的情况下，工人长期接触亦不致产生用现代检查方法所能发现的任何病理改变。我国目前采用的就是这种标准。

（2）阈限值。阈限值对大多数毒物是指每个工作日 7～8h、每周 40h 内所接触的时间加权平均浓度限值。该值可容许波动在一定限度内。大多数工人在每天反复接触该浓度时，不致引起"有害作用"，由于个体敏感性的不同，在该浓度下可引起少数工人不适，使既往病患恶化，甚至发生职业病……。

（3）一次接触限值。一次接触限值，或称最高容许峰值、应急接触限值等，是一次临时性接触时的容许标准。此标准比最高容许浓度的尺度为宽，但除规定浓度外，还有接触极限的限制。在我国的卫生标准中，对一氧化碳规定这种限值，其目的主要是防止急性中毒。

B　矿区大气环境标准

大气环境质量一级标准为保护自然生态和人群健康，在长期接触情况下，环境不发生任何危害影响的空气质量要求；二级标准为保护人群健康，城市、乡村、动植物在长期和短期接触情况下不发生伤害的空气质量要求；三级标准为保护人群不发生急、慢性中毒和城市一般动植物（敏感者除外）正常生长的空气质量要求。

5.2.2　空气污染造成的危害

污染物可以对矿区周围环境如气候、植被、农作物等造成破坏，引起生态平衡的失调，主要表现在以下几方面：

（1）对人体造成的危害。

1）刺激和腐蚀作用。二氧化硫、三氧化硫、二氧化氮与湿空气或湿表面接触形成硫酸，引起支气管炎、哮喘、肺气肿等病症。

2）窒息作用。引起窒息的气体有一氧化碳、硫化氢。大气中一氧化碳的危害作用与井下不同，由于大气对一氧化碳的扩散，故一般情况不会引起窒息作用，其主要危害是参与光学作用和被氧化时相对降低大气中氧的浓度。光化学反应是指由光参与的某些污染物的化学反应。光化学烟雾是光化学反应的产物。光化学烟雾的形成过程是十分复杂的。大量的汽车尾气和工业生产的废气中都存在着二氧化碳这样的污染物质，它们在阳光的紫外线照射下，释放出高能量的氧原子，新生的氧原子又与大气中烃类化合物反应形成一系列的新产物，如过氧乙酰基硝酸酯、臭氧、高活性的游离基、甲醛和烯醛类、酮类化合物等。这些化合物形成的烟雾对人体的健康带来危害，强烈地刺激呼吸器官和眼睛黏膜，对园林植物和农作物也有影响。

3）急性或慢性中毒作用。例如，大气受到汞蒸气、氟气或其他重金属（镉、砷、铅……）微粒的污染，当污染浓度特别大时则会产生急性中毒。

4）其他危害。引起职业病，如硅肺（旧称矽肺），肺癌、石棉病，烟雾笼罩削弱了日光和紫外线的照射，能见度降低，杀菌作用减弱，易使传染病流行，儿童佝偻病发生。

（2）对局部天气和全球性气候的影响。由于自然的和人为的因素使得大气中二氧化碳的浓度逐年升高，二氧化碳是红外线的强烈吸收体，它能够使太阳的短波辐射（太阳的可见光）自由地射到地球上，但却阻止地球的长波辐射（即阻止以红外线形式逸散到大气中的热），这样产生所谓的"温室效应"，从而使接近地表大气层的温度升高。

（3）对植物的影响。植物、森林不但具有保持水土、调节气候、净化空气、减弱噪声、监测污染的功能，同时又是制造氧气的工厂。植物主要依靠叶面与大气进行光合作用。通常情况下，大多数植物对空气污染物的抵抗性较弱，当大气污染物的浓度超过了植物可以承受的限度时，植物个体的细胞结构、组织器官、生理生化功能都会受到影响和危害，表现出生长减慢、发育受阻、失绿黄化、早衰等症状，因而产量下降、产品品质变坏。植物群落也因此发生组成和结构的变化，乃至造成植物个体死亡、群落消失的严重后果。对植物危害较大的空气污染物是二氧化硫、氟化氢、碳氢化合物、光化学烟雾和含重金属的粉尘。

（4）腐蚀物品。大气污染对金属物品、油漆材料、皮革制品、纸制品、橡胶制品和建筑物的腐蚀也相当严重。二氧化硫和水分子化合形成酸雾，对钢铁腐蚀性强。带有硫磺的污染物，能使铜表面变为绿色。二氧化硫及共形成的硫酸雾能腐蚀纺织品及纸张，使其变脆，还能使皮革变软。少量的硫化氢可以使含铅的油漆变色。臭氧最易腐蚀纺织品，使其变色，也能使橡胶脆裂。

5.2.3 有害气体防治的基本方法

由上可知，大气污染物种类繁多，成分复杂，因而在预防及治理措施上有其共性，也有其特殊性。这里所述的处理方法是对气体及蒸气污染物而言的。

由于气体污染物是以分子状态存在的，所以一般不能采用重力、惯性力、离心力、电场力及过滤等作用进行净化。目前国内外净化有害气体的方法归纳起来主要有五种：冷凝法、吸收法、吸附法、催化氧化或催化还原法、燃烧法。

5.2.3.1 冷凝法

冷凝法适用于回收蒸气状态的有害物质，特别是回收高浓度的溶剂蒸气、汞、砷、硫、磷等物质。其原理是利用物质在不同温度下具有不同的饱和蒸气压及不同物质在同一温度下具有不同的饱和蒸气压这一性质来冷却气体，使处于蒸气状态的有害物质冷凝成液体，因而从废气中分离出来。

冷凝法的优点是：所需设备和操作条件比较简单，回收的物质比较纯净。因此，冷凝回收常常用于吸附、燃烧等净化方法的前处理，以减轻这些方法的负荷；或预先除去影响操作腐蚀设备的有害组分以及用于预先回收某些可以利用的物质；此外，还适用于处理含有大量水蒸气的高温空气。冷凝回收所用的设备是接触冷凝器、表面冷凝器（通常是列管式换热器）等。

5.2.3.2 吸收法

吸收法是用水、水溶胶或水溶液来吸收废气中的有害物质或蒸气的方法。有害气体被溶解在液体吸收剂中或与吸收剂发生化学反应而被吸收。吸收过程实际上就是物质从气相通过相界面传入液体的传质过程。

通常用的液体吸收法有水吸收法、碱液吸收法及采用其他吸收剂的吸收方法。水吸收法适用于处理易溶于水的有害气体，如氯化氢、氨、二氧化硫、二氧化氮、氟化氢、二氧化碳、氯气等。

水吸收率与吸收温度有关。一般随着吸收温度增高，吸收效率下降。当废气中有害物质含量很低时，水吸收率很低；这时则需采用其他高效吸收剂。

碱液吸收法用来处理能和碱液发生化学反应的有害气体，如二氧化硫、氮氧化氢、氟化氢、硫化氢等。常用的碱液有碳酸钠、氢氧化钠、氨水等。

5.2.3.3 吸附法

吸附法是利用多孔性固体吸附剂吸附废气中的有害物质于固体表面从而使废气得以净化的方法。常用的吸附剂有活性炭、分子筛，氧化铝及硅胶等。

当吸附剂工作一段时间后，吸附剂就逐渐失去吸附能力，净化有害气体的效率降低。这时则需要把吸附剂表面上的物质除去，才能重新恢复吸附剂的吸附能力，这个过程称为解吸。经过解吸后的吸附剂，必须通过一定的活化处理再生，才能恢复其吸附活性。

影响吸附效果的因素很多，但主要是吸收剂性质（如吸附剂的种类、表面积）、吸附温度、被吸附污染物的浓度及通过吸附层的气流速度等。

5.2.3.4 催化转化法

利用催化作用将废气中的有害物质转化成各种无害的化合物，或者转化为比原来存在状态易于除去的化合物的方法称为催化转化法。

根据催化反应的性质，催化法可分为催化氧化和催化还原法。前者指在催化剂作用下，废气中的有害物质能被氧化为无害的物质或更易处理的其他物质。例如，有色冶炼生产所产生的尾气中二氧化硫的浓度较高，污染较大，为了消除污染，回收硫资源，可利用这部分废气来制硫酸，其原理就是在催化剂存在下，将二氧化硫氧化成三氧化硫，然后三氧化硫再被水吸收就制得硫酸。

催化还原法系指在催化剂存在下，用一些还原性气体（如甲烷、氢、氨等）将废气中的有害物质还原为无害物质。如含氮氧化物的废气在催化剂作用下，可被甲烷、氢、氨等还原为氮气。

5.2.3.5 燃烧法

燃烧法是利用废气中某些有害物质如一氧化碳和沥青烟气可以氧化燃烧的特性将其燃烧变成无害物质的方法。燃烧净化仅能处理那些可燃的或在高温下能分解的有害气体。其化学作用主要是燃烧氧化。因此，燃烧净化不能收回废气中所含的原有物质，只是把有害物质烧掉，或者从中回收利用燃烧氧化后的产物，另外，根据条件也可以回收燃烧过程中产生的热量。

燃烧净化法主要用于含有机溶剂蒸气及碳氢化合物的废气的净化处理。这些物质在燃烧过程中被氧化成二氧化碳和水蒸气。

在实际中，往往根据处理废气的不同性质，采用二级或三级组合式的净化方式，如冷凝—燃烧法、冷凝—吸附法、冷凝—吸收—吸附法、吸附—催化转化法、吸附冷凝法、催化还原—催化氧化法、催化还原—吸收—催化氧化法等。

5.3 矿山井下空气的污染及防治

5.3.1 矿井有毒有害气体及防治

5.3.1.1 矿井常见气体

矿井常见气体有一氧化碳、二氧化碳、氮氧化物、一氧化氮、二氧化氮、硫化氢、二氧化硫等，这些气体的性质和危害前面已有叙述。甲烷又名沼气，是一种无色、无味、无臭的气体，它对空气的相对密度为 0.554，在标准状态下，每 $1m^3$ 重 0.716kg。甲烷无毒，但具有窒息性。当空气中含量过高时，氧气含量相对降低，使人窒息。当甲烷浓度达到 43% 时空气中氧气含量降到 12%，使人开始窒息。当甲烷含量达到 57% 时，氧气含量就降到 9%，短时间内人就会窒息死亡。

甲烷具有燃烧性和爆炸性。通常甲烷爆炸的下限为 5.0%～6.0%（体积分数），上限为 14.0%～16.0%（体积分数），某些情况下，也会低到 3.2% 和高到 6.7%，在爆炸界限内，甲烷遇到火源即能引起爆炸。甲烷最易引燃的浓度为 8.0%（体积分数），甲烷最强烈的爆炸浓度为 9.5%（体积分数）。

当甲烷的体积分数低于 5.0%～6.0% 时，由于在混合气体中沼气的热容大于其他混合气体中沼气的热容，燃烧时所放出的热量能被多余的沼气吸收，所以也不会爆炸。

甲烷的体积分数为 9.5% 时，它和氧气能充分地完成反应，全部燃烧，使其爆炸能力最强。

氡是一种无色、无味、无臭的放射性气体，氡也能被固体物质吸附，氡具有强烈的扩散性，氡对人体主要危害表现在其衰变过程中所放出的 α、β、γ 射线能使物质产生电离与激发作用，引起体内生化反应，使代谢功能发生障碍。病理学研究表明，矿井氡及其子体是产生矿工肺癌的主要原因。冶金矿山安全规程规定：含铀、钍金属矿山，井下空气中的氡的浓度不应大于 $3.7kBq/m^3$；氡的子体潜能值不应大于 $6.4\mu J/m^3$。

5.3.1.2　有毒气体中毒时的急救

当井下发生灾害，工作人员遇有毒气体中毒或缺氧时，应立即组织抢救，以便及早脱离危险，而保障其生命安全。

中毒时的急救可按下列方法进行：

(1) 立即将中毒者移至新鲜空气处或地表。

(2) 将患者口中一切妨碍呼吸的东西如假牙、黏液、泥土除去，将衣领及腰带松开。

(3) 使患者保暖。

(4) 为促使患者体内毒物洗净和排除，给患者输氧。

5.3.2　矿井柴油设备尾气的污染及其防治

5.3.2.1　概述

近年来，采用柴油机为动力的内燃设备，在矿山及地下工程的采掘、装载及运输中已大量使用。矿山采用的柴油设备有：汽车、柴油机车、挖掘机、装运机、凿岩台车、喷浆机、锚杆车及炮孔装药车等。

与风动、电动设备相比，柴油机车具有驱动功率大、移动速度快、不拖尾巴、不架天线、有独立能源，因而它具有生产能力大、效率高、机动灵活等优点。但是由于柴油机车产生的废气对矿井空气有较严重的污染，从而对工人的健康及安全生产造成威胁。因此，如何解决柴油设备的废气净化，防止污染矿井大气成为柴油设备能否在井下推广使用的关键。

5.3.2.2　柴油设备污染机理

柴油机是以柴油为燃料，在密闭的气缸中将吸入的空气高倍压缩，产生 500℃ 以上的高温。柴油通过喷嘴呈雾状压入气缸（燃烧室）与高速旋转的压缩空气混合，发生爆炸燃烧，推动活塞并通过连杆带动曲轴而做功。

然而，由于某些原因，上述反应不能进行完全，并产生成分极为复杂的废气，造成对矿井大气的污染是较严重的。

5.3.2.3 废气污染的治理

对井下柴油设备产生的废气主要从三方面来解决，即净化废气、加强通风和个体防护。实践证明，通过以上综合措施完全可以使废气中的有害成分降到允许浓度以下。

A 废气的净化

废气净化可分为机内净化和机外净化。前者目的是控制污染源，降低废气生成量，后者目的是进一步处理生成的有害物质。

机内净化是整个净化工作的基础。当前国内外主要从以下几方面着手：

(1) 正确选择机型。这是指柴油机燃烧室的形式。当前，对在井下使用的柴油机燃烧室形式有两种看法：一种主张采用涡流式；另一种主张采用直喷式。目前采用直喷式较多，原因是直喷式具有结构简单、热负荷低、平均有效压力低、油耗低、启动容易等优点。然而直喷式产生的污染物浓度大，资料表明，直喷式的排污要高于涡流式的 1～2 倍，这对井下的污染是一个严重问题。此外，直喷式对维护和喷嘴的状况要求较严，稍有损坏，柴油机的排污将更为恶化，而涡流式的最大优点在于排污量较直喷式小，因此，从保护井下大气环境来讲，采用涡流式较好。

(2) 推迟喷油延时。其主要目的是减少空气中的氮和氧与燃油的接触时间，从而使氮氧化合物的生成量减少。

(3) 选用高标号的柴油，并注意柴油和机油系统的清洁，绝对禁止井下使用汽油机。

(4) 严格维修保养，保证柴油机的完好率、特别是滤清器、喷油嘴内的清洁，防止阻塞。

(5) 不要超负荷或满负荷运行。测定表明，当柴油机在超负荷或满负荷状态下工作时，其废气浓度及废气量急剧增加。为改善排污状况，井下多采用降低转速和功率的办法，通常将功率降低 10%～15%，或不使用高挡。

一台完好的柴油机，即使机内净化很好，排放指标再低，其浓度仍然超过允许浓度的几十倍、甚至几百倍。因此，还必须采取机外净化措施。所谓机外净化就是在废气未排放至井下大气前经过净化设备进一步处理生成的有害物质。

机外净化常采用的方法有：

(1) 催化法。催化法的原理是废气中的一氧化碳、碳氢化合物、含氧碳氢化合物等借助催化剂的表面催化作用，利用柴油机排气中所剩余的氧气和排气高温氧化生成无毒的二氧化碳和水。

(2) 水洗法。根据废气中的二氧化硫、三氧化硫、醛类及少量氮化物可溶解于水的性质，使废气用水洗涤废气，可达到进一步除去以上气体的目的，同时废气中的炭黑还可被水粘附。根据洗涤方式不同，水洗法可分喷水洗涤法和水箱洗涤法两种。

1) 喷水洗涤法的净化装置包括水泵、水箱喷嘴和管道，水泵由柴油机带动，水箱可容纳足够一个班的用水量。水的喷射方向与废气流动方向相反。

2) 水箱洗涤法是让废气通过管道直接进入水体，净化后的气体从水面出来后由排气管排出。水箱洗涤法具有结构简单、加工容易、效果好等优点，故目前国内外多数柴油机采用这种净化装置。

(3) 再燃法。利用再燃净化器把柴油机排出的废气送入燃烧仓进行二次燃烧可净化一氧化碳。再燃净化器由燃烧仓、射流器、反应罐、高效喉管和一些附属装置组成。

(4) 废气再循环法。废气再循环法是把柴油机汽缸中燃烧室排出的废气的一部分（约20%）与空气混合后再循环到汽缸中去，由于混合后的气体氧含量降低，故能使二次排出的废气中氮化物浓度大幅度下降，达到净化目的。

(5) 综合措施。为了克服以上各种净化方法的自身缺点和充分发挥其突出的优点，有的柴油设备采用了综合净化措施，如催化法和水洗法联合净化，废气再循环与再燃法的联合应用等，均取得了较好的效果。

　　B　加强通风、搞好井下柴油设备的通风管理

在目前的技术条件下，尽管柴油设备的废气经过机内外的净化，但最后排出的废气浓度仍然超过国家的允许浓度。实践证明，井下使用柴油设备的矿山在通风系统及供风量上，都有一定的特殊要求，否则，将影响柴油机在井下的推广使用。

(1) 使用柴油设备的各作业地点或运行区段，应有独立的新风，要防止污风串联。

(2) 各作业地点应有贯穿风流，当不能实现贯穿风流时，应配备局部扇风机，其排出的污风要引到回风系统。

(3) 通风方式以抽出式或以抽出为主的混合式为宜，避免在进风道安设风门及通风构筑物，以利柴油设备的运行及通风管理。

(4) 柴油设备的分布不宜过于集中，也不要过分分散；每个区域的柴油机应相对稳定，以便于风量分配及管理。

(5) 柴油设备重载运行方向与风流流向相反为好，以利用风流加快稀释及改善司机工作条件。

5.4　露天矿空气的污染及防治

5.4.1　露天矿大气中粉尘的含毒性

在露天矿山开采过程中，使用各种大型移动式机械设备（包括柴油机动力设备）和大爆破，促使露天矿内空气发生一系列尘毒污染，矿物、岩石的风化和氧化等过程也增加对露天矿大气的毒化作用。露天矿大气中混入的污染物质主要有粉尘、有害有毒气体和放射性物质。如果不采取防止污染措施，露天矿内空气中的有害物质必将大大超过国家卫生标准规定的最高允许浓度，因而对矿工的健康和附近居民的生活环境将造成严重的危害。

露天矿有两种尘源：一是自然尘源，如风力作用形成的粉尘；二是生产过程中产生的粉尘，如露天矿的穿孔、爆破、破碎、铲装、运输及溜槽放矿等生产过程都能产生大量粉尘，其产尘量与所用的机械设备类型、生产能力、岩石性质、作业方法及自然条件等许多因素有关。由于露天矿开采强度大，机械化程度高，又受地面气象条件的影响，不仅有大量生产性粉尘随风飞扬，而且还从地面吹起大量风沙，沉降后的粉尘容易再次飞扬。所以露天矿的粉尘及其导致尘肺病发生的可能性是不可低估的。

硅肺病（旧称矽肺病）是由于吸入大量的含游离二氧化硅的粉尘而引起的。露天矿大气中的粉尘按其矿物和化学成分，可分为有毒性粉尘和无毒性粉尘。含有铅、汞、铬、锰、砷、锑等的粉尘属于有毒性粉尘；煤尘、矿尘、硅酸盐粉尘、硅尘等属于无毒性粉尘，但这些粉尘在空气中含量较高时，也就成为促进硅肺病的"有毒"性粉尘了。

有毒性粉尘在致病机理方面与硅肺病不同，它不仅单纯作用于肺部，毒性还作用于机体的神经系统、肝脏、胃肠、关节以及其他器官，导致发生特殊性的职业病。

露天矿大气中粉尘的含毒性，还表现在粉尘表面能吸附各种有毒气体，如某些有放射性矿物存在的矿山。氡及其气体可吸附于粉尘表面而形成放射性气溶胶。因此，其对人体的危害就不限于硅肺病，也可导致肺癌等疾病。

5.4.2　影响露天矿大气污染的因素

5.4.2.1　地质、采矿和地理等因素对露天矿环境污染的影响

　　A　地质条件和采矿技术的影响

矿山的地质条件是影响露天矿环境污染的主要因素之一。因为矿山地质条件是确定剥离和开采技术方案的依据，而开采方向、阶段高度和边坡以及由此引起的气流相对方向和光照情况又影响着大气污染程度。此外，矿岩的含瓦斯性，有毒气体析出强度和涌出量也都与露天矿环境污染有直接关系。矿岩的形态、结构、硬度、湿度又都严重影响着露天矿大气中的空气含尘量。在其他条件相同时，露天矿的空气污染程度随阶段高度和露天矿开采深度的增加而趋向严重。

露天矿的劳动、卫生条件可以随着采矿技术工艺的改革而发生根本性变化。例如，用胶带机运输代替自卸式汽车运输，使用电机车运输或联合运输方式能显著地降低露天矿的空气污染程度。

　　B　地形、地貌的影响

露天矿区的地形和地貌对露天矿区通风效果有着重要的影响。例如山坡上开发的露天矿，最终也形成不了闭合的深凹，因为没有通风死角，故这种地形对通风有利，即使发生风向转变和天气突变，冷空气也照常沿露天斜面和山坡流向谷地，并把露天矿区内粉尘和毒气带走。相反，如果露天矿地处盆地，四周有山丘围阻，则露天矿越向下开发，所造成深凹越大，这不仅使常年平均风速降低，而且会造成露天矿深部通风风量不足，从而引起严重的空气污染，而易经常逆转风向，而且会造成露天矿周围山丘之间的冷空气不易从中流出。从而减弱了通风气流。

如果废石场的位置甚高，废石场将成为露天矿通风的阻力物，造成通风不良、污染严重的不利局面。

一些丘陵、山峦及高地废石场，如果和露天矿坑边界相毗连，不仅能降低空气流动的速度，影响通风效果，而且促成露天采区积聚高浓度的有毒气体，造成露天矿区的全面污染。

5.4.2.2　露天矿所在地区的气候条件对污染的影响

气象条件如风向、风速和气温等是影响空气污染的诸因素的重要方面。例如长时间的无风或微风，特别是大气温度的逆增，能促成露天矿内大气成分发生严重恶化。风流速度和阳光辐射强度是确定露天矿自然通风方案的主要气象资料。为了评价它们对大气污染的影响，应当研究露天矿区常年风向、风速和气温的变化。

高山露天矿区气象变化复杂，在冬季，特别是在夜间气象变化幅度更大，致使露天矿大气污染严重。炎热地区的气象，对形成空气对流、加强通风、降低粉尘和有毒气体的浓度是有利的。有强烈对流地区，且露天矿通风较好时，就不易发生气象的逆转。

露天矿工作台阶上的风速与露天矿的通风方式、气象条件和露天台阶布置状况有关。自然通风时，露天矿越往下开采，下降的深度越大，自然风力的强度越低，从而加剧深凹露天矿的污染。

粉尘的含量和有害气体的浓度随气流速度变化的过程是不相同的。如果增加气流速度，就会使空气中废气污染程度降低，但气流达到一定速度后，空气含尘量开始增加，空气的含尘量和废气污染程度变化的特点在于气流速度过高会引起粉尘飞扬。当气流速度尚未达到一定数值时，粉尘和有害气体扩散过程将遵循同一规律，即有害气体和粉尘在空气中含量将下降；气流速度继续增加时，废气浓度继续下降，而空气中含尘量由于沉积粉尘飞扬而增加。这样的空气含尘量变化特征，是符合局部污染或整个大气污染的特点，并与工作位置的空气污染和风向有关。在同样速度时的风向变化，可能 2~3 倍地或更多地改变露天矿大气污染和局部大气污染程度。

5.4.2.3　采、装、运设备能力与露天矿大气污染的关系

试验和研究表明：当其他条件相同时，空气含尘量与矿山机械的生产能力有关。不同的露天矿机械设备能力对有毒气体生成量的影响大不相同。对柴油发动的运矿汽车和推土机而言，尾气产生量和露天矿大气中有毒气体含量随运行速度提高而直线上升。

5.4.2.4　矿岩的湿度与空气含尘量的关系

影响空气含尘量的主要因素之一是岩石的湿度。岩石自然湿度的增加，或者用人工法增加岩石湿度能使各种采掘机械在工作时的空气含尘量急剧下降。

5.4.3　露天矿大气污染的防治

由于露天开采强度大，机械化程度高，而且受地面条件影响，在生产过程中产生粉尘量大，有毒有害气体多，影响范围广。因此，在有露天矿井开采的矿区，防治矿区大气污染的主要对象是露天采场。

5.4.3.1　穿孔设备作业时的防尘措施

钻机产尘强度仅次于运输设备，占生产设备总产尘量的第二位。根据实测资料表明：在无防尘措施的条件下，钻机孔口附近空气中的粉尘浓度平均值为 448.9 mg/m³，最高达到 1373mg/m³。

A　穿孔作业时的产尘特点

钻机作业时，既能生成几十毫米以上的岩尘，也能排放出几微米以下的可呼吸性粉尘。

为提高钻机效率和控制微细粉尘的产生量，当钻机穿孔时，必须向钻孔孔底供给足够的风量，以保证将破碎的岩屑及时排放孔外，避免二次破碎。

排粉风量不仅与钻孔直径有关，而且还受钻杆直径、岩屑密度及其粒径等因素有关。

B　钻机除尘措施

按是否用水，可将露天矿钻机的除尘措施分为干式捕尘、湿式除尘和干湿相结合除尘三种方法，选用时要因时因地制宜。

干式捕尘是将袋式除尘器安装在钻机口进行捕尘。为了提高干式捕尘的除尘效果，在袋式除尘器之前安装一个旋风除尘器，组成多级捕尘系统，其捕尘效果更好。袋式除尘器不影响钻机的穿孔速度和钻头的使用寿命，但辅助设备多，维护不方便，且能造成积尘堆的二次扬尘。

湿式除尘，主要采用风水混合法除尘。这种方法虽然设备简单，操作方便，但在寒冷地区使用时，必须有防冻措施。

干湿结合除尘，主要是往钻机里注入少量的水而使微细粉尘凝聚，并用旋风式除尘器收集

粉尘；或者用洗涤器、文丘里除尘器等湿式除尘装置与干式捕尘器串联使用的一种综合除尘方式，其除尘效果也是相当显著的。

干式捕尘，为避免岩渣重新掉入孔内再次粉碎，除采用捕尘罩外，还制成孔口喷射器与沉降箱、旋风除尘器和袋式过滤器组成三级捕尘系统。

湿式除尘，牙轮钻机的湿式除尘可分为钻孔内除尘和钻孔外除尘两种方式。钻孔内除尘主要是汽水混合除尘法，该法可分为风水接头式与钻孔内混合式两种。钻孔外除尘主要是通过对含尘气流喷水，并在惯性力作用下使已凝聚的粉尘沉降。

5.4.3.2 矿（岩）装卸过程中的防尘措施

电铲给运矿列车或汽车装卸载时，可二次生成粉尘，在风流作用下，向采场空间飞扬。装卸载过程中的产尘量与矿岩的硬度、自然含湿量、卸载高度及风流速度等一系列因素有关。装卸作业的防尘措施主要采用洒水；其次是密闭司机室，或采用专门的捕尘装置。

装载硬岩，采用水枪冲洗最合适；挖掘软而易扬起粉尘的岩土时，采用洒水器为佳。

岩体预湿是极有效的防尘措施，在露天矿中，可利用水管中的压力水，或移动式、固定式水泵进行，也可利用振动器、脉冲发生器，而利用重力作用使水湿润岩体却是一种简易的方法。

5.4.3.3 大爆破时防尘

大爆破时不仅能产生大量粉尘，而且污染范围大，在深凹露天矿，尤其在出现逆温的情况下，污染可能是持续的。露天矿大爆破时的防尘，主要是采用湿式措施。当然，合理布置炮孔、采用微差爆破及科学的装药与填充技术，对减少粉尘和有毒有害气体的生成量也有重要意义。

在大爆破前，向预爆破矿体或表面洒水，不仅可以湿润矿岩的表面，还可以使水通过矿岩的裂隙透到矿体的内部。在预爆区打钻孔，利用水泵通过这些钻孔向矿体实行高压注水，湿润的范围大、湿润效果明显。

5.4.3.4 露天矿运输路面防尘措施

汽车路面扬尘造成露天矿空气的严重污染是不言而喻的。其产尘量的大小与路面状况、汽车行驶速度和季节干湿等因素有关。不管是司机室或路面的空气中粉尘浓度，其变化频率和幅度都是很大的，在未采取措施的情况下，引起大幅度变化的重要因素是气象条件和路面状况。

目前为防止汽车路面积尘的二次飞扬，主要采取的措施有：

（1）路面洒水防尘。通过洒水车或沿路面铺设的洒水器向路面定期洒水，可使路面空气中的粉尘浓度达到容许值，但其缺点是用水量大，时间短，花钱多，且只能夏季使用。还会使路面质量变坏，引起汽车轮胎过早磨损，增加养路费。

（2）喷洒氯化钙、氯化钠溶液或其他溶液。如果在水中掺入氯化钙，可使洒水效果和作用时间增加。也可用颗粒状氯化钙、食盐或两者混合处理汽车路面。

5.4.3.5 采掘机械司机室空气净化

在机械化开采的露天矿山，主要生产工艺的工作人员，大多数时间都位于各种机械设备的司机室里或生产过程的控制室里。由于受外界空气中粉尘影响，在无防尘措施的情况下，钻机司机室内空气中粉尘平均浓度为 $20.8mg/m^3$，最高达到 $79.4mg/m^3$；电铲司机室内平均浓度

为 $20mg/m^3$。因此，必须采取有效措施使各种机械设备的司机室或其他控制室内空气中的粉尘浓度都达到卫生标准，这是露天矿防尘的重要措施之一。

采掘机械司机室空气净化的主要内容有：

(1) 保持司机室的严密性，防止外部大气直接进入室内；

(2) 利用风机和净化器净化室内空气并使室内形成微正压，防止外部含尘气体的渗入；

(3) 保持室内和司机工作服的清洁，尽量减少室内产尘量；

(4) 调节室内温度、湿度及风速，创造合适的气候条件。

司机室内的粉尘来自外部大气和室内尘源。室内粉尘来自沉积在司机室墙壁、地板和各种部件上的粉尘和司机工作服上粉尘的二次飞扬。如钻机司机室空气中粉尘的来源，主要因钻机孔口扬尘后经不严密的门窗缝隙窜入；其次为室内工作台及地面积尘的二次扬尘，前者占 70%，后者占 30%。电铲司机室内粉尘的来源：一是铲装过程所产生的粉尘沿门窗缝隙窜入；二是室内二次扬尘，后者占室内粉尘量的 13.5%～54.6%。室内产尘量带有很大的随机性，往往根据司机室的布置、人员、工作服清洗状况等而变化。

司机室净化系统由下列部分组成：

(1) 通风机组，宜采用双吸离心式风机；

(2) 前级净化器，在外部大气粉尘浓度高时，为提高末级净化器的寿命，可用百叶窗式或多管式净化器作前级；

(3) 纤维层过滤器，作为净化系统的末级；

(4) 空调器，冬季时加热空气，夏季时降温，此外还有入风口百叶窗、调节风量用的阀门、外部进气口与内循环风口等。

5.4.3.6　废石堆防尘措施

矿山废石堆、尾矿池是严重的粉尘污染源，尤其在干燥、刮风季节更严重。台阶的工作平台上落尘也会大量扬起，风流扬尘的危害严重。

在扬尘物料表面喷洒覆盖剂是一种防尘措施。喷洒的覆盖剂和废石间具有黏结力，互相渗透扩散，由于化学键力的作用和物理吸附，废石表面形成薄层硬壳，可防止风吹、雨淋、日晒而引起的扬尘。

复习思考题

1　矿井内空气的主要成分是什么？

2　矿井内有哪些有毒气体，对人体有什么危害？

3　含硫矿床能产生哪些有毒气体？

4　矿区气态污染物有哪些？

5　矿区气溶胶污染物有哪些？

6　空气污染有哪些危害，对矿山工人有什么危害？

7　怎样防治有害气体的危害？

8　矿井柴油设备尾气怎样防治？

9　影响露天矿大气污染因素有哪些？

6 矿山粉尘污染及其防治

在矿山生产过程中，如凿岩、爆破、装矿、运输、卸矿、放矿、二次破碎、喷射混凝土、刻槽取样以及工作面放顶、自溜运输和皮带运输机转载等各工序，均产生大量的、能长时间悬浮于空气中的矿物与岩石的细微颗粒，统称为矿尘。

矿尘污染，不但降低矿井环境质量，严重影响作业区环境的空气质量，危害工人的身体健康和生命安全，导致各种职业病（硅肺、煤肺、石棉肺、石墨肺……）的发生，而且还会损坏机器设备，发生事故，直接影响生产的发展和企业的经济效益，给职工及其家属带来莫大痛苦。

6.1 矿山生产粉尘的产生及危害

6.1.1 矿山粉尘的产生

矿山粉尘的来源如下：

（1）凿岩时产生粉尘。钻机、凿岩机和电钻在钻眼作业中产尘量最大。凿岩产尘量的大小与矿岩的物理力学性质（硬度、破碎性、湿度）及炮孔方向（水平、向上、向下）和深度有关，同时也随工作的钻机台数、凿岩速度、炮孔的横断面积增大而增加。

（2）爆破时产生粉尘。由于爆破作用将矿岩粉碎，在冲击波的作用下将矿尘抛掷并悬浮于空气中。爆破产生尘量的大小取决于爆破方法、炸药消耗量的多少、炮眼深度、爆破地点落尘量的多少、工作面矿岩和空气潮湿情况以及矿岩的物理力学性质。

（3）装运时产生粉尘。矿岩在装载、运输和卸载的过程中，由于矿岩相互的碰撞、冲击、摩擦以及矿岩与铲斗、车厢的相互碰撞、摩擦而产生粉尘。装运作业产尘量的大小与矿岩的湿润程度、装岩方式（人工或机械）以及矿岩的物理力学性质等因素有关。

（4）溜矿井装、放矿时产生粉尘。溜矿井是金属矿井下主要产尘区之一，特别是多中段开采时尤为突出。由于溜井多设于进风巷道中，所以其产生的粉尘不但污染溜井作业区，而且随进风风流进入其他工作面。溜井放矿时由于矿石与矿石、矿石与格筛、矿石与井壁间互相冲撞、摩擦而产生大量粉尘。溜井放矿产尘量的大小取决于矿车容积（矿石量）、连续作业的矿车数、溜井高度、面积、矿石的湿度及矿岩的物理力学性质。溜井产尘的特点是在卸矿时，由于矿石加速下落，空气受到压缩，此受压空气带着大量粉尘流经下部中段出矿口向外泄出而污染矿井空气。当矿石经溜井下落时，在矿石的后方又产生负压。此时，在卸矿口将产生瞬间入风流，造成风流短路。当主溜井多中段作业时，很可能造成风流反向。

（5）井下破碎硐室产生粉尘。破碎硐室是井下产尘量最集中的地方。因为在此要进行大量的、连续的矿石破碎工作，以满足箕斗提升设备对矿石块度的要求。

（6）其他作业产生粉尘。其他作业如工作面放顶、喷锚作业、挑顶刷帮、干式充填也可产生粉尘。煤矿自溜运输及溜煤眼的上下口等作业地点均产生较多的粉尘。

6.1.2 矿山粉尘的性质

矿山粉尘的性质如下所述：

（1）粉尘的粒度和分散度。

1）粒度。粒度指矿尘颗粒的大小。矿尘粒度按照可见程度和沉降情况分可见尘粒、显微尘粒、超显微尘粒。

2）分散度。矿尘的分散度是指矿尘中各粒径的尘粒所占总体重量或数量的百分数。前者称为重量分散度；后者称为数量分散度。它反映了被测地点粉尘粒度的组成状况。研究矿尘的粒度及分散度，有助于我们分析其对人体的危害程度及正确选择除尘方式和设备。

（2）游离二氧化硅的含量。二氧化硅是地壳最常见的氧化物，是大多数岩石和矿物的组成成分。游离二氧化硅是引起矿工硅肺病及其他综合性尘肺病的主要原因。其在矿岩中含量的高低，是制定矿尘卫生标准及拟定通风方案的依据。

（3）粉尘的荷电性及比电阻。悬浮于空气中的矿尘粒子、特别是高分散度的矿尘，通常带有电荷。矿尘荷电后，凝聚性有增强，促使尘粒凝聚增大而较易于沉降和捕获。同时，带电尘粒也较易沉积于支气管和肺泡中，并影响吞噬细胞作用的速度，增加了对人体的危害性。

（4）粉尘的比表面积。所谓矿尘的比表面积系指单位质量的矿尘总表面积。由于表面积增大，矿尘的物理化学活性就越高。比表面积增大，显著增加了尘粒在溶液中的溶解度；比表面积愈大，尘粒与空气中氧的反应也就愈剧烈，由于这种反应的结果，可能发生矿尘自燃和爆炸；比表面积愈大，尘粒表面空气中气体分子的吸附能力也就增大。由于吸附气体的结果，尘粒上形成一层特有的薄膜层阻碍了粉尘的凝聚，大大提高了粉尘的稳定程度，同时增加了降尘工作的难度。

（5）粉尘的湿润性。矿尘的湿润性取决于尘粒的成分、大小、荷电状态、温度和气压等条件。易被水所湿润的粉尘称为亲水性粉尘；反之，称为疏水性粉尘。对于疏水性粉尘，不宜采用湿式除尘器净化。

（6）粉尘的燃烧性和爆炸性。在矿物的开采过程中产生大量粉尘，比表面积的加大使其与空气及水的接触面积增大，因而增加了氧化产热的能力，在一定条件下发生自燃现象。

6.1.3　矿山粉尘的危害

矿山粉尘的危害有：

（1）有毒矿尘（如铅、锰、砷二汞等）进入人体能使血液中毒。

（2）长期吸入含游离二氧化硅的矿尘或煤尘、石棉尘，能引起职业性的尘肺病（硅病、煤肺、石棉肺……）。

（3）某些矿尘（如放射性气溶胶、砷、石棉）具有致癌作用，是构成矿工肺癌的主要原因之一。

（4）矿尘落于人的潮湿皮肤上与五官接触，能引起皮肤、呼吸道、眼睛、消化道等炎症。

（5）沉降在设备及仪器上能加速设备的磨损，妨碍设备的散热，从而导致设备事故。

（6）硫化矿尘及煤尘与空气混合时，在一定条件下能引起爆炸，造成人身、设备及资源的巨大损失。

6.2　矿山生产粉尘的防治方法

根据矿尘的污染过程，矿山主要将矿井粉尘的治理措施分为四大类，即：控制尘源，用抽尘装置将粉尘抽入回风系统，再排放至地表或将粉尘抽入净化装置（湿式旋流器、除尘器等）净化后，循环使用或送入进风巷道，最大限度地减少粉尘向通风空间的排放量；在传播途径上控制粉尘，在尘源处喷雾洒水，湿润并捕集粉尘，降低通风空间，特别是需风地段的矿尘浓度；加强个体防护及综合防尘；采取综合措施，即尘源密闭、喷雾洒水、通风排尘结合进行。

6.2.1 控制尘源

就地消灭粉尘，最大限度地减少污染源向井下通风空间的排放量，是粉尘治理中的根本性措施。

6.2.1.1 控制凿岩时的粉尘

A 湿式凿岩

湿式凿岩是抑制凿岩时粉尘的重要措施。因此安全规程规定："必须采用湿式作业。"

根据供水方式不同，有中心供水及旁侧供水两种。

采用中心供水湿式凿岩，压力水通过水针冲洗湿润眼底，将粉尘湿润捕获。它具有结构简单、操作方便的优点，其主要缺点是会产生压气混入水中的充气现象，以及排气中产生较多的油雾及水雾。

旁侧供水是从机头旁侧利用供水外套直接供水给钎杆中心孔，它有效地克服了中心供水的缺点，提高了钻眼速度和湿润粉尘的能力。

B 干式凿岩捕尘

对于某些不宜用水的矿床、水源缺乏或难以铺设水管的地方，以及冰冻期较长的露天矿，为降低凿岩的产尘量，可考虑干式凿岩捕尘措施。干式凿岩捕尘可分为两类：孔口捕尘和孔底捕尘。将孔口捕尘罩或捕尘塞套在钎杆上，使孔口密闭，在压力引射器产生的负压作用下，将粉尘从炮孔经抽尘软管送入过滤器，净化后排入空气中。孔底捕尘效果较好，在引射装置的负压作用下，孔底粉尘经钎杆中心孔和凿岩机内的导尘管，将炮孔内的粉尘吸到干式捕尘器内，大颗粒碰撞于挡板后沉降，微细粉尘则为捕尘器内滤袋所阻留，使净化后的气体排入大气。

6.2.1.2 控制爆破作业的粉尘

爆破作业产生的粉尘浓度高，尘粒细，自然沉降速度极慢，不利于缩短作业循环时间。因此，必须采取有效的控制尘源措施。矿山通常采用以下综合性的措施，即通风排尘、喷雾洒水、水封爆破及改进放炮方法等。

喷雾是我国矿山井下降低爆破粉尘及消除炮烟常用的一种方法。其降尘原理是使水通过喷雾器，形成细微水滴，以一定的速度进入含尘空气中，并占据一定的空间。水滴越多，占据的空间越大。当风流中的粉尘由于惯性作用，在其流动的路途中，与水滴相碰撞而被水滴所捕获，达到降尘目的。

水封爆破是利用特制的塑料水袋（又称水炮泥）放入炮孔内的不同位置，封堵炮眼，在爆破作用的高温、高压下将水袋炸裂并形成细微水雾，达到降尘的目的。

其他措施，如爆破前对工作面及其四壁用水冲洗，可防止爆破时由于冲击波作用使已沉降的粉尘又重新飞扬，增加空气中粉尘含量。此外，应合理确定炮孔装药量及起爆方式以降低爆破产尘量。

6.2.1.3 抑制装矿(岩)时的粉尘

对矿岩堆进行喷雾、洒水是降低装矿时粉尘浓度的简单易行和有效措施。

在井下刮板运输机、皮带运输机的装载点和转载点，矿车卸车点及采场放矿漏斗口均可设置定点喷雾装置、降低产尘点的粉尘浓度。

6.2.1.4　抑制溜矿井的粉尘

溜井粉尘的控制，首先是溜井的布置要避开进风巷道，尽量将溜井放在排风道附近，其次是做好溜井井口密闭，做好喷雾洒水和通风排尘工作。

6.2.1.5　抑制井下破碎硐室的粉尘

破碎硐室产尘强度大，而且多位于井底车场进风带。为了有效地控制粉尘，不使其外逸，通常采用密闭、抽尘和净化的联合措施，个别大型破碎硐室还利用局部风机送新风至人员操作区及控制室。

对碎矿机要进行整体密闭，尽可能减少敞开部分，对于喂料口、出料口以及不可能密闭的其他产尘点，必须采用喷雾洒水及水幕除尘，密闭空间要有足够的抽尘风量和负压，以防粉尘外逸。

由产尘点抽出的含尘空气最好排放至回风道或地表，当条件不允许时，也可采用湿式旋流除尘器、泡沫除尘器或水幕除尘器等风流净化措施，净化后的空气送回到井下巷道。

6.2.2　在传播途径上控制粉尘

由于某些原因，进入矿井的风流的初始含尘浓度会超过国家卫生标准，应采取净化风流的措施。此外，井下有些作业场所（如溜井、破碎硐室、喷锚支护）尽管采取了降尘措施，但由于产尘量大，向井下空气中排放的粉尘浓度仍然较高，为了消除在传播途径上的粉尘污染，保护井下环境或需要循环利用这部分空气，必须对含尘空气进行净化处理。

风流净化可分为干式和湿式两大类。干式除尘有重力沉降室、网状过滤器及干式电除尘器；湿式除尘有水幕除尘、水膜除尘器、冲击式除尘器、喷淋式除尘器、泡沫除尘器、湿式旋流除尘器及湿式电除尘器。

（1）水幕。用水幕净化巷道的含尘风流，在各矿应用比较普遍。通常在下列情况下使用：当入风风流受到污染，含尘浓度超过规程规定或箕斗井必须兼作入风井时；独头巷道掘进采用压入式通风时；主溜井设于进风巷道旁，其绕道与进风巷道相通时；主溜井含尘风流不能排至地表或回风道需循环使用时；破碎硐室含尘风流需循环使用时；串联通风的工作面或产尘巷道等地点。

（2）重力沉降室。重力沉降室是利用粉尘本身的重力（重量）使粉尘和气体分离的一种除尘设备，重力沉降室具有结构简单、制作方便、造价低、阻力小、管理方便等优点，但它占地面积大、除尘效率低。

（3）水浴除尘器。水浴除尘器是一种最简单的湿式除尘器，水浴除尘器结构简单，造价低廉，可在现场用砖或钢筋混凝土构筑，它的缺点是泥浆清理比较困难。

（4）冲激式除尘机组。冲激式除尘机组由通风机、除尘器、清灰装置和水位自动控制装置组成。冲激式除尘机组织结构紧凑、施工安装方便，处理风量变化对除尘效果影响小，与其他除尘器相比，它的缺点是金属消耗量大，阻力高，价格贵。

（5）电除尘器。电除尘器是利用高压电场产生的静电力使尘粒荷电并从气流中分离出来的一种除尘装置。

6.2.3　个体防护

坚持个体防护，正确使用和佩戴防尘口罩，是防止井下粉尘对人体危害的重要措施。众所周知，由于井下环境的特殊性和防尘技术上、管理上的缺陷，不可避免地总会有粉尘进入作业空间，甚至高浓度地混入作业场所，对井下职工造成危害。个体防护的主要措施是佩戴防尘口罩。

粉尘处理是一项综合性的工作，单纯依靠技术措施是难以达到稳定、可靠的预期效果的，必须从提高认识、加强教育、严格管理等各方面开展工作。

6.2.4　井下生产的防尘

6.2.4.1　通风洒水除尘

A　通风除尘

通风除尘的作用是稀释和排出进入矿内空气中的矿尘。矿内各个产尘地点，在采取了其他防尘降尘措施之后，仍要有一定量的矿尘进入空气之中。因为微细矿尘能长时间悬浮于空气中，如继续有矿尘产生，则空气中矿尘逐渐积累，浓度越来越高，将会严重危害人体健康。所以，必须采取有效通风措施，稀释并及时排出矿尘，不使之积聚。

B　湿式作业

湿式作业是矿山普遍采用的一项重要防尘技术措施，其设备简单，使用方便，费用小，效果较好，在有条件的地方应尽量采用。按其除尘作用可分为，用水湿润沉积的矿尘和用水捕捉悬浮于空气中的矿尘。

用水湿润沉积于矿岩堆、巷道周壁等处的矿尘或凿岩生成后尚未扩散进入空气中的矿尘，是很有效的防尘措施。矿尘被水湿润后，尘粒间互相附着凝集成较大的颗粒，同时，因矿尘湿润后增加了附着性而能粘结在巷道周壁或矿岩表面上，这样在矿岩装运等生产过程或受到高速风流作用时，矿尘不易飞扬起来。

在矿岩的装载、运输和卸落等生产过程和地点以及其他产尘设备和场所，都应进行喷雾洒水，可显著减少产尘量和防止矿尘飞扬。

洗壁也是经常要进行的防尘措施，主要入风和掘进巷道要定期清洗四壁沉积的矿尘。采掘工作地点，爆破后及凿岩和出矿前，清洗巷道周壁的防尘效果是很显著的。

湿式凿岩，是在凿岩过程中，将压力水通过凿岩机送入并充满孔底，以湿润、冲洗并排出生成的矿尘，是凿岩工作普遍采用的有效防尘措施。湿式凿岩有中心供水和旁侧供水两种供水方式，目前生产较多的是中心供水式凿岩机。根据水对矿尘的湿润作用，应注意以下几个问题，以提高湿式凿岩的捕尘效果。

另外，可以用水捕捉悬浮于空气中的矿尘，是把水雾化成微细水滴并喷射于空气中，使之与尘粒碰撞接触，则尘粒被水捕捉而附于水滴上或者被湿润的尘粒互相凝集成大颗粒，从而加快其沉降速度。

或者，用装水的塑料袋代替部分炮泥充填于炮眼内，爆破时水袋被炸裂，由于爆破时的高温高压作用，使水大部分汽化，然后重新凝结成极微细的雾粒并和同时产生的矿尘相接触，则尘粒或成为雾滴的凝结核，或被雾滴所湿润而起到降尘的作用。

6.2.4.2　密闭抽尘与净化

密闭的目的是把局部产尘点或设备所产生的矿尘局限在密闭空间之内，防止其飞扬扩散，并为抽尘净化创造有利条件，对集中高强度产尘点是非常重要而有效的防尘措施。

密闭要根据产尘情况及强度、生产操作及设备运转情况、抽尘净化要求等因素综合考虑设置。密闭的严密性是保证防尘效果的重要条件，越严密越能控制矿尘飞扬，同时需要的抽尘风量也少。密闭的形式及抽尘口、观察孔等设置要考虑密闭内气流产生情况并应方便生产操作及检修工作。密闭基本上分为以下三种类型：

（1）局部密闭。只将设备的产尘局部密闭起来，生产操作和设备在密闭罩外，便于操作。适用于产尘强度不高，罩内诱导风流不大，不需经常检修的地点。如干式凿岩孔口密闭、皮带运输机转运点密闭等。

（2）整体密闭。将产尘地点或设备的全部或大部密闭起来，在密闭外操作，通过观察窗口监视设备运转。适用于产尘面积较大、诱导风流较强、机械振动较大的设备。矿内产尘地点多采用这种形式，如破碎机、翻笼等。

（3）密闭室。将产尘点或设备全部密闭起来，工人在室外操作但可以进入室内检修。适用于散尘面积大、检修频繁的设备。密闭的容积较大，在内部能产生循环气流而起缓冲压力的作用，但外形尺寸增大，孔洞及缝隙的面积也要增加。

复习思考题

1　矿山粉尘是怎样产生的，有哪些危害？
2　矿山粉尘有什么性质？
3　怎样控制矿山尘源？
4　井下生产怎样防尘？

7 矿山噪声污染及其防治

7.1 噪声的产生与危害

7.1.1 噪声的产生

噪声是声波的一种，具有声波的一切特性。噪声是由物体的振动产生的。从物理学观点来看，噪声是指声强和频率的变化都无规律、杂乱无章的声音。从广义来讲，凡是人们不需要的声音都属于噪声。钢琴声是乐音，但对于正在睡觉或看书的人来说，就成了干扰的噪声。

按照声源的不同，噪声主要可分为空气动力性噪声、机械性噪声和电磁性噪声。空气动力性噪声是气体中有了涡流或发生了压力突变，引起气体的扰动而产生的，如凿岩机、鼓风机、空气压缩机等产生的噪声；机械性噪声是由于撞击、摩擦，交变的机械应力作用下，机械的金属板、轴承、齿轮等发生振动而产生的，如球磨机、破碎机、电锯等产生的噪声；电磁性噪声是由于磁场脉动、磁场伸缩引起电气部件振动而产生的，如电动机、变压器等产生的噪声。此外，矿山还有爆破过程的脉冲噪声。

按频谱的性质，噪声又可分为有调噪声和无调噪声。有调噪声就是含有非常明显的基频和伴随着基频的谐波的噪声，这种噪声大部分是由旋转机械（如扇风机、空气压缩机）产生的。无调噪声是没有明显的基频和谐波的噪声，如脉冲爆破声等。

7.1.2 噪声的传播

7.1.2.1 辐射、衰退

声波在一个没有边界的空间中传播，如果它的波长比声源尺寸大得多时，声波就以球面波动的形式均匀地向四面八方辐射，我们把这种声源称为点声源，它没有方向性，当声源辐射的声波的波长比声源尺寸小得多时，这时声源发出去的声波就以略微发散的"声束"向正前方传播，声波的波长与声源尺寸的比值愈小则辐射的声束发射角愈小，方向性愈强，当声波的波长与声源尺寸相比非常短小时，声音以几乎不发散的声束成平面的形状由声源向外传播。我们平时听到的高音喇叭声，在它的正前方听到的音量很高，在它的背面或侧面声音就显得弱而且音调发闷，就是高频声的波长短、方向性强的道理。

声波自声源向四周辐射，其波前面积随着传播的距离增加而不断扩大，声音的能量被分散开来，相应地通过单位面积的声能就小。因为声源每秒发出的声能是一定的，所以声音的强度一般随距离的增加而衰减，当距声源距离增加为原来的 2、3、4 倍时，声音的能量将相应地减少为原来的 1/4、1/9、1/16。

声音在大气中传播，由于空气的黏滞性、热传导等影响，声音能量不断地被空气吸收而转化为其他形式，比如空气分子间的摩擦可使部分声能转化为热能而消耗掉，从而达到声衰减。由于空气吸收声能引起的声衰减与声音频率、空气的温度、湿度有关，高频声振动得快，空气疏密相间的变化频繁，所以高频声比低频声衰减得快。

7.1.2.2　声波的反射、折射和绕射

当声波从一种介质传播到另一种介质时，在两种介质的分界面上，在传播方向上就要发生变化，产生反射和折射现象。这种现象发生在两种介质的分界面上，如果同一种介质，介质本身的特性变化（如温度的变化等），也会改变声波的传播方向，一般只存在折射而不存在反射情况。

我们用声线的概念来描述声波的反射和折射现象。原来向界面传播的称为入射波；一部分在界面上反射，返回第一种介质称为反射波。另一部分透入第二种介质继续向前传播的波称为折射波。

声波的折射遵守折射定律，折射线、入射线和法线在同一平面内，并且不管入射角的大小如何，入射角的正弦和折射角的正弦之比等于介质中的声速之比。

声波的反射遵守反射定律，反射线、入射线和法线在同一平面内，反射线、入射线分别在法线的两侧，反射角与入射角的大小相等。

声波的反射还和声波的波长及障碍物的尺寸大小有关。如果障碍物的尺寸比声波的波长大得多时，声音遇到障碍物表面就会全部反射回去，在障碍物后面形成声影区。如果障碍物尺寸小于声波波长，则声波就可以绕过障碍物继续向前传播，称为声波的绕射。例如风机发出的噪声，当你看到它的时候，听到声音很响，音调很高，当你绕过障碍物看不见风机时，听到的声音很弱，而且音调低沉。这说明高频声，波长短，容易被折挡或反射回去，而低频声，波长长，容易绕过障碍物。

7.1.3　噪声的危害

噪声对人的影响是一个复杂的问题，不仅与噪声的性质有关，而且还与每个人的心理、生理状态以及社会生活等多方面的因素有关。

(1) 影响正常生活，使人们没有一个安静的工作和休息环境、烦恼不安，妨碍睡眠，干扰谈话等。

(2) 对听觉的损伤，矿工长期在强噪声中工作，将导致听阈偏移，在 500Hz、1000Hz，2000Hz 下听阈平均偏移 25dB，称为噪声性耳聋。

(3) 神经系统的损害，噪声作用于矿工的中枢神经系统，使矿工生理过程失调，引起神经衰弱症，噪声对心血管系统，可引起血管痉挛或血管紧张度降低、血压改变、心律不齐等。

(4) 对工作状态的影响，使矿工的消化机能衰退，胃功能紊乱，消化不良，食欲不振，体质减弱。矿工在嘈杂环境里工作，心情烦躁，容易疲乏，反应迟钝，注意力不集中，影响工作进度和质量，也容易引起工伤事故。噪声的掩蔽效应，使矿工听不到事故的前兆和各种警戒信号，更容易发生事故。

噪声的危害很大，我们必须对它予以严格的控制。为了保护人的听力和健康，保证生活和工作环境不受噪声干扰，这就需要制定一系列噪声标准。对于不同行业、不同时间、不同区域规定有不同的最大容许噪声级标准。

7.1.4　噪声的测定

为了研究和控制噪声，必须对噪声进行测定与分析，根据不同的测定目的和要求，可选择不同的测定方法。对于工矿企业噪声的现场测定，一般常用的仪器有声级计、频率分析仪、自动记录仪和优质磁带记录仪等。

7.1.4.1 声级计

声级计是噪声现场测量的一种基本测试仪器。它不仅可以单独用于声级测量，还可和相应的仪器配套，进行频谱分析、振动测量等。

声级计一般分为普通声级计和精密声级计两种。精密声级计又可分两类，一是用于测量稳态噪声的，一是用于测量脉冲噪声的。

声级计工作原理是：声压信号通过传声器转换成电压信号，经过放大器放大，再通过计权网络，则可在表头显示出分贝值。

声级计常用的频率计权网络有三种，称 A、B、C 声级。噪声测量时，如不用频率分析仪，只需读出声级计的 A、B、C 三挡读数，就可以粗略地估计该噪声的频率特性。声级计表头读数为有效值，分快、慢两挡。快挡适用于测量随时间起伏小的噪声，当噪声起伏较大时，则用慢挡读数，读出的噪声为一段时间内的平均值。

7.1.4.2 噪声测量方法

噪声的测量方法为：

(1) 进行测量时应将传声器尽量接近机械的辐射面，这样可使噪声的直达声场足够大，而其他噪声源的干扰相对较小；

(2) 测量前，应首先检查声级计的电池电压是否满足要求，并用活塞发声器对声级计进行校正；

(3) 测量噪声要避免风、雨、雪的干扰，若风力在三级以上时，要在声级计传声器上加防风罩，大风天气（风力在 5 级以上）应停止测量；

(4) 手持仪器进行测量，应尽可能使仪器离开身体，传声器距离地面 1.2～1.5m，离房屋或墙壁 2～3m，以避免反射声的影响；

(5) 在测定时，若本底噪声小于被测噪声 10dB（A）以上，则本底噪声的影响可忽略不计。若其差值小于 3dB（A）时，则所测的噪声值没有意义。若其差值在 3～10dB（A）之间，可进行校正。

7.2 噪声的控制原理和方法

7.2.1 噪声控制的一般方法

如前所述，声音的形成有三个要素：声源、声音传播的途径、接受者。所以噪声控制也必须从形成声音的这三个环节着手，即从声源上降低噪声，在传播途径上控制噪声和给予接受者佩带防噪装置。

7.2.1.1 从声源上降低噪声

从声源上降低噪声的方法如下所述：

(1) 改进机械设计以降低噪声。就是在设计和制造机械设备时，运用发声小的材料，采取发声小的结构形式或传动方式，均能取得降低噪声的效果。具体做法是：

1) 选用发声小的材料制造机件，如用一般金属材料做成的机械零件，在振动力的作用下，机件表面会辐射较强的噪声。而采用内耗大的减振合金时，由于该合金晶体内部存在有一定的可动区，当它受力时，合金内摩擦将引起振动滞后损耗效应，使振动能转化为热能而散发，因而在同样作用力激发下，减振合金要比一般金属辐射噪声小得多。

2）改革设备结构降低噪声。如风机叶片的型式不同发出的噪声也不相同，若把风机叶片由直片型改成后弯型，可降低噪声 10dB（A）左右。有些电动机设计的冷却风扇过大，使噪声很大，若把冷却风扇从末端去掉 2～3mm，可降低噪声 6～7dB（A）。

3）改变传动装置降低噪声。从控制噪声角度考虑，应尽量选用噪声小的传动方式，如把正齿轮传动装置改用斜齿轮或螺旋齿轮传动装置，用皮带传动代替正齿轮传动，或通过减少齿轮的线速度及传动比等均能降低噪声。

（2）改革工艺和操作方法降低噪声。这是从声源上采取措施降低噪声的另一种途径。比如，柴油打桩机在 15m 处噪声达 100dB（A），而压力打桩机的噪声则只有 50dB（A）。在矿山若把铆接改用焊接，把锻打改成摩擦压力或液压加工，均可降低噪声 20～40dB（A）。

（3）提高加工精度和装配质量以降低噪声。在机器运行时，机件间的撞击、摩擦或动平衡不好，都会导致噪声增大。可采用提高机件加工精度和机器装配质量的方法降低噪声，例如，提高传动齿轮的加工精度，即可减小齿轮的啮合摩擦而降低噪声。

7.2.1.2　在噪声传播途径上降低噪声

如果由于条件的限制，从声源上降低噪声难以实现时，就需要在噪声传播途径上采取措施加以控制。

（1）采用"闹静分开"的设计原则，缩小噪声干扰范围。具体做法是：将工业区、商业区和居民区分开布置，以使居民住宅远离吵闹的马路或工厂；在矿区内部，可把高噪声车间与中等噪声车间、办公室、宿舍区等分开布置，在车间内部，可把噪声大的机器与噪声小的机器分开布置。这样利用噪声在传播中的自然衰减作用，缩小噪声污染面。

（2）利用噪声源的指向性合理布置声源位置。在与声源距离相同的位置，因处在声源指向的不同方向上，接收到噪声强度也会有所不同。因此，可使噪声源指向无人或对安静要求不高的方向，而对需要安静的场所，则应避开噪声强的方向，就会使噪声干扰减轻一些。但多数声源在低频辐射时指向性较差，随着频率的增加，指向性就增强。所以改变噪声传播方向只是降低高频噪声的一种措施。

（3）利用噪声源与需要安静的区域之间的自然地形，如有山丘、土坡、深堑、建筑物等地形、地物时，也可用于衰减噪声。

（4）合理配置建筑物内部布置，减轻环境噪声的干扰。例如，将住宅的厨房、浴室、厕所和贮藏室等布置在朝向有噪声的一侧，而把卧室或书房布置在避开噪声的一侧，即采用"周边式"布置住宅，就能减轻或避免街道交通噪声对卧室和书房的干扰。反之，如果采用"行列式"布置住宅群，使住宅区所有房间都暴露在交通噪声中，就会增大噪声的干扰范围。

7.2.1.3　在噪声接受点进行个体防护

在上述方法无法控制噪声时，或者在某些只需要少数人在机器旁操作的情况下，可以对接受噪声的个人采取个体防护。常用的防声用具有耳塞、防声棉、耳罩、头盔等。它们主要利用隔声原理来阻挡噪声传入人耳，以保护人的听力，并能防止由噪声引起的神经、心血管、消化等系统的病症。

7.2.2 吸声处理

7.2.2.1 吸声原理

　　一般工矿车间和矿井硐室内的表面多是一些坚硬的、对声音反射很强的材料，如混凝土的天花板、光滑的墙面和水泥地面。当机器发出噪声时，对操作人员来说，除了听到由机器传来的直达声外，还可听到由房间或硐室内表面多次反射形成的反射声（又称混响声）。直达声和反射声的叠加，加强了室内噪声的强度。根据实验，同样的声源放在室内和室外自由场相比较，室内反射声的作用，可以使声压级提高几个分贝。

　　如果在室内天花板和墙壁或硐室内表面装饰吸声材料或吸声结构，在空间悬挂吸声或装饰吸声屏，机器发出的噪声碰到吸声材料，部分声能就被吸收，使反射声能减弱。操作人员听到的只是从声源发出经过最短距离到达的直达声和被减弱的反射声，这种降低噪声的方法称为吸声处理。在工业厂房和矿井硐室中，吸声处理得到广泛的应用。

　　值得注意的是：吸声处理的方法只能吸收反射声，对于直达声没有什么效果。所以只有当反射声占主导地位时才会有明显的吸声效果，而当直达声占主导地位时，这种吸声处理的效果就不显著。

7.2.2.2 吸声材料及吸声结构

　　常用的吸声材料，如玻璃棉、矿渣棉、泡沫塑料、砖等，多是一些多孔性的材料。这类材料的吸声机理，是靠声波进入材料的孔隙中而发生作用的。

　　应当着重指出，吸声材料与隔声材料是完全不同的两个概念。常用的多孔吸声材料能够吸收大部分入射声能，但由于它的孔隙率很大，声音很容易透过去，因此，它的隔声性能是很差的。对隔声材料最重要的是密实性，而吸声材料往往是透气的、多孔的。多孔性的吸声材料对于高频声是非常有效的，但对低频声来说，吸声系数就低得多。

7.2.3 隔声

　　隔声是噪声控制工程中常用的一种重要技术措施。根据隔声原理，用隔声结构把噪声源封闭起来，使噪声局限在一个小的空间里，我们把这种隔声结构称为隔声罩；也可以把需要安静的场所用隔声结构封闭起来，使外面的噪声很少传进去，这样的隔声结构称为隔声间；还可以在噪声源与受噪声干扰的位置之间，设立用隔声结构做成的屏障，隔挡噪声向接受位置传播，这种屏障称为隔声屏。隔声罩、隔声间和隔声屏是按隔声原理设计制成的三种噪声控制设备，在防噪工程中有广泛的应用。

　　目前，隔声罩是抑制机械噪声的较好办法，如柴油机、电动机、空压机、球磨机等可用隔声罩降低噪声。一般机器设备用的隔声罩由罩板、阻尼涂料和吸声层构成，罩板采用 $1\sim3mm$ 厚的钢板，也可用面密度较大的木质纤维板。罩壳采用金属板时一定要涂以一定厚度的阻尼层，以提高金属板在共振区和吻合效应区的隔声量。为达到一定的隔声量，隔声罩必须内衬吸声材料。在对隔声罩的实际加工中，要注意隔声罩的密封，否则，稍有缝隙和孔洞将影响隔声罩的隔声性能；隔声罩不能与设备任何部分有刚性相连，如机器设备没有隔振措施，则隔声罩必须与设备地基采取隔振措施，不然固体声的传递，会使隔声罩的实际效果下降。

　　综上所述，隔声间有门、窗、墙时，其综合隔声量取决于隔声量较低的门和窗，要提高综合隔声量，只有改变门和窗的材料和结构、提高门和窗的隔声量，若提高墙的隔声量，其结果是花钱多收效不大造成浪费。在隔声间对结构上的孔洞缝隙必须进行密封处理。否则将使隔声效果大大降低，若需要开通风口散热时，必须安装消声器。

7.2.4　消声器

消声器是一种使声能衰减而允许气流通过的装置。将其安装在气流通道上便可控制和降低空气动力性噪声。

7.2.4.1　消声器的分类

根据消声原理，消声器大致可分为阻性和抗性两种基本类型。阻性消声器的消声原理是借助于铺衬在管道上的吸声材料的吸声作用，使沿管道传播的噪声随距离衰减；抗性消声器则不直接吸收声能，而是依赖管道截面的突变（扩张或收缩）或旁接共振腔，使其管道传播中的声波在突变处向声源反射回去，从而达到消声的目的。

这两种类型的消声器各有优缺点，前者主要吸收中、高频噪声，后者吸收低、中频噪声。实用的消声器多为两者结合的阻抗复合消声器结构。近年来又探索和研制了一些新型宽频带消声器，如微穿孔板消声器。

7.2.4.2　消声器设计的基本要求

设计一个性能优良的消声器，一般必须使其具备以下三个条件：

（1）具备良好的消声性能。即要求消声器在有足够宽的频率范围内具有最佳消声效果，将噪声水平控制在规范之内；

（2）具有良好的空气动力性能。要求消声器对气流阻力损失足够小，并确保不影响设备的工作效率和进气、排气的畅通；

（3）在力学性能上要求消声器体积小、结构简单、成本低。具有一定的刚度和较长的使用寿命，便于现场安装和无再生噪声等。

7.3　矿山噪声的治理

7.3.1　矿山的噪声源分析

噪声是污染矿山环境的公害之一，而矿井作业人员所受危害更大。在大型矿山开采时，使用了许多大型、高效和大功率设备，随之带来的噪声污染越来越严重。目前解决矿山机械设备噪声污染已经成为环境保护和劳动保护的一项紧迫任务。根据对矿山噪声的实际测定，从测定结果的分析可知，矿山噪声的特点是：声源多、连续噪声多、声级高，矿山设备的噪声级都在95～110dB（A）之间，有的超过115dB（A），噪声频谱特性呈高、中频。噪声级超过国家颁发的《工业企业噪声卫生标准》，严重危害职工身体健康。

在矿山企业中，噪声突出的危害是引起矿工听力降低和职业性耳聋。据统计，井下工龄10年以上的凿岩工80％听力衰退，其表现为语言听力障碍，20％为职业性耳聋。此外，还引起神经系统、心血管系统和消化系统等多种疾病，并使井下工人劳动效率降低，警觉迟钝，不容易发现事故前征兆和隐患，增加发生工伤事故的可能性。

7.3.2　井下噪声的特点、控制程序和处理原则

矿山噪声特别是井下作业点噪声与地面噪声是有差别的。其表现为井下工作面狭窄，反射

面大，直达声在巷道表面多次反射而形成混响声场，使相同设备的井下噪声比地面高 5～6dB（A）。

井下噪声的控制工作，首先要进行井下噪声级预测，测定声压级和频谱特性，根据预测结果和容许标准确定减噪量，选择合理控制措施，进行施工安装，再进行减噪效果的测定和评价，噪声控制程序可按图 7-1 进行。

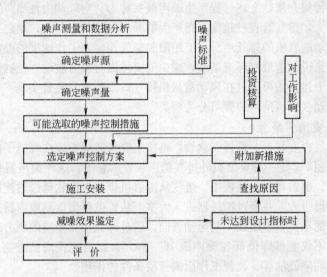

图 7-1　噪声控制程序图

由于井下存在多种噪声源，在降低井下噪声时必须遵循如下原则：

（1）在降低多种噪声源时，首先要降低其最大干扰的噪声源，这是获得显著效果的唯一途径；

（2）一旦最响噪声源已被降到比剩余噪声源低 5dB（A）时，再进一步降该噪声源对总噪声量的降低不会产生明显的作用；

（3）如果噪声是由许多等响噪声源组成，要使总噪声有明显降低，只有对其中全部噪声源进行降噪处理；

（4）尽管 3dB（A）噪声级降低是很有限的，但是在感觉响度上则有明显的差别，因为噪声降低 3dB（A）相当于声功率减少一半。

7.3.3　风动凿岩机噪声控制

风动凿岩机是井下采掘工作面应用最普遍、噪声级最高的移动设备，一般噪声级达 110～120dB（A），风动凿岩机是目前井下最严重噪声源。

风动凿岩机噪声源有废气排出的空气动力性噪声、活塞对钎杆冲击噪声、凿岩机外壳和零件振动的机械噪声、钎杆和被凿岩石振动的反射噪声。风动凿岩机总噪声频谱较宽，是属于具有低频、中频和高频成分的广谱声。

风动凿岩机在井下作业时，噪声从声源直接传到岩壁，又从岩壁反射到操作者的耳朵，几乎所有噪声能量都经过操作者站立的位置，整个巷道断面内噪声分布不变。

控制风功凿岩机噪声时，必须把声源、传播途径和接受者三部分视为一个系统，在控制时必须三者综合考虑。

7.3.3.1　降低排气噪声方法

风动凿岩机噪声主要声源是排气噪声。要降低排气噪声必须了解排气噪声形成的机理。废气经排气口以高速度进入相对静止的大气，在废气和大气混合区排气速度降低引起了无规则的漩涡，漩涡以同样无规则的方式运动、消散，出现许多频带不规则的噪声；排气本身就是凿岩机内部机械噪声的传播介质，上述过程产生噪声概括称为"空气动力性噪声"。

排气的流速越大，排气管直径越细，则产生的噪声峰值频率越高，越趋于尖叫刺耳。至今人们还无法消除风动凿岩机的排气声源，但用限制排气速度和工作速度的办法来降低排气噪声是有可能的，也就是说创造最好环流条件，减少气流排出时压力波动，使缸体内部和大气间保持较小的压力差。上述方法可通过在风动凿岩机排气口安装消声装置实现。

目前常用的风动凿岩机消声装置可分为两类。

A　凿岩机外置消声装置

在凿岩机的排气口安装上一段排气软管，将排出废气通向安装在气腿子内部或距工人一定距离处的消声器。图 7-2 是一种典型机外排气消声装置示意图。这种消声器是用隔板分为两个不同小室的圆柱体。引射器压入隔板中，废气从凿岩机排气口沿软管经过连接管进入消声器的接受小室，被引射器吸入，并经过扩散器进入大室。从扩散器出口到消声器排气口，空气经过隔板上分布不对称的小孔，不断改变其运动方向。通过降低接受小室的压力来补偿消声器气流的阻力。该消声器不仅能够降低低频噪声级 16~30dB，而且能提高钻进速度约 20%~25%，能起到降噪、降尘和降低油雾、改善工作面的劳动条件的作用。

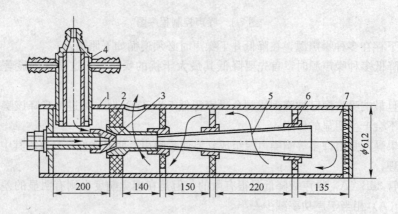

图 7-2　凿岩机外置消声装置

1—圆柱体；2—隔板；3—引射器；4—连接管；5—扩散器；6—带孔隔板；7—吸声材料

B　凿岩机排气口消声装置

根据各类凿岩机的频谱特性和排气口形状以及工人操作方法可设计各种类型凿岩机排气口消声器。原理为：当废气进入消声器时，通过前端弯曲的过风道后直接作用在第一块处于振动中折流板，再向中间流动，这样气流就按正弦曲线轨迹通过所有折流板，迂回折转、光滑流动，消除了排气直线运动，缓和了气流，降低排气速度。因折流板强烈振动，在折流板不会结冰。试验证明：该消声器可降低排气噪声 15dB（A），并可降低整机噪声 8~10dB（A），消声器内部不结冰，对凿岩机性能无影响。

7.3.3.2 降低机械噪声的方法

机械噪声是由机械部件振动、摩擦而产生，属于高频噪声。国外采用超高分子聚乙烯制包封套，使凿岩机机械噪声由 115dB（A）降至 100dB（A）。另外还使用一种吸收噪声的合金来做凿岩机外壳。该合金能吸收振动应力，故衰减噪声能力特别强。

另外，还可采用结实的非谐振材料，例如尼龙做棘轮机构和阀动机构的某些零件，使邻接零件的相对运动变为尼龙和钢的运动，从而完全消除钢对钢的运动。同样，螺旋棒中四个棘爪和配气阀都换成尼龙件。另外在螺旋棒头与它在柄体配合面之间放进尼龙圆盘以防止冲击噪声。上述措施可进一步降低机械噪声。

7.3.3.3 降低岩壁反射噪声的方法

由于巷道空间有限，反射噪声形成混响场，从而增加凿岩机噪声强度。国外曾试验在井下巷道岩面喷射高膨胀泡沫稳定层。该泡沫是一种烷基稳定泡沫，膨胀比为 25∶1，喷射后泡沫稳定层能牢固地粘在巷道壁面上，并保持一段时间而不会脱落。因含水泡沫又软又多孔，可有效地降低岩壁的反射噪声。其吸声效果是随离开凿岩机距离的加大而增加，频率越高效果就越好。当泡沫层厚度为 51mm 时，可以使总的岩壁反射噪声大约降低 40 dB（A），较好地改善听觉环境。

7.3.4 凿岩台车噪声控制

为提高采矿和掘进速度，目前国内外广泛地采用多机凿岩台车。由于凿岩台车的噪声较大，所以在凿岩台车上安装隔声防震操作室，其隔声结构采用多层复合结构。做操作室外壁为 1mm 的铅板夹在两层 15mm 厚的聚氨酯泡沫塑料之间，泡沫塑料外侧覆盖 1mm 的钢板，做操作室的内壁覆盖 0.3mm 的微孔铝板。操作室的前方装配两层不同厚度强化玻璃，整个操作室是由上述复合结构和玻璃窗等组成的隔声组合结构。操作室安装在台车双梁尾部，用螺栓连接，便于装卸。室底层装四个弹簧起减震作用，室内有双人座椅，室顶两侧架设探照灯，使司机视野宽广，能清楚地看到顶、底板炮眼。玻璃窗顶部有两个喷嘴向玻璃喷出液体清洁剂，一个动臂型刮水器用来使玻璃保持清洁，以防止沾污玻璃而影响视线。操作室内安装有滤气装置和负离子发生器，净化进入操作室内的空气中粉尘、油雾和其他有害杂质，并使负离子通过风口和风流均匀混合进入室内，提高操作室内负离子浓度，改善室内空气质量。

7.3.5 扇风机噪声控制

7.3.5.1 扇风机噪声源分析

扇风机噪声主要由空气动力性噪声、机械噪声和电磁噪声组成。

（1）空气动力性噪声。空气动力性噪声是由扇风机叶片旋转驱动空气，使巨大能量冲击机壳产生各种反射、折射而形成的。它由下列两种噪声组成：

1）旋转噪声，它是由于旋转的叶片周期性打击空气质点，引起空气压力脉动而产生的噪声；

2）涡流噪声，它是由于风机叶片转动时，使周围空气产生涡流，这些涡流由于黏滞力的作用，又分裂成一系列的小涡流，使空气发生扰动形成压缩和稀疏的过程而产生的噪声。

（2）机械噪声。机械噪声是由扇风机机壳、风门和其他零件的冲击、摩擦而形成的。

（3）电磁噪声。电磁噪声是由电动机驱动、运转而形成的。

在这三部分噪声中，以空气动力性噪声危害最大，具有噪声频带宽、噪声级高、传播远等特点，并且比其他两个噪声源高 20dB，因此是扇风机噪声控制的重点。

7.3.5.2　扇风机噪声控制方法

控制扇风机噪声的根本性措施是：改进风机的结构参数，提高风机的加工精度，从研制低噪声、高效率的新型风机入手，在设计新风机时可通过下列措施降低噪声：

（1）流线型进气道并配置弹头形整流罩，整流罩直接固定于叶轮，可使气流均匀，减少阻力损失；

（2）装配流线型电机；

（3）增大电机定子和风机叶轮之间的距离；

（4）增大风机转动装置和导流器之间的距离。

7.3.6　空压机噪声控制

空压机噪声由进、出口辐射的空气动力性噪声、机械运动部件产生的机械性噪声和驱动机（电动机或柴油机）噪声组成。从空压机组噪声频谱可看出：声压级由低频到高频逐渐降低，呈现为低频强、频带宽、总声级高的特点。

空压机噪声控制方法有：

（1）进气口装消声器。在空压机组中，以进气口辐射的空气动力性噪声为最强，解决这一部位噪声的方法是安装进气消声器。对一些进气口在空压机机房里的场合，可先将进气口由车间引出厂房外，然后再加消声器，这样消声器的效果会发挥得更好。

针对空压机进气噪声是低频声较突出的特点，消声器设计以抗性消声器为主。图 7-3 所示的 4L-20/8 型空压机进气消声器是由两节不同长度的扩张室组成的。其消声原理为：当气流通过时，由于体积骤然膨胀，起到缓冲作用，从而降低了气流脉动压力。同时，在管道不连续界面处因声阻抗不匹配而使声波产生反射，阻止某些声波频率通过，从而起到了消声作用。该消声器各连通管不在同一轴线上，是为了延宽消声频率范围，提高消声效果。该消声器的消声值为 15dB（A）。

（2）机组加装隔声罩。空压机组隔声罩壁是选用 2.5mm 厚的钢板，内壁涂刷 5～7mm 厚的沥青做阻尼层。根据操作的要求，隔声罩上留有一扇足够大的门并镶上双层观察玻璃窗。为了供空压机进气和冷却用风及散热排风，在隔声罩适当位置上安装消声器。为了检修和安装的要求，隔声罩应做成装卸式结构，如图 7-4 所示。经测定：在空压机旁 1m 处的噪声级由116dB（A）降至了 90dB（A）。

（3）空压机站噪声综合治理。目前采矿企业内空压机站均有数台空压机运转，如对每台空压机都安装消声器，虽能取得一定的降噪效果，但整个厂房噪声水平并不能取得根本改善，可采取如下措施：

1）建造隔声间，根据空压机站运行人员的工作性质要求，并不需要每班 8h 都站在机旁。建造隔声间作为值班人员的停留场所，是控制噪声切实可行的措施。在隔声间内应有各台机组的开、停车按钮和控制仪表。可使隔声间噪声降低到 60～65dB（A）以下。

2）在空压机站内进行吸声处理，可在顶棚或墙壁上悬挂吸声体，降低噪声 4～10dB（A）。

图 7-5 是某矿空压机站的平面图及剖面图。该站在设计时就考虑了噪声控制问题。每台空

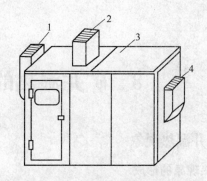

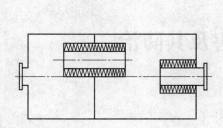

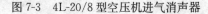

图 7-3 4L-20/8 型空压机进气消声器　　　图 7-4 空压机的隔声罩

1—进气消声器；2—排气消声器；3—隔声罩；4—电机进气消声器

压机都单独设置在有密闭门窗结构的机房内，保证单机检修时，工人可不受其他机器噪声的危害。空压机房的南侧建造通长的隔声控制间，面对每台空压机房的墙上安有双层观察窗，操作工人通过观察窗可对各台机组运转情况进行监视，在隔声间内噪声级为 65dB（A）。

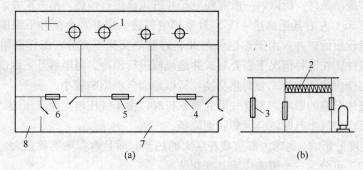

图 7-5 空压机站平面图及剖面图

（a）平面图；（b）剖面图

1—贮气罐；2—吸声顶棚；3、4、5、6—观察窗；7—控制室；8—送风机房

复习思考题

1　什么是噪声，它是怎样产生的？

2　噪声是怎样传播的？

3　噪声有哪些危害？

4　怎样从声源上降低噪声？

5　怎样在噪声传播途径上降低噪声？

6　怎样在噪声接受点进行个体防护？

7　什么是吸声，吸声的原理是什么？

8　什么是消声器，消声器有哪些种，制造原理是什么？

9　怎样控制风动凿岩机的噪声？

10　怎样控制凿岩台车的噪声？

11　怎样控制扇风机的噪声？

12　怎样控制空压机的噪声？

8 矿井湿热的危害及其防治

8.1 矿井湿热现象

8.1.1 热现象的形成

影响热现象形成的因素如下所述。

(1) 地面空气温度的影响。地面空气温度的高低，直接影响着矿内空气温度的变化。我国地处北纬亚热带到寒温带，地面气温变化幅度很大，因而地面气温的影响不一。北方矿井，冬季地面气温很低，如东北的临江铜矿、小西林铅锌矿等，冬季地表气温为零下 30℃ 左右，个别矿山达零下 38℃，冷空气进入矿井后，往往导致进风井筒出现冰冻，进风段空气过冷，影响提升、运输和劳动条件。所以，一般需要对矿井进风流进行预热。南方矿井，夏季地表气温很高，一般都在 35℃ 左右甚至高达 40℃。夏季热空气进入矿井，会使井下温度升高，尤其是浅矿井和进风段较短的矿井，由于热空气与井巷岩壁热交换不充分，工作面附近会出现高气温，恶化劳动条件。在这种情况下需要对矿井进风流进行预冷。但随着开采深度的增加，由于进风流与井巷岩壁内岩体有较充分的热交换，所以地面气温影响较小。

(2) 空气压缩升温的影响。当空气沿井筒下行时，由于气压增大而受压缩，放出热量，使气温升高；相反当空气上行时就会因膨胀而降温。

(3) 岩石温度的影响。地球内部蕴藏着巨大的热量，而且愈深热能就愈大。地表以下的岩石温度是变化的，可分为三个带来说明其变化情况：

1) 变温带，这一带的岩（地）温是随地表季节温度而变化，冬天岩石向空气放热而降温，地温亦低，夏天则相反。

2) 恒温带，这一带的地温不受地表气温的影响而基本上保持不变，其温度比当地年平均气温略高 1~2℃，其深度距地表约 20~30m。

3) 增温带，在恒温带以下岩石温度随深度增加而升高，增加温度大小与当地的地热增深率成正比。地热增深率是指岩石温度每升高 1℃ 时所增加的垂直深度。其数值大小与当地的岩石成分、水文地质条件、山川地势等因素有关，因而各地不同。

(4) 矿岩氧化放热的影响。在矿内某些矿岩中，主要指硫化矿石（如黄铁矿、磁黄铁矿等），容易和周围介质中氧结合，放出大量的热。如黄铁矿在 10~15℃，即开始氧化，其反应过程为

$$2FeS_2 + 7O_2 + 2H_2O \longrightarrow 2FeSO_4 + 2H_2SO_4 + 2.586 \times 10^6 \quad J$$

黄铁矿在氧化时，若有水存在，则生成硫酸，变成酸性水，使氧化加快；若无水时，则生成二氧化硫和无水硫酸铁。

另外，在开采过程中产生的粉尘，由于其与空气接触面积大，故能助长氧化并放出热量。若采用加大通风量的方法不但难以排除氧化放出的热量，反而会使氧化加剧。因此，国内外一些硫化矿床开采的矿山，井下温度很高，如前苏联乌拉尔铜矿采区内的空气温度达 58~60℃，我国某铜矿回采工作面空气温度达 32~40℃，最高达 45~60℃。

(5) 矿内热水放热的影响。地处温泉地带的矿井，某些地点地下循环水的温度很高，甚至超过当地岩温，成为热水型矿井。从裂隙出来的热水向空气大量散热使气温升高而形成热害。

(6) 其他热源。矿内机电设备的运转、电力照明、爆破、人体放热等都会产生一定的热量而散发到空中，使矿内的温度升高。

8.1.2　湿现象的形成

影响湿现象形成的因素有：

(1) 矿内水分蒸发。矿内水分蒸发时，可从空气中吸收热量而使气温降低。水分的蒸发使矿井内部形成了湿现象。水分蒸发的难易程度，取决于当地空气的相对湿度和气温。空气相对湿度愈大，水分蒸发愈困难，这时人体依靠出汗来散发体热就比较困难。如果空气中相对湿度达到饱和状态，即相对湿度达 100%，水分蒸发就完全停止。

(2) 井巷通风强度。井巷通风强度对于矿内的湿度有着显著的影响。当井巷的通风强度大时，矿井的湿度低；当井巷的通风强度小时，矿井的湿度大。同时井巷通风强度也影响到矿井的温度。实际表明，借加大通风量来降低气温，在其他条件不变时，这种降温效果与进风原始气温关系很大，而且风速增大也有一定限度，当风速超过这个限度时，井下气温不再显著下降。

8.2　矿井湿热的危害与防治

8.2.1　矿井湿热的危害

人在矿内热环境中作业，其一系列生理功能都发生变化，主要表现在体温调节、水盐代谢、循环系统、消化系统和泌尿系统等方面。这些变化在一定程度内是适应性反应，但超过限度则可产生不良的影响。

(1) 体温调节。人在矿内热环境中作业，由于产热、受热总量大于散热量，人体热平衡受到破坏，多余的热量在体内蓄积起来。当体内蓄热量超过机体所能承受的限度时，体温调节紊乱，表现为体温升高。根据测定：当环境温度在 35℃ 以下时，体温高于正常范围者很少；气温超过 35℃，特别是超过 38℃ 时，体温超过 38℃ 的人数比例显著增多。

另外，皮肤温度也可以反映出热环境对人的作用，据研究表明，皮肤温度随气温升高而增加，当皮肤温度接近人体内脏温度时体表甚至可以完全失去散热作用，从而使人的体温迅速升高，对人体造成伤害。

(2) 水盐代谢。人在热环境中作业时，汗腺活动增加，大量分泌汗液，其分泌量与劳动强度成正比。据测定：矿井工人每班每人失水量高达 3.85kg，平均为 2.1kg。汗液是低渗溶液，水分占 99.2%～99.7%，其余大部分为氯化钠。大量出汗必然会损失大量盐分，如不及时补充水分、盐分，人体将严重脱水、缺盐，引起水盐平衡失调，大量水盐损失，使尿液浓缩，加重肾脏负担；还可导致循环衰竭和热痉挛及热衰竭。热痉挛使人四肢咀嚼肌与腹肌等经常活动的肌肉痉挛并伴有收缩痛；热衰竭也称热虚脱，使人头晕、头痛、心悸、恶心、呕吐、面色苍白、脉搏细弱、血压短暂下降甚至晕厥。由此可见，人体靠蒸发散热虽然可以调节维持人体热平衡，但它是以机体付出代价才保持平衡的，而且这种平衡状态只维持一定时间，一旦汗腺疲劳，出汗停止，即发生中暑，对工人造成伤害。

(3) 循环系统。循环系统在体热分布和体温调节方面起着重要作用。在矿内热环境作业，皮肤血管高度扩张，流经体表的循环血量成倍地增加，因而能把大量的热带到体表，以便散发出去。为了完成这种调节，必须增加的血液输出量达 2 倍以上。这样，就使心脏负担加重，心肌收缩的频率和强度增加，每搏输出量和每分钟输出量均增加。如心血管系统经常处于紧张状态，久之可使心肌发生生理性肥大，也可转为病理状态。此外，热环境对心血管系统的影响，还反映在血压方面，据报告，长期在热环境中工作的工人血压较高，高血压患者也比较多。

（4）消化系统。人在热环境中，由于体内血液重新分配，引起消化系统相对贫血，出现抑制反应，胃的排空时间延长，收缩波型变小，收缩曲线不规则。同时，由于大量出汗带走盐分以及大量饮水致使消化液分泌减弱，肾液酸度下降。这些因素均可引起食欲减退，消化不良，增加胃肠道疾患。

（5）神经系统。在矿内热环境中，人的中枢神经系统出现抑制，大脑皮层兴奋过程减弱，条件反射潜伏期延长，出现注意力不易集中以及嗜睡、共济协调较长等现象，使肌肉工作能力降低，使肌体产热量因肌肉活动减少而降低，具有保护性质。但从另一方面来看，由于注意力不集中，肌肉工作能力降低，使作业动作的准确性与协调性及反应速度降低，易发生工伤事故。

（6）泌尿系统。人在热环境中排出大量水分，使肾脏排出水分大大减少，尿液浓缩，肾脏负担加重，会出现肾功能不全等。

8.2.2　矿井湿热的防治

矿井湿热的防治目的在于将井下各作业地点的空气温度、湿度和风速调配得当，创造一个良好的劳动环境，从而保证矿工的身体健康并为不断地提高劳动生产率创造条件。但是在什么样的环境下，应采取哪些改善措施经济效益更好，一直是人们所关心和研究的问题。

改善矿内的环境，一般包括采用降温、预热、防冻等措施。由于我国的幅员辽阔，南北气候相差悬殊，各地区的矿山反映出的问题也不同，所以要根据实际情况，因地制宜地针对湿害、热害的特点，选择技术上可行、经济上合理的技术措施。

8.2.2.1　非冷冻机械的降温调节方法

非冷冻机械的降温调节方法有：

（1）建立合理的开拓系统和通风系统。加强通风降温，首先必须建立合理的通风系统。要求在确定开拓系统并进行采准布置设计时，应使进风风流沿途吸热量尽量少，比如将进风风路开凿在传热系数较小的岩石中，避开各种地下热源，布置上尽量缩短进风风路等等。全矿通风系统选择应考虑降温效果这一因素。经验表明，多井筒混合式和对角式通风系统比中央式通风系统好。合理划分通风区域，利用废旧井巷和大直径地面钻孔直接向工作面供风，有时也能发挥降温作用。对于掘进工作面局部通风，必要时可采用绝热风筒压入式局部通风。

（2）适当加大通风量。矿井热源，一类是放热量基本上不受风量的影响，如机电设备发热，因此，加大通风量可使气温降低；另一类是放热量随通风量增加而有所增加，因而采用增大通风量应有一定限度，况且风速过大对除尘不利，经济上也不合算。

（3）利用调热井巷降温。为了降低进风流的温度，可利用进风井巷附近的旧废巷道，或者在进风井附近开凿若干与其平行的仅至恒温带的小井，并以水平短巷连通，形成多井并联进风风道，以便有较大面积的井巷壁面与地表进风流接触，进行比较充分的热交换，来降低空气温度。但开凿专用小井的办法费用较高，所以一般采用得较少，而多用废旧井巷作为冷却风流的调热井巷，可收到简单易行、经济可靠的效果。

（4）其他方法降温。过去我国有些矿井曾采用在进风井筒中喷水降温，因方法本身的缺点而未推广，南方一些矿山炎热时在进风平峒口搭凉棚，至今仍在采用。此外，防止矿内机电设备散热，其方法可在机电峒室设置独立的通风风流，直接导入回风道，对散热量大的设备设置局部冷却装置，对压气管道用绝热材料包扎。对开采自燃性矿岩的矿井，采取积极措施防止自燃和自热，及时封闭隔离自燃区域。对于热水型矿井，应采取措施防止热水散发热量到进风流中，例如超前疏干热水，利用隔热管道将热水排走以及对排放热水的水沟加盖等等。

8.2.2.2 采用冷冻机械设备的降温方法

A　冷冻机工作原理

冷冻机构造及其工作原理如图 8-1 所示，冷冻机装置由制冷机、空气冷却系统和冷却循环水系统三大部分组成。其中制冷机是由压缩机、冷凝器和蒸发器构成，空气冷却系统由空气冷却器、泵和输送冷媒的循环管路构成，其中部分管道盘旋在蒸发器内，冷却循环水系统由泵和循环水管构成，其中部分水管盘旋在冷凝器内。其制冷原理是：利用某种临界温度高、临界压力不大的气体（制冷剂）受压液化放热，而降低压强时又可汽化吸热，使周围物质冷却。制冷机的工作过程是：循环使用的气态制冷剂（如氨、二氧化碳等）进入压缩机被压缩，使其温度和压力升高，进入冷凝器后，被其中盘旋冷却水管的冷水所冷却，使制冷剂温度降低而液化，再经过膨胀阀进入蒸发器时，制冷剂压力显著降低，同时吸收蒸发器内盘管中冷媒的大量热，制冷剂完全汽化，汽化后的制冷剂可再进入压缩机循环使用。从蒸发器内盘管中流出的冷媒由于被吸去了大量热量而温度降低，降低后的冷媒从蒸发器中流出，经过泵沿管道流至空气冷却器内，使其周围气温降低达到降温调节目的，升高了温度的冷媒可沿管路再重新流入蒸发器内的盘管内，继续使用。常用的冷媒是水或盐水。

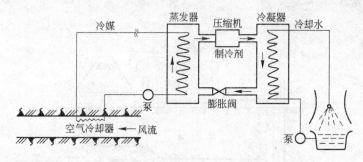

图 8-1　冷冻机制冷工作原理图

B　矿井制冷降温的布置方案

矿井制冷降温可采用如下五种系统：

（1）空气冷却设备布置在地面的冷却系统。采用这种冷却系统，可以使矿井采掘工作面获得足够的降温效果，但这时必须大幅度降低地面入风温度（不能低于零度，以防井筒结冻），否则必须大量增加风量，从而增加开采费用。图 8-2（a）为地面空气冷却系统示意图。制冷在压缩机制冷机组中进行，盐水在蒸发器与空气冷却器之间循环，制冷剂在冷凝器中用冷却水冷凝，冷却水回水进入冷却塔冷却。

风量大而巷道长度小的矿井，可采用吸收式制冷装置，如图 8-2（b）所示。这种装置可以利用矿井锅炉的蒸汽或热水（100～120℃），也可利用廉价的二次能源作动力。

（2）在地面布置制冷机在深水平冷却空气的冷却系统。该系统直接在深水平冷却空气，可以减少降温的能耗，大大地降低井下热害的状况。为了避免制冷剂沿途大量漏失和在管道中存在很高的压力，一般利用第二载冷剂（盐水），经过低压换热器把冷量送到井下。循环泵将在蒸发器中冷却过的盐水送到高压换热器内，再把加热后的盐水沿回水管道送回蒸发器，水泵仅在盐水的循环中消耗能量。第二载冷剂（盐水或水）在低压下循环于换热器与空气冷却器之

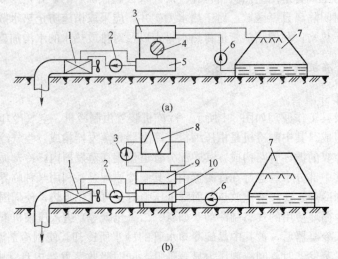

图 8-2　地面制冷冷却空气系统

(a) 蒸汽压缩制冷；(b) 吸收式制冷

1—空气冷却器；2—冷媒泵；3—冷凝器；4—压缩机；5—蒸发器；6—循环水泵；

7—冷却塔；8—锅炉；9—发生器、冷凝器；10—吸收器、蒸发器

间，如图 8-3 所示。

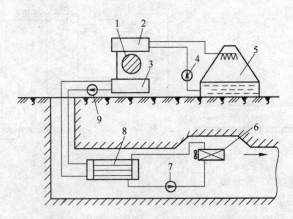

图 8-3　地面制冷井下冷却空气系统

1—压缩机；2—冷凝器；3—蒸发器；4—循环水泵；5—冷却器；6—空气冷却器；

7—二次冷媒泵；8—中间换热器；9——次冷媒泵

　　该系统较前所述系统更为合理，但其缺点是需要高压设备和庞大的循环系统，费用较高，需采用盐水作载冷剂对管道有腐蚀作用。

　　(3) 在深水平布置制冷机在地面排除冷凝热的冷却系统。制冷机布置在深水平可以减少沿途管道的冷损，因而可以提高制冷剂的蒸发温度，并可利用水来代替盐水作载冷剂。但是，必须供应冷却冷凝器的冷却水，冷却水回水往往要在地面喷雾水池中或冷却塔中冷却。这种冷却系统如图 8-4 所示。

　　在这种系统中，载冷剂从置于深水平的制冷机的蒸发器送到空气冷却器，空气在这里被冷却和干燥。载冷剂在蒸发器与空气冷却器之间通过泵实现循环。制冷机的冷凝器由地面经过中

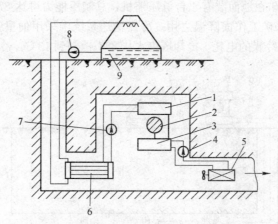

图 8-4　地面排热的井下制冷冷却空气系统

1—冷凝器；2—压缩机；3—蒸发器；4—冷媒泵；5—空气冷却器；6—中间换热器；

7—冷凝泵；8—循环水泵；9—冷却塔

间换热器供给冷却水进行冷却。冷却水在沿途升温，使制冷剂的冷凝温度提高，也使冷凝器在冷却系统复杂化，从而使压缩机的传动功率增加。但这种系统可以用低压管道将冷水送到井下，并可以把制冷机布置在井下的任何地点。

（4）在深水平排除冷凝热的冷却系统。在深水平利用矿井水冷却冷凝器的系统如图 8-5（a）所示。当井下有大量清洁水源时，应该采用这种系统，当没有大量清洁水源时，必须利用回风流来排除制冷机的冷凝热。在深水平布置制冷机并用水冷却器排除冷凝热的系统，如图8-5（b）所示。

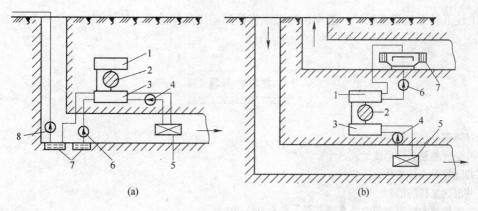

图 8-5　矿井水冷却冷凝器系统

1—冷凝器；2—压缩机；3—蒸发器；4—冷媒泵；5—空气冷却器；

6—循环水泵；7—井下水仓；8—排水水泵

在这个系统中，空气冷却器布置在运输平巷内，用以冷却工作面的入风。冷凝器利用冷却水冷，而冷却水回水则布置在回风水平的水冷却器中，利用回风流进行冷却。在水冷却器中，回水在回风流中因雾化、蒸发和散热而降温。利用布置在冷凝器和水冷却器之间的泵实现冷却水的循环。当回水直接与回流接触时可能被污染，这时必须在过滤器中将水进行局部净化，以便使系统中循环水的含尘量不超过容许浓度。

（5）联合制冷冷却空气系统。该系统在地面和井下均设有制冷装置。某矿就采用这种系统，如图 8-6 所示。该矿在地面装有 4 台氨压缩机，总制冷能力可达 8736MJ/h，冷风能力达 1800m³/min，供 6 个采矿工作面降温之用。冷媒输送系统中采用伯里顿式水轮机消能发电，化害为利，降低了输送冷媒的电耗。冷却塔将水从 29℃冷却到 13℃，冷却量为 350m³/h。

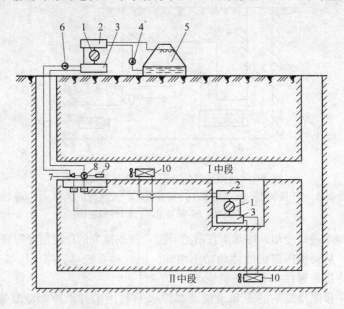

图 8-6　联合制冷冷却空气系统
1—压缩机；2—冷凝器；3—蒸发器；4—循环水泵；5—冷却器；
6、8—冷媒泵；7—水轮机；9—电动机；10—空气冷却器

　　　上述五种系统各有利弊，选用何种形式应根据矿山具体情况，经详细技术经济分析比较后确定。

复习思考题

1　矿井热现象是怎样形成的？
2　矿井湿现象是怎样形成的？
3　矿井湿热对人体有什么危害？
4　矿井湿热怎样防治？
5　非冷冻机械的降温调节方法有哪几种，各有什么办法？
6　采用冷冻机械设备的降温方法有哪几种，各有什么办法？

9 矿山水体污染及其防治

9.1 矿山水体污染

9.1.1 水体

水体又称水域，是江河、湖海、冰川、海洋、水库、地下水的总称。水体不仅包括水本身，而且包括水中的悬浮物、溶解物、底泥和水中的水生生物等。值得注意的是，应使水和水体区别开来。例如，重金属污染物由于沉淀、被吸附或螯合等作用，容易从水中转移到底泥，而水中重金属含量通常不高，但从水体来看，水体已受到了严重污染。

9.1.2 矿山水体污染

矿山水体污染包括水、底泥及水生生物的污染，即含有各种污染物的采矿工业废水和生活污水中的有毒物质排入水体后，改变了水体的正常组成，超过了水体的自净能力，从而使水体恶化，达到破坏水体原有用途的程度。

水体污染原因有两类，一为自然因素，二为人为因素。雨水对各种矿石的溶解作用所产生的天然矿毒水，火山爆发、地震和干旱地区风蚀作用产生的大量灰尘落入水体所引起的水体污染等，都属自然因素污染。而向水体排放大量未经处理的采选工业废水、矿山生活污水及其他废物，造成了水质恶化，则属于人为因素污染。

水体污染一般可分为生理性污染、物理性污染、化学性污染和生物性污染四类。生理性污染是指矿山污水排入水体后引起感观性状恶化，衡量指标可用臭味、外观和透明度等；物理性污染是指矿山污水排入水体后，引起水体的物理性质的变化，如使水体混浊程度增高、悬浮物增加、呈现颜色、水面悬浮泡沫和油膜等，衡量指标可用浑浊度、色度、悬浮物含量等；化学性污染是指矿山污水排入水体后改变了水体的化学性质，如有机物会消耗水中大量的溶解氧，酸、碱污水使水的 pH 值发生变化，有毒物质超过一定量时，使水体变成"毒水"等，衡量标准可用 pH 值、硬度、生物需氧量、化学需氧量、溶解氧，以及汞、镉、砷、铬、铅等污染物含量；生物性污染是指病原微生物排入水体后，直接或间接地使人畜感染和传染各种疾病，衡量标准可用大肠菌类指数、细菌总数等。

9.1.3 矿山废水的形成

9.1.3.1 矿坑水

矿坑水主要由下列水源组成：地下水及老窿水涌入坑道；采矿生产工艺形成的废水；地表降水通过裂隙、地表土壤及松散岩层或其他与井巷相连的通道流入井下或露天矿场。

矿井涌水量主要取决于矿区地质、水纹地质特征、地表水系的分布、采矿方法以及气候条件等因素。

9.1.3.2 矿山酸性水的来源

在非煤矿山，由于有些矿盐中含有硫化矿物，经氧化、分解并溶入矿坑水源而形成酸性水。尤其在地下开采的巷道里，有大量地下水渗入和良好的供氧条件，为硫化矿物的氧化、分解创造了有力的环境。矿坑水中酸性的强弱与硫化矿物的含量、矿床埋藏条件、矿井涌水量、开采方法以及降雨量等因素有密切关系。

矿山酸性水除了来自硫化矿岩的矿山外，废石堆和尾矿池中的硫化矿物亦产生酸性渗流水。

9.1.3.3　采选矿工业中废水的形成

矿山生产中的许多生产工艺过程都需要用水，其中以采矿、选矿用水量多，采选生产在下列用水过程中会使水受污染，并形成矿山废水。

(1) 洗矿、破碎、选厂用水。通常这类废水中含有矿石、金属微粒或各种选矿药剂，这类废水水量大，污染严重。如浮选厂每吨原矿耗水量一般为 3.5～4.5t；浮选一磁选厂每吨原矿一般耗水量为 6～9t。

(2) 水力采矿用水。水力开采砂矿或瓷土时水中含有有用矿物的微粒，并混入细微泥沙，其中有用矿物可以回收，但泥浆必须经处理后才能排放。

(3) 冷却用水。矿山的压气、发电设备都需用水冷却，除个别情况会造成水的热污染外，一般冷却水不会受到污染。而且，多数冷却水都能循环使用，无需排放。

(4) 水力输送用水。在短距离水力输送时，一般都是循环使用，废水排放量很少；而长距离输送时，若使用循环水，则管路长，阻力大。故应根据废水排放量来考虑它可能引起的污染问题。

(5) 其他用水。包括凿岩防尘用水以及洗涤（洗涤车辆）和生活用水等，这类废水含有固体悬浮物、油脂、有机物等污染物质。

在矿山中除采选生产过程用水必然会产生污染外，由于采矿生产活动，还会通过其他途径污染地表水及地下水体。主要的污染途径有以下几种：

(1) 矿井排水。矿山地下采掘工作会使地表降水及蓄水层的水大量涌入井下；水砂充填亦会使矿井排水量增加，这类废水中含有矿岩微粒、残余炸药以及油垢等污染物。在排出坑外时，如不处理便会污染自然水体。

(2) 径流污染。采剥工作破坏地表或山丘的植被，剥离表土，因而造成水蚀和水土流失；降雨和冰雪融化后的水流，搬运大量泥沙淤塞并污染河道、湖泊和农田。

(3) 渗透污染。矿山废水池和尾矿坝中蓄积的废水，通过土壤、岩层和裂缝渗透进入蓄水层污染地下水；废水渗过放水墙又会污染地表水。

(4) 浸滤污染。降雨浸蚀含硫化矿岩的废石堆后，酸化并溶解有毒离子的酸性水，自废石堆排出污染自然水体。

此外，还有大气污染物对水的污染。如烟尘、火山灰烬降落水面对地表水体造成污染等。

9.1.4　矿山废水中的主要污染物及其危害

矿山废水中主要污染物质可分为四类，即无机无毒物质、无机有毒物质、有机无毒物质和有机有毒物质。无机无毒物质主要是酸、碱及一般无机盐类和氮、磷等植物营养物；无机有毒物质包括各种重金属（汞、镉、铝、铬等）和氰、氟化物等；有机无毒物质是指水体中比较容易分解的有机化合物，如碳水化合物、脂肪、蛋白质等；有机有毒物质主要是醛、氯苯、硝基苯、酚等芳香烃和多环芳烃以及各种人工合成的具有积累性的稳定化合物，如有机农药等。除上述四类污染物质外，还有细菌、热污染和放射性污染物质等。

矿山废水在排放过程中造成的危害是多方面的。对人体健康来说，一方面当饮用水中含有氰化物、砷、铅和有机磷等有毒物质时会引起中毒事故；另一方面由于水中含有微生物和病毒，引用后会引起疾病和传染病的蔓延；水污染严重时，排入河流、湖泊，还会影响水生动、植物的生长，造成鱼虾死亡甚至绝迹。

矿山废水污染对农业生产的危害是，酸性水侵入农业或用于灌溉，会导致农作物不能正常生长，甚至枯萎死亡等。如南山铁矿雨季时从废石堆渗滤出来的酸性水，大量排入采石河并用于农田灌溉，致使河两岸的农作物受到严重危害，形成绝产田 70 多 hm² （公顷），减产田 140 多 hm²。

矿山废水污染对工业生产的危害是酸性水能严重腐蚀管道和通风、排水设备；经酸性水长期浸蚀过的混凝土或木质结构物其强度及稳定性将会大大下降；坑木发生水解后，其燃点降低，对硫化矿山极为不利。

9.1.5 排放标准和水质监测

9.1.5.1 排放标准

江、河、湖泊等地表水和地下水是人们生活饮用水和工业用水的主要来源，亦是农业灌溉、畜牧、渔业、水产养殖等生产用水的水源，同时也涉及到交通航运、旅游等各方面。所有这些用水部门都对水质提出了一定要求，并相应具体规定了污水排入自然水体的排放标准。

A　地面水环境质量标准

该标准适用于江、河、湖泊、水库等具有使用功能的地面水水域。根据地面水域使用目的和保护目标将其划分为五类。

Ⅰ类：主要适用于源头水、国家自然保护区。

Ⅱ类：主要适用于集中式生活饮用水水源地一级保护区、珍贵鱼类保护区、鱼虾产卵场等。

Ⅲ类：主要适用于集中式生活饮用水水源地二级保护区、一般鱼类保护区及游泳区。

Ⅳ类：主要适用于一般工业用水区及人体非直接接触的娱乐用水区。

Ⅴ类：主要适用于农业用水区及一般景观要求水域。

B　污水综合排放标准

该标准适用于排放污水和废水的一切企事业单位。工业废水中有害物质量最高允许排放浓度分两类。

第一类污染物：此类污染物指能在环境或动物植物体内蓄积，对人体健康产生长远不良影响者。含有这类有害物质的污水，不分行业和污水排放方式，也不分受纳水体的功能类别，一律在车间或车间处理设施排除口取样，其最高允许排放浓度必须符合表 9-1 的规定。

表 9-1　第一类污染物最高允许排放标准

污 染 物	最高允许排放浓度/mg·L⁻¹	污 染 物	最高允许排放浓度/mg·L⁻¹
1. 总汞	0.05	6. 总砷	0.5
2. 烷基汞	不得检出	7. 总铅	1.0
3. 总镉	0.1	8. 总镍	1.0
4. 总铬	1.5	9. 3,4-苯并芘	0.00003
5. 六价铬	0.5		

第二类污染物：指其长远影响小于第一类污染物质，在排污单位出口取样，其最高允许排放浓度必须符合表9-2的规定。

表 9-2　第二类污染物最高允许排放标准

污染物 \ 标准值 \ 规模	一级标准		二级标准		三级标准
	新扩改	现　有	新扩改	现　有	
1. pH 值	6～9	6～9	6～9	6～9	6～9
2. 色度（稀释倍数）	50	80	80	100	—
3. 悬浮物	70	100	200	250	400
4. 生化需氧量（BOD）	30	60	60	80	300
5. 化学需氧量（COD）	100	150	150	200	500
6. 石油类	10	15	10	20	30
7. 动植物油	20	30	20	40	100
8. 挥发物	0.5	1.0	0.5	1.0	2.0
9. 氰化物	0.5	0.5	0.5	0.5	1.0
10. 硫化物	1.0	1.0	1.0	2.0	2.0
11. 氨氮	15	25	25	40	—
12. 氟化物	10	15	10	15	20
13. 磷酸盐（以P计）	0.5	1.0	1.0	2.0	—
14. 甲醛	1.0	2.0	2.0	3.0	—
15. 苯胺类	1.0	2.0	2.0	3.0	5.0
16. 硝基苯类	2.0	3.0	3.0	5.0	5.0
17. 阴离子合成洗涤剂	5.0	10	10	15	20
18. 铜	0.5	0.5	1.0	1.0	2.0
19. 锌	2.0	2.0	4.0	5.0	5.0
20. 锰	2.0	5.0	2.0	5.0	5.0

9.1.5.2　水质监测

在环境保护和用水、废水处理技术中，需经常进行水质监测和水质分析。

水质分析的内容和项目：水质分析的内容可分为物理的、化学的、微生物的分析。水质分析的项目共有数百种。其中具有重要意义的近百种，日常进行分析的项目应根据目的要求、水质状况和分析测定条件等决定。不同工业废水，其主要分析项目是不同的，但都应首先考虑水中主要杂质成分的测定。

水质测定的基本步骤如下所述。

水样采集应尽量符合水质分析的目的要求，并且要有代表性。

首先须确定合理取样地点。矿山生产可能影响水质的地点都应取样检测；为了检测对水质影响的程度，须设监测点。图9-1为矿山水质监测点布置示意图。

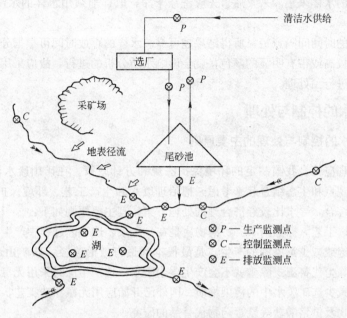

图 9-1 矿山水质监测点布置图

水样的量应根据分析项目而定。一般的物理、化学分析项目每次需水量 50～100mL，水样总量一般可为 2L；测量微量成分的项目有时需浓缩预处理，此时所需水量应增加。

取水样最好选用专用水样瓶，表层水水样采集器用聚乙烯水桶，深水水样采集器如图 9-2 所示，其中图 a 所示为容器式水样采集器，用于浅层水样采集，图 b 所示为泵式水样采集器，

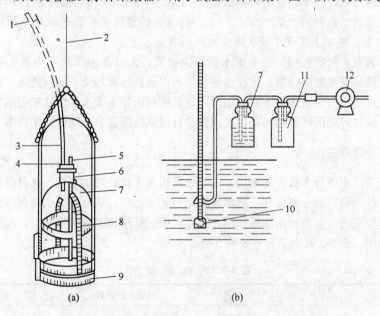

图 9-2 深水水样采集器

(a) 容器式水样采集器；(b) 泵式水样采集器

1—夹子；2—绳子；3—乳胶管；4—空气出口；5—水入口；6—塞子；7—取样瓶；
8—铁架；9—铅块；10—垂锤；11—水滴除去瓶；12—抽气泵

用于任何深度水的水样采集。采集瓶事先应洗涤干净，取样前须用水样的水洗涤 2～3 次，以免混入杂质。

采样和分析的时间间隔愈短，所得结果越可靠。水样的存放时间可根据分析项目而定。如果水质的浑浊度较高或带有明显的颜色，就会影响水质分析的进行，故应采用离心、过滤、浓缩、沉淀等方法进行预处理。

9.2　矿山废水的控制与处理

9.2.1　矿山废水的控制与处理的主要原则

矿山废水处理应符合我国制定的环境保护法规和方针政策。在矿山废水治理的规划设计中，必须把生产观点和生态结合起来考虑，把治理废水和生产工艺、环境保护联系起来考虑。通过系统分析与综合，寻求比较经济合理的处理方案。其主要原则如下：

(1) 改革采选工艺，抓源治本。污染物质是在一定采、选工艺过程中产生的。因此，改革采、选工艺以杜绝或减少污染源的产生，是最根本和最有效的途径。如矿山地面厂房除尘系统，若采用干式除尘代替湿式除尘就不会产生含尘废水；选矿生产时采用无毒药剂代替有毒药剂，可以大大地减少选矿废水中的污染物质。国外已开始应用无氰浮选工艺，我国也有不少单位正在开展氰化物及重铬酸盐等剧毒药物代替品的研究。

(2) 提高水的循环利用率，采用废水循环供水，使废水在一定的生产过程中重复利用。既能减少废水排放量，减轻环境污染，又能减少新水补充，节约水资源，解决日益紧张的供水问题。如矿山电厂、压气站用水等，特别是选厂废水循环利用，还可回收废水中残存的药剂及有用矿物，既能节省用药量，又可提高有用矿物的回收率。

近年来，国外选厂废水回收利用率已由 20 世纪 60 年代的 70％提高到了 90％以上。我国潭山硫铁矿废水的回收利用率达到 85％以上，河北铜矿进行选矿工艺改革，使废水的回收率达到了 90％以上，基本上实现了废水闭路循环利用。

(3) 化害为利，回收利用。工业废水的污染物质，大都是生产过程中进入水中的有用元素、成品、半成品以及能源物质。排放这些物质不仅造成环境污染，而且造成了很大损失，若加以回收，便可变废为宝，化害为利。如向山硫铁矿利用井下废水作为选矿用水，既减少井下废水排放量，减轻对周围环境的污染，又能提高有用矿物回收率，降低选矿成本。

9.2.2　废水处理方法

废水处理方法主要分为物理处理法、化学处理法和生物处理法三类。其目的是用各种方法将废水中所含的污染物质分离出来，或将其转化为无害物质，从而使废水得到净化。

(1) 物理处理法。主要利用物理作用分离废水中呈悬浮状态的污染物质，在处理过程中不改变其化学性质。表 9-3 列出了 9 种处理方法。

表 9-3　物 理 处 理 法

方　法	原　　　理	设备及原材料	处 理 对 象
沉　淀	废水中的悬浮物可利用其与水的密度不同，在重力作用下下沉（或上浮），从水中分离出来	沉沙池、沉淀池、隔油池等。废水停留时间：沉沙池为 2min；沉淀池、隔油池为 1.0～2h。如安装斜板（管），可缩短到 15～30min	去除难以沉淀的悬浮物和胶体物质

方 法	原 理	设备及原材料	处 理 对 象
过 滤	通过各种多孔过滤介质截留废水中的悬浮物	过滤介质有：筛网、沙子、煤渣、炉渣、布塑料。设备有：沙滤池、真空过滤机、压滤机	可去除悬浮物（效果决定于介质的缝隙度）
离心分离	使废水在离心设备中旋转，在离心力作用下，靠悬浮物与水的密度不同而分离	水力旋流器、旋流沉淀池、离心机等	轧钢厂废水中的氧化铁皮、污泥脱水等
浮选（气浮）	将空气压入废水中，使废水中的乳状油粒粘附在空气泡表面，随气泡上升到水面，形成浮渣，然后除去	加压力容器浮选池、叶轮浮选池、射流浮选池等。废水在池中停留 0.5～1h，还可加混凝剂，提高浮选效果	造纸的"白水"的回收利用，含油污水，效率可达 80%～95%
蒸发结晶	将废水加热到沸腾，水汽化逸出，使溶质得到浓缩，冷却后形成结晶	蒸发器、薄膜蒸发器等	如酸洗钢材废水，经蒸发结晶可形成硫酸亚铁晶体
汽 提	将废水加热到沸腾吹入蒸气，使废水中挥发性溶质随蒸气逸出，再用某种溶液洗涤蒸气，回收其中的挥发性溶质。再生后的蒸气循环使用	蒸气、加热器皿等	含酚、氰废水等
萃 取	将不溶于水的溶剂投入废水中，使废水中的溶质溶于该溶剂内，然后利用溶剂与水的密度差将溶剂分离出来	萃取剂：醋酸丁酯、苯、N-503 等。设备有脉冲筛板塔、离心萃取机等	含酚废水等
吹 脱	往废水中吹进空气，使废水中的溶解性气体随空气逸出，进入大气中	空压机、鼓风机等	含二氧化碳、硫化氢、氢氰酸的废水
反渗透	通过一种特殊的半渗透膜，在一定压力下，将水分子压过渗透膜，而溶质则被膜所截留，废水得到浓缩，而压过膜的水就是处理过的水	渗透膜材料有醋酸纤维素、磺化聚苯醚、聚砜酰胺等有机高分子物质，加入添加剂，可以做成板式膜，内管式、外管式膜以及中空纤维等，操作压力 0.03～0.1Pa，出水量为每天每平方米几升到几百升	海水淡化，含重金属废水和废水深度处理，效率在 90% 以上

（2）化学处理法。利用化学反应的作用来分离并回收废水中处于各种形态的污染物质，或改变污染物质的性质，使其从有害变为无害。表 9-4 列出了 6 种处理方法。

表 9-4　化 学 处 理 法

方 法	原 理	设备及原材料	处 理 对 象
混 凝	向胶状浑浊液中投加化学药剂，凝聚水中胶状物质，使之和水分开	混凝剂有硫酸铝、明矾、聚合氯化铝、硫酸亚铁、三氯化铁等	含油废水、染色废水、煤气站废水、洗毛废水等
中 和	酸碱中和，调节 pH 值	石灰、石灰石、白云石等中和酸性废水，CO_2 中和碱性废水	金属矿山酸性废水可用石灰中和法处理

方　法	原　　理	设备及原材料	处　理　对　象
氧化还原	投加氧化（或还原）剂将废水中物质氧化（或还原）为无害物质	氧化剂有空气中的氧、漂白粉、氯气、臭氧等	含酚、氰、硫、铬、汞废水，印染、医院废水等
电　解	在废水中插入电极板，通电后，废水中带电离子多为中性原子	电源、电极板等	含铬、镉、氰的废水
吸　附（包含离子交换）	将废水通过固体吸附剂，使废水中的溶解性有机或无机物吸附在吸附剂表面而分离出来	吸附剂：活性炭、煤渣、土壤等。吸附塔，再生装置	回收或去除废水中重金属，还可吸附酚、氰以及除色、臭味等。用于深度处理
电渗析	在直流电作用下，通过一种离子交换膜废水中的离子朝相反极性的极板方向迁移，阳离子穿透阳离子交换膜，而被阴离子膜所阻。同样，阴离子能穿透阴膜，被阳离子膜阻留，于是废水中阴阳离子得到分离	电渗析器	如酸性废水，含氰废水等

　　（3）生物处理法。主要通过微生物的代谢作用，使废水中呈溶液、胶体以及微细悬浮状态的有机污染物转化为稳定无害物质。根据微生物作用的不同，生物处理法又可分为需氧生物处理和厌氧生物处理两种类型。

　　废水生物处理广泛使用的是需氧生物处理法，而需氧生物处理法又分为活性污泥法和生物膜法两类。活性污泥法本身就是一种处理单元，它有多种运行方式。属于生物膜法的处理设备有生物滤池、生物转盘、生物接触氧化池以及最近发展起来的生物硫化床等。

　　厌氧生物处理法主要用于处理高浓度有机废水和污泥。使用的处理设备主要为消化池。

　　矿山废水中污染物是多种多样的，往往需要通过由几种方法和几个处理系统处理后，才能达到要求。

复习思考题

1　什么叫水体？
2　矿山废水是怎样形成的，有哪些主要的污染物？
3　矿山废水处理的主要原则是什么？
4　矿坑水的概念及矿山酸性水的来源是什么？
5　矿山废水的排放标准有哪些？
6　废水有哪些处理方法？

10 矿山生产的防火

10.1 概述

10.1.1 矿山火灾的分类与性质

矿山火灾，是指矿山企业内所发生的火灾。根据火灾发生的地点不同，可分为地面火灾和井下火灾两种。

凡是发生在矿井工业场地的厂房、仓库、井架、露天矿场、矿仓、贮矿堆等处的火灾，称为地面火灾。

凡是发生在井下硐室、巷道、井筒、采场、井底车场以及采空区等地点的火灾，称为井下火灾。由于地面火灾的火焰或由它所产生的火灾气体、烟雾随同风流进入井下，威胁到矿井生产和人工安全的，也叫井下火灾。

井下火灾与地面火灾不同，井下空间有限，供氧量不足，假如水源不靠近通风风流，则火灾只能在有限的空气流中缓慢地燃烧，没有地面火灾那么大的火焰，但却生成大量有害毒气（由于井下空间小，即使产生有害气体不多，也有可能达到危害生命的程度），这是井下火灾易于造成重大事故的一个重要原因。另外，发生在采空区或矿柱内的自燃火灾，是在特定条件下，由矿岩氧化自热转为自燃的。

根据发生的原因，火灾可分外因火灾和内因火灾两种。

（1）外因火灾（也称外源火灾）是由外部各种原因引起的火灾。例如：

1）明火（包括火柴点火，吸烟、点焊、氧焊、明火灯等）所引燃的火灾；

2）油料（包括润滑油、变压器油、液压设备用油、柴油设备用油、维修设备用油等）在运输、保管和使用时所引起的火灾；

3）炸药在运输、加工和使用过程中所引起的火灾；

4）机械作用（包括摩擦、振动、冲击等）所引起的火灾；

5）电气设备（包括动力线、照明线、变压器、电动设备等）的绝缘损坏和性能不良引起的火灾。

（2）内因火灾（也称自燃火灾）是由矿岩本身的物理和化学反应热所引起的。内因火灾的形成除矿岩本身有氧化自燃特点外，还必须有聚热条件，当热量得到积聚时，必然会产生提温现象，温度的升高又导致矿岩的加速氧化，形成恶性循环，当温度达到该种物质的发火点时，则导致自燃火灾的发生。

内因火灾的初期阶段通常只是缓慢地增高井下空气温度和湿度，空气的化学成分发生很小的变化，一般不易被人们所发现，也很难找到火源中心的准确位置，因此，扑灭此类火灾比较困难。内因火灾燃烧的延续时间比较长，往往给井下生产和工人的生命安全造成潜在威胁，所以防止井下内因火灾的发生与及时发现控制灾情的发展有着十分重要的意义。

10.1.2 矿山火灾的危害

矿山火灾是采矿生产中的一大灾害。它不但会破坏采矿工作的正常进展，恶化井下作业条件和污染地面大气，而且会使可采矿量降低和生产成本提高，还可能造成严重的人员伤亡事故。火灾发生以后所产生的一种自然负压，通常称为火风压，还可以使通过矿井的总风量增加或减少，也可以使一些风流反向流动，打乱通风系统。火灾气体除了对人体造成危害外，还会腐蚀井下的生产设备。

根据经验，金属矿山的自燃火灾是很难一次性扑灭的，即使扑灭了，遇条件适合又可能复燃，还会有新的火源产生。因此，凡有自燃火灾的矿床，防灭火工作就会是长期的，几乎要持续到矿床采完为止，所支付的直接防灭火费用是十分惊人的。此外，对采场高温矿石的烧结悬顶和硫化矿粉尘爆炸所引起的高温气浪应高度重视。另外，高温矿石的装药爆破所引起的炸药自爆也是造成伤亡事故的原因，不少矿山都发生过这样的事故。

10.1.3 外因火灾的发生原因

在我国非煤矿山中，矿山外因火灾绝大部分是由木支架与明火接触，电气线路、照明和电气设备的使用和管理不善，在井下违章进行焊接作业，使用火焰灯，吸烟或无意、有意点火等外部原因所引起的。随着矿山机械化、自动化程度的提高，因电气原因所引起的火灾比例会不断增加，这就要求在设计和使用机电设备时，应严格遵守电气防火条例，防止因短路、过负荷、接触不良等原因引起火灾。矿山地面火灾则主要是由违章作业、粗心大意所致。如上所述，火灾的危害是严重的，地面火灾可能损失大量物资并影响生产。井下火灾比地面火灾危害更大，井下工人不但在火源附近直接受到火焰的威胁，而且距火源较远的地点，由于火焰随风流扩散带有大量有毒有害和窒息性气体，使工人的生命安全受到严重威胁，往往酿成重大或特大伤亡事故。近年来，由于井下着火引起的炸药燃煤、爆炸的事故也时有发生，造成严重的人员伤亡和财产损失。

现就各种原因所引起的外因火灾说明如下。

10.1.3.1 明火引起的火灾与爆炸

在井下使用电石灯照明，吸烟或无意、有意点火所引起的火灾占有相当大的比例。电石灯火焰与蜡纸、碎木材、油棉纱等可燃物接触，很容易将其引燃，如果扑灭不及时，便会酿成火灾。非煤矿山井下，一般不禁止吸烟，未熄灭的烟头随意乱扔，遇到可燃物是很危险的。据测定结果：香烟在燃烧时，中心最高温度可达 $650 \sim 750 \, ℃$，表面温度达 $350 \sim 450 \, ℃$。不要小看这个小小的火源，如果被引燃的可燃物是容易着火的，而且外在有风流，就很可能酿成火灾。冬季的北方矿山在井下点燃木材取暖，会使风流污染，有时造成局部火灾。一个木支架燃烧所产生的一氧化碳就足够在一段很长的巷道中引起中毒或死亡事故。

10.1.3.2 爆破作业引起的火灾

爆破作业中发生的炸药燃烧及爆破原因引起的硫化矿尘燃烧、木材燃烧，爆破后因通风不良造成可燃性气体聚集而发生燃烧、爆炸都属爆破作业引起的火灾。这类燃烧事故时有发生，造成人员伤亡和财产损失。其直接原因可以归纳为：

(1) 在常规的炮孔爆破时，引燃硫化矿尘。

(2) 某些采矿方法（如崩落法）采场爆破产生的高温引燃采空区的木材。

(3) 大爆破时，高温引燃黄铁矿粉末、黄铁矿矿尘及木材等可燃物。

(4) 爆破产生的碳氢化合物等可燃性气体积聚到一定浓度，遇摩擦、冲击或明火，便会发生燃烧甚至爆炸。

一氧化碳、硫化氢、氢气、沼气及其他不饱和碳氢化合物的爆炸界限如表 10-1 所示。

表 10-1　爆炸性气体含量的爆炸界限（体积分数）

气体名称	化学符号	爆炸界限/%	
		下　限	上　限
一氧化碳	CO	12.50	74.20
硫化氢	H_2S	4.30	45.50
氢　气	H_2	4.00	74.20
沼　气	CH_4	5.00	15.00
乙　炔	C_2H_2	2.50	80.00

必须指出：炸药燃烧不同于一般物质的燃烧，它本身含有足够的氧，无需空气助燃，燃烧时没有明显的火焰，而是产生大量有毒有害气体。燃烧初期，产生大量氮氧化物，表面呈棕色，中心呈白色。氮氧化物的毒性比 CO 更为剧烈，严重者可引起肺水肿造成死亡，所以在处理炮烟中毒患者时，要分辨清楚是哪种气体中毒。在井下空间有限的条件下，炸药燃烧时生成的大量气体，因膨胀、摩擦、冲击等原因产生巨大的响声。

10.1.3.3　焊接作业引起的火灾

在矿山地面、井口或井下进行氧焊、切割及点焊作业时，如果没有采取可靠的防火措施，由焊接、切割产生的火花及金属熔融体遇到木材、棉纱或其他可燃物，便可能造成火灾。特别是比较干燥的木支架进风井筒进行提升设备的检修作业，或其他动火作业，因切割、焊接产生火花及金属熔融体未能全部收集而落入井筒，又没有用水将其熄灭，便很容易引燃木支架或其他可燃物，若扑灭不及时，往往酿成重大火灾事故。

据测定结果，焊接、切割时飞散的火花及金属熔融体碎粒的温度高达 1500～2000℃，其水平飞散距离可达 10m，在井筒中下落的距离则可大于 10m。由此可见，这是一种十分危险的引火源。

10.1.3.4　电气原因引起的火灾

电气线路、照明灯具、电气设备的短路及过负荷，容易引起火灾。电火花、电弧及高温赤热导体引燃电气设备、电缆等的绝缘材料极易着火。有的矿山用灯泡烘烤爆破材料或用电炉、大功率灯泡取暖、防潮、引燃了炸药或木材，往往造成严重的火灾、中毒、爆炸事故。

当用电发生过负荷时，导体发热容易使绝缘材料烤干、烧焦，并失去其绝缘性能，使线路发生短路，遇到可燃物时，极易造成火灾。带电设备元件的切断、通电导体的断开及短路现象发生都会形成电火花及明火电弧，瞬间达到 1500～2000℃ 以上的高温，而引燃其他物质。井下电气线路特别是临时线路接触不良，接触电阻过高是造成局部过热引起火灾的常见原因。用白炽灯泡烘烤爆破材料，用大功率电灯泡、电炉取暖，烘烤物件防潮曾发生多次火灾事故。

白炽灯泡的表面温度：40W 以下的为 70～90℃，60～500W 的为 80～110℃，1000W 以上的为 100～130℃，当白炽灯泡打破而灯丝未断时，钨丝最高温度可达 2500℃ 左右，这些都能构成引火源，引起火灾发生。随着矿山机械化、自动化程度不断提高，电气设备、照明和电器线路更趋复杂。电器保护装置的选择、使用、维护不当，电器线路敷设混乱往往是引起火灾的重要原因之一。

10.1.4　内因火灾的发生原因

10.1.4.1　矿岩自燃的一般机理

　　堆积的含硫硫矿物或碳质页岩与空气接触时，会发生氧化而放出热量。若氧化生成的热量大于向周围散发的热量时，则该物质能自行增高其温度，这种现象就称为自热。

　　随着温度的升高，氧化加剧，同时放热能力也因而增高。如果这个关系能形成热平衡状态，则温度停止上升，自热现象中止，并且通常在若干时间后即开始冷却。但有时在一定外界条件下，局部的热量可以积聚，物质便不断加热，直到其着火温度，即引起自燃。如果物质在氧化过程中所产生的热量低于周围介质所能散发的热量，则无升温自热现象。因此，物质的自热、自燃与否都是由下列三个基本因素决定的：（1）该可燃物质的氧化特性；（2）空气供给的条件；（3）可燃物质在氧化或燃烧过程中与周围介质热交换的条件。

　　第一个因素是属于物质发生自燃的内在因素，仅取决于物质的物理化学性能；而后两个因素则是外在因素。

　　硫化矿在成矿过程中，由于温度和压力的不同往往存在同一矿床中有多种类型的矿物。由于成矿后长期的淋漓、风化等物理化学作用，同一矿物也会随之出现结构构造差异很大的情况。在同一矿床中，由于各种矿物内在性质的不同，进行硫化矿床自燃火灾原因的研究，必须首先对每一类型的矿石做深入细致的试验研究，从中找出有自燃倾向性的矿石。

　　矿体顶板岩层为含硫碳质页岩（特别是黄铁矿在碳质页岩中以星状态存在）时，当顶板岩层被破坏后，黄铁矿和单质碳与空气接触也同样可以产生氧化自热到自燃的现象。

　　任何一种矿岩自燃的发生，即为矿岩的氧化过程，在此整个过程中，由于氧化程度的不同，必然呈现出不同的发展阶段，因此可把矿岩自燃的发生划分为氧化、自热和自燃三个阶段。这三个阶段可用矿岩的温升来表示和划分，根据矿岩从常温到自燃整个温升过程的激化程度，可定为：常温至 100℃ 矿岩水分蒸发界限为低温氧化阶段；100℃ 至矿岩着火温度为高温氧化阶段；矿岩着火温度以上为燃烧阶段。

　　任何一种矿岩的自燃必须经过上述温升的三个阶段，因而矿岩是否属于自燃矿岩，必须根据温升的三个阶段来确定。

　　必须指出，由于矿岩氧化是随着温度的升高而加剧的，因此，任何设法控制矿岩温度不高于 100℃ 是防止矿岩自燃的关键。但要做到这一点，难度也是很大的。

10.1.4.2　地质条件与内因火灾的关系

　　在大气和地下水的长期作用下，一般硫化矿床都具有垂直成带性，即自上而下呈氧化带、次生富集带和原生带。其主要化学变化包括氧化、溶解及富集，金属矿物就地变成氧化物等。其中黄铁矿起着重要作用，其他金属硫化物亦参与反应，生成各种硫酸盐。图 10-1 表示硫化铜矿床由于氧化作用的发展，矿物向富集带转移的一般形式。

　　以铜官山矿松树山区为例，矿物次生富集带又可分为三个亚带，即次生氧化富集亚带、半氧化矿石亚带、次生硫化富集亚带。由于经受长期氧化，后两个亚带的

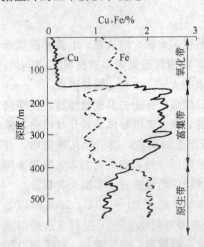

图 10-1　硫化铜矿矿物富集
转移的一般形式示意图

矿石氧化活性很强，在被开采揭露后，随着大量空气进入，氧化过程立刻加速进行，在适当条件下就可能发生自燃。该区 90% 的火灾均发生在两个亚带内，见图 10-2。

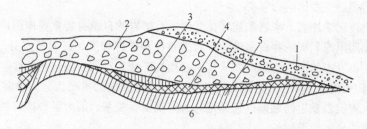

图 10-2　松树山区主要自燃矿段与地质地带的分布关系示意图
1—表土；2—铁帽；3—次生氧化富集亚带；4—半氧化矿石亚带；
5—次生硫化富集亚带；6—原生带

　　地质断层、褶皱和接触破碎带与内因火灾也有密切的关系。在断层、褶皱破碎带和矿岩接触破碎带中往往出现硫化物的富集，同时由于地下水和少量空气存在，硫铁矿经历了漫长的氧化过程，生成大量硫酸和硫酸盐。当得到氧化所需足够的氧气时，氧化速度极快，因而容易引起内因火灾。

10.1.4.3　矿物组分与内因火灾的关系

　　硫化矿床中含有多种矿物成分，下面介绍与内因火灾有关的矿物组分。

　　(1) 原生黄铁矿。在氧化过程中，黄铁矿首先是与空气中的氧或水中的流离氧发生吸附作用，继而与氧发生反应。反应过程均伴有黄铁矿的胶化过程。但反应速度相当缓慢。在室温条件下，将 300g 黄铁矿粉放入用空气饱和的水中 10 个月，仅有 0.2g 发生了氧化作用。按反应式计算，只放出极少的热量。在生产实践中，也证明黄铁矿的氧化速度很慢。

　　(2) 胶状黄铁矿。胶状黄铁矿是原生黄铁矿在长期氧化过程中的产物。其晶形已发生变化，是一种超细微粒，并含有 10% 以上的 $FeSO_4$，其氧化速度大大高于原生黄铁矿，自燃点大大低于原生黄铁矿，是矿岩自燃中最危险的一种矿物。

　　(3) 磁黄铁矿。在氧和地下水的长期作用下，磁黄铁矿常常被氧化成白铁矿和胶状黄铁矿。它是一种较容易被氧化的产物，在降低酸度、还原 $Fe_2(SO_4)_3$ 和析出 H_2S 方面，要比其他任何一种普通硫化物都强得多。但磁黄铁矿的结构较致密，参与氧化的面积少，开采中的氧化自燃危险性并不比胶状黄铁矿大。另外磁黄铁矿在氧化过程中容易结块，妨碍氧气向内部进一步渗入，使氧化速度大大降低。可是，如采用大爆破方案回采，由于造成大量易氧化的极细粉矿，加上被崩落的矿石因出矿缓慢，在崩落区滞留时间过长，矿石自燃的危险性将增大。

　　(4) 白铁矿。白铁矿的构造类似于黄铁矿，化学成分亦相同，但晶体结构的对称程度却不同，属于斜方晶系。硬度及密度均较黄铁矿小，解离不完全。白铁矿较黄铁矿易氧化分解，因而在相同条件下氧化速度比黄铁矿快。

　　(5) 单质硫。在常温下单质硫比较稳定，其着火温度为 363℃。而在硫化物中伴生的单质硫或硫化矿物氧化后产生的单质硫，其着火温度可降低到 200℃ 以下。由于每摩尔（mol）硫燃烧时放出 297.5kJ，虽然单质硫在硫化矿中的含量不多，但却可起到一种“引燃剂”的作用。

　　另外，在惰性金属硫化矿床中除铁外通常伴有铜、铅、砷、锌等硫化矿物，这些矿物在硫化矿石的自燃中都起一定作用。而碳酸盐类矿物则起抑制作用。

10.1.4.4　矿岩氧化自燃的主要影响因素

矿岩氧化自燃的主要影响因素有:

(1) 矿岩物理化学性质。矿岩的物理化学性质对矿岩的自燃有着重要作用,属于该因素的主要有矿岩的物质组成和硫的存在形式、矿岩的脆性和破碎程度、矿岩的水分、pH 值以及不同的化学电位。矿岩中的惰性物质 (尤其是碳酸盐类矿物) 对矿岩的自燃起抑制作用。

1) 矿岩的物质组成和硫的存在形式是决定矿岩自燃倾向的重要因素。含硫量的多少不能作为衡量自燃火灾能否发生的判据,它只是与火灾规模有关系。因为各种矿岩的放热能力是随着矿岩中含硫量的增加而增加的。

2) 矿岩的破碎程度对矿岩的氧化性有影响,松脆的和破碎程度大的矿岩,由于氧化表面积增大而加快其氧化速度;并且矿岩的破碎也降低了它的着火温度,所以变得更容易自燃。

3) 水分和 pH 值对矿岩的氧化性有显著的影响,一般说湿矿岩的氧化速度要比干矿岩的快,pH 值低的矿岩更容易氧化。

4) 矿岩中常含有多种不同化学电位的物质。当矿岩在有水分参与反应的氧化过程中,各物质成分间因电位的不同将产生电流,因而加速了氧化作用。

(2) 矿床赋存条件。硫化矿床自燃与矿体厚度、斜角等有关系。矿体的厚度愈厚、倾角愈大,则火灾的危险性也愈大。因为急倾斜的矿体遗留在采空区的木材和碎矿石易于集中,矿柱易受压破坏,且采空区较难严密隔离。

(3) 供氧条件。供氧条件是矿岩氧化自燃的决定因素。每摩尔 (mol) FeS_2 和 FeS 分别需要 44.8L 和 22.4L 的氧才能反应完全。在开采的条件下,为保证人员呼吸并将有毒有害气体、粉尘等稀释到安全规程规定的允许浓度以下,需要向井下送入大量新鲜空气,这些新鲜空气能使矿岩进行充分的氧化反应。但大量供给空气又能将矿石氧化所产生的热量带走,破坏了聚热条件。

(4) 水的影响。从反应式可知,水能促进黄铁矿的胶化,是一种供氧剂,水过量时又是一种抑制剂。除水本身能带走热量外,水汽化时要吸收大量热,另一方面水的存在将发生化学反应。一般是一个不放热也不吸热的反应。当溶液的 pH 值不小于 8 时,此反应能在 15~30min 内完成。迅速生成的 $Fe(OH)_3$ 是一种胶状物,会使矿石产生胶结。

(5) 同时参与反应的矿量的影响。参与反映的矿石和粉矿越多,自燃的危险性越大。反之,则危险性越小。

此外,温度对自燃的影响是一个很重要的因素。因为矿岩的氧化自热是随着温度的升高而加快的。

10.2　火灾的预防与扑灭

10.2.1　外因火灾的预防与扑灭

10.2.1.1　地面火灾

对矿山地面火灾,应遵照中华人民共和国公安部关于火灾、重大火灾和特大火灾的规定进行统计报告。

火灾:个人烧毁财物直接损失折款 50 元以上;国家和集体烧毁财物直接损失折款 100 元以上;因火灾死亡或重伤 1 人。

重大火灾：一次火灾损失折款 1 万元以上；一次火灾死亡 3 人以上（含 3 人）或重伤 5 人或烧伤 10 人以上；一次火灾受灾 30 户以上。

特大火灾：一次火灾损失折款 30 万元以上；一次火灾死亡 10 人以上（含 10 人）；一次火灾受灾 50 户以上。

矿山地面防火应遵守《中华人民共和国消防条例》和当地消防机关的要求。对于各类建筑物、油库材料场和炸药库、仓库等建立消防制度，完善防火措施，配备足够的消防器材。

各厂房和建筑物之间要建立消防通道。消防通道上不得堆积各种物料，以利于消防车辆通行。

矿山地面必须结合生活供水管道设计地面消防水管系统，井下则结合作业供水管道设计消防水管系统。水池的容量和管道的规格应考虑两者的用水量。

10.2.1.2 井下火灾

井下火灾的预防应按照中华人民共和国冶金工业部制定的《冶金矿山安全规程》有关条款的要求，由安全部门组织实施。其一般要求有：

(1) 对于进风井筒、井架和井口建筑物、进风平巷，应采用不燃性材料建筑。对于已有的木支架进风井筒、平巷要求逐步更换。

(2) 用木支架支护的竖井、斜井井架及井口房、主要运输巷道、井底车场和硐室要设置消防水管。如果用生产供水管兼作消防水管，必须每隔 50～100m 安设支管和供水接头。

(3) 井口木料厂、有自燃发火的废石堆（或矿石堆）、炉渣场，应布置在距离进风口主要风向的下风侧 80m 以外的地点并采取必要的防火措施。

(4) 主要扇风机房和压入式辅助扇风机房、风硐及空气预热风道、井下电机车库、井下机修及电机硐室、变压器硐室、变电所、油库等，都必须用不燃性材料建筑，硐室中有醒目的防火标志和防火注意事项，并配备相应的灭火器材。

(5) 井下应配备一定数量的自救器，集中存放在合适的场所，并应定期检查或更换。在危险区附近作业的人员必须随身携带以便应急。

(6) 井下各种油类，应分别存放在专用的硐室中。装油的铁桶应有严密的封盖。储存动力用油的硐室应有独立的风流并将污风汇入排风巷道，储油量一般不超过三昼夜的用量。

(7) 井下柴油设备或液压设备严禁漏油，出现漏油时要及时修理，每台柴油设备上应配备灭火装置。

(8) 设置防火门。为防止地面火灾波及井下，井口和平硐口应设置防火金属井盖或铁门。各水平进风巷道，距井筒 50m 处应设置不燃性材料构筑的双重防火门，两道门间距离 5～10m。

10.2.1.3 预防明火引起火灾的措施

为防止在井口发生火灾和污风风流，禁止用明火或火炉直接接触的方法加热井内空气，也不准用明火烤热井口冻结的管道。

井下使用过的废油、棉纱、布头、油毡、蜡纸等易燃物应放入盖严的铁桶内，并及时运至地面集中处理。

在大爆炸作业过程中，要加强对电石灯、吸烟等明火的管制，防止明火与炸药及其包装材料接触引起燃烧、爆炸。

不得在井下点燃蜡纸作照明，更不准在井下用木材生火取暖，特别对民工采矿的矿山，更要加强明火的管理。

10.2.1.4　预防焊接作业引起火灾的措施

在井口建筑物内或井下从事焊接或切割作业时，要严格按照安全规程执行和报总工程师批准，并制定出相应的防火措施。

必须在井筒内进行焊接作业时，须派专人监护防火工作，焊接完毕后，应严格检查和清理现场。

在木材支护的井筒内进行焊接作业时，必须在作业部位的下面设置接收火星、铁渣的设施，并派专人喷水淋湿，及时扑灭火星。

在井口或井筒内进行焊接作业时，应停止井筒中的其他作业，必要时设置信号与井口联系以确保安全。

10.2.1.5　预防爆破作业引起的火灾

对于有硫化矿尘燃烧、爆炸危险的矿山，应限制一次装药量，并填塞好炮泥，以防止矿石过分破碎和爆破时喷出明火，在爆破过程中和爆破后应采取喷雾洒水等降尘措施。

对于一般金属矿山，要按《爆破安全规程》要求，严格对炸药库照明和防潮设施的检查，应防止工作面照明线路短路和产生电火花而引燃炸药，造成火灾。

无论在露天台阶爆破或井下爆破作业时，均不得使用在黄铁矿中钻孔时所产生的粉末作为填塞炮孔的材料。

大爆破作业时，应认真检查运药线路，以防止电气短路、顶板冒落、明火等原因引燃炸药，造成火灾、中毒、爆炸事故。

爆破后要进行有效的通风，防止可燃性气体局部积聚，达到燃烧或爆炸限，引起烧伤或爆炸事故。

10.2.1.6　预防电气方面引起的火灾

井下禁止使用电热器和灯泡取暖、防潮和烤物，以防止热量积聚而引燃可燃物造成火灾。

应正确地选择、装配和使用电气设备及电缆以防止发生短路和过负荷。注意电路中接触不良、电阻增加发生热现象，应正确进行线路连接、电缆连接、灯头连接等。

井下输电线路和直流回馈线路通过木质井框、井架和易燃材料的场所时，必须采取有效的防止漏电或短路的措施。

变压器、控制器等用油，在倒入前必须很好干燥，清除杂质，并按有关规定与标准采样，进行理性化性质试验，以防引起电气火灾。

严禁将易燃易爆器材放在电缆接头、铁道接头、临时照明线灯头接头或接地极附近，以免因电火花引起火灾。

矿井每年应编制防火计划。该计划的内容包括防火措施、撤出人员和抢救遇难人员的路线，扑灭火灾的措施，调度风流的措施，各级人员的职责等。防火计划要根据采掘计划、通风系统和安全出口的变动及时修改。矿山应规定专门的火灾信号，当井下发生火灾时，能够迅速通知各工作地点的所有人员及时撤离灾险区。安装在井口及井下人员集中地点的信号，应声光兼备。当井下发生火灾时风流的调度、主扇继续运转或反风，应根据防火计划和具体情况，作出正确判断，由安全部门和总工程师决定。

距城市 15km 以上的大、中型矿山，应成立专职消防队。小型矿山应有兼职消防队。自燃发火矿山或有沼气的矿山应成立专职矿山救护队。救护队必须配备一定数量的救护设备和器材，并定期进行训练和演习。对工人也应定期进行自救教育和自救互救训练。矿山救护的主要设备有氧气呼吸器、自动苏生器、自救器等。

10.2.1.7　外因火灾的扑灭

无论发生在矿山地面还是井下的火灾，都应立即采取一切可能的方法直接扑灭，并同时报告消防、救护组织，以减少人员和财产的损失。对于井下外因火灾，要依照矿井防火计划，首先将人员撤离危险区，并组织人员，利用现场的一切工具和器材及时灭火。要有防止风流自然反向和有毒有害气体蔓延的措施。扑灭井下火灾的方法主要有直接灭火法、隔绝灭火法和联合灭火法。

直接灭火法是用水、化学灭火器、惰性气体、泡沫剂、沙子或岩粉等，直接在燃烧区域及其附近灭火，以便在火灾初起时迅速地灭火。

水被广泛地应用于扑灭火灾，它能够降低燃烧物表面温度，特别是水分蒸发为蒸汽时冷却作用更大，水又是扑灭硝铵类炸药燃烧最有效的方法。1L 常温（25℃）的水升高到 100℃，可以吸收 314kJ 热量，1L 水转化为蒸汽时能吸收 2635.5kJ 的热量，而 1L 水能够生成 1700L 蒸汽，水蒸气能够将燃烧物表面和空气中的氧隔离。足见水的冷却作用和灭火效果是很好的。为了有效地灭火，要用大量高压水流，由燃烧物周围向中心冷却。雾状水在火区内很快变成蒸汽，使燃烧物与氧气隔离，效果更好。在矿山，可以利用消防水管、橡胶水管、喷雾器和水枪等进行灭火。

化学灭火器包括酸碱溶液泡沫灭火器、固体干粉灭火器、溴氟甲烷灭火器和二氧化铁气体灭火器。

酸碱溶液泡沫灭火器是一种常见的灭火器，由酸性溶液（硫酸、硫酸铝）和碱性溶液（碳酸氢钠）在灭火器中相互作用，形成许多液体薄膜小气泡，气泡中充满二氧化碳气体，能降低燃烧物表面温度，隔绝氧气，二氧化碳有助于灭火，泡沫的密度与水比为 1∶7，体积为溶液的 7 倍，适用于扑灭固体、可燃液体的火灾，喷射距离 8～10m，喷射持续时间 1.5min。

干粉灭火器是用二氧化碳气体的压力将干粉物质（磷酸铵粉末）喷出，二氧化碳被压缩成液体保存于灭火器中，适用于电气火灾。

灭火用的二氧化碳可以用气状的，也可以用雪片状的。将液体状的二氧化碳装入灭火器的钢瓶中，在其压力作用下由喷射器喷出。这种灭火器不导电、毒性小、不损坏扑救对象，能渗透于难透入的空间，灭火效果较好，适用于易燃液体火灾。

用沙子火岩粉作灭火材料，来源广泛，使用简单。为阻止空气流入燃烧物附近并扑灭火灾，仅需要撒上一层介质覆盖于燃烧物表面即可，适用于电气火灾及易燃液体火灾初起阶段。

灭火手雷和灭火炮弹是一种小型的、简单的干粉式灭火工具，内装磷酸二氢铵和磷酸氢二铵，利用冲击、隔离和化学作用达到灭火目的，对于井下较小的初起火灾有一定效果。

高倍数泡沫灭火是利用起泡性能很强的泡沫液，在压力水作用下，通过喷嘴均匀喷洒到特制的发泡网上，借助于风流的吹动，使每个网孔连续不断形成气液集合的泡体，每个泡体都包裹着一定量的空气，使其原液体积成百或上千倍地膨胀——即通常所说的高倍数泡沫。主要灭火原理是隔绝、降温、使火灾窒息，并能阻止火区热对流、热辐射及火灾蔓延。可以在远离火区的安全地点进行扑救工作。扑灭大型明火火灾，灭火速度快、威力大、水渍损失小、灭火后恢复工作容易。目前高倍数泡沫灭火对国外矿山和我国煤矿山是一种很有效的灭火手段。

惰性气体灭火是利用惰性气体的窒息性能，抑制可燃物质的燃烧、爆炸或引燃，经验证明它是一种扑灭大型火灾的有效灭火方法。目前国内外生产惰性气体的方法主要有液氮和燃油除氧法两种。液氮成本较高，来源不广，大量使用有一定困难。燃油除氧产生惰性气体的方法成本低，燃料来源广，工艺简单，是一种有发展前途的灭火方法。其原理是以民用煤油为燃料，在自备风机供风条件下，通过启动点火，燃油喷嘴适量喷油，在特制的燃烧室内进行剧烈的氧化反应。高温燃烧产物即惰性气体。其主要成分是供风中的 N_2，供风中的 O_2 和燃料中的 C 氧化反应，主要生成物 CO_2、CO 等。经水套烟道喷水冷却，便得到符合灭火要求的惰性气体。

各类灭火剂适用范围见表 10-2。

表 10-2　各类灭火剂适用范围

物 态		灭 火 剂	火 灾 种 类				
			木材等一般火灾	可燃性液体火灾		带电设备火灾	金属火灾
				非水溶性	水溶性		
液体	水	直流	○	×	×	×	×
		喷雾	○	△	○	○	△
	水溶液	直流(加强化剂)	○	×	×	×	×
		喷雾(加强化剂)	○	○	○	×	×
		水加表面活性剂	○	△	△	×	×
		水胶	○	×	×	×	×
		酸碱灭火剂	○	×	×	×	×
		水加增黏剂	○	×	×	×	×
	泡沫	化学泡沫	○	○	△	×	×
		蛋白泡沫	○	○	×	×	×
		氟蛋白泡沫	○	○	×	×	×
		水成膜泡沫(轻水)	○	○	×	×	×
		合成泡沫	○	○	○	×	×
		抗溶泡沫	○	△	○	×	×
		高、中倍泡沫	○	○	×	×	×
	特殊液体(7150灭火剂)		×	×	×	×	○
气体	卤化烷	二氟二溴甲烷(1202)	△	○	○	○	×
		四氟二溴甲烷(2402)	△	○	○	○	×
		四氯化碳	△	○	○	○	×
	卤代烷	二氟-氯-溴甲烷(1211)	△	○	○	○	×
		三氟-溴甲烷(1301)	△	○	○	○	×
	不燃气体	二氧化碳	△	○	○	○	×
		氮气	△	○	○	○	×
固体	干粉	钠盐、钾盐(Monnex 干粉)(BC 类干粉)	△	○	○	○	×
		磷酸盐干粉(ABCD 类干粉)	○	○	○	○	×
		金属火灾用干粉(D 类干粉)	×	×	×	×	○
	烟雾灭火剂		×	○	○	×	×

　注：1. ○—适用，△—一般不用，×—不适用；

　　　2. 三酸（硫酸、盐酸、硝酸）火灾不宜用强大水流扑救；溶化的铁水、钢水不能用水扑救、粉尘（面粉、铝粉等）聚集处的火灾不能用密集水流扑救；

　　　3. 精密仪器、图书档案等火灾不能用水、酸、碱泡沫扑救，精密仪器火灾也不宜用干粉扑救；

　　　4. 气体火灾用卤代烷干粉、不燃气体灭火剂扑救，也可用水蒸气扑救。

10.2.2 内因火灾的预防与扑灭

能尽早而又准确地识别矿井内因火灾的初期征兆，对于防止火灾的发生和及时扑灭火灾都具有极其重要的意义。

井下初期内因火灾可以从以下几个方面进行识别。

10.2.2.1 火灾孕育期的外部征兆

火灾孕育期的外部征兆是指人的感觉器官能直接感受到的征兆，属于此类的有：

（1）矿物氧化时生成的水分会增加空气的湿度。在巷道内能看到有雾气或巷道壁"出汗"，这是火灾孕育期最早的外部特征，但并不是唯一可靠的。在平时，还能从地面的岩石裂缝或井口冒出水蒸气或刺鼻烟气，在冬季则有冰雪融化现象。

（2）在硫化矿井中，当硫化物氧化时出现二氧化硫强烈的刺激性臭味，这种臭味是矿内火灾将要发生的较可靠的征兆。

（3）人体器官对不正常的大气会有不舒服的感觉，如头痛、闷热、裸露皮肤微痛、精神感到过度兴奋或疲乏等。但这种感觉不能看作是火灾孕育期的可靠征兆。

（4）井下温度增高。

上述火灾外部征兆的出现已是矿物或岩石在氧化自热过程相当发达的阶段，因此，为了鉴别自燃火灾的最早阶段，尚需利用适当的仪器进行测定分析。

10.2.2.2 内因火灾的预防方法

A 预防内因火灾的管理原则

（1）对于有自燃发火可能的矿山，地质部门向设计部门所提交的地质报告中必须要有"矿岩自燃倾向性判定"内容。

（2）贯彻以防为主的精神，在采矿设计中必须采取相应的防火措施。

（3）各矿山在编制采掘计划的同时，必须编制防灭火计划。

（4）对于自燃发火矿山尽可能掌握各种矿岩的发火期，采取加快回采速度的强化开采措施，每个采场或盘区争取在发火期前采完。但是，由于发火机理复杂影响因素多，实际上很难掌握矿岩的发火期。

B 开采方法方面的防火措施

对开采方法方面的防火要求是：务必使矿岩在空间上和在时间上尽可能少受空气氧化作用以及万一出现自热区时易于将其封闭。为此，应采取以下主要措施：

（1）采用脉外巷道进行开拓和采准，以便易于迅速隔离任何发火采区。

（2）制定合理的回采顺序。

（3）矿石有自燃倾向时，必须考虑下述因素：1）矿石的损失量及其集中程度；2）遗留在采空区中的木材量及其分布情况；3）对采空区封闭的可能性及其封闭的严密性；4）提高回采强度，严格控制一次崩矿量。其中前两个因素和回采强度以及控制崩矿量尤为重要。

（4）在经济合理的前提下，尽量采用充填采矿法。

此外，及时从采场清除粉矿堆，加强顶板和采空区的管理工作也是值得注意的。

C 矿井通风方面的防火措施

实践表明，内因火灾的发生往往是在通风系统紊乱、漏风量大的矿井里较为严重。所以有自燃危险的矿井的通风必须符合下列主要要求：

（1）应采用扇风机通风，不能采用自然通风，而且，扇风机风压的大小应保证使不稳定的自然风压不发生不利影响；应使用防腐风机和具有反风装置的主扇，并须经常检查和试验反风装置及井下风门对反风的适应性。

（2）结合开拓方法和回采顺序，选择相应的合理的通风网路和通风方式，以减少漏风；各工作采区尽可能采用独立风流的并联通风，以便降低矿井总风压。减少漏风量以及便于调节和控制风流。实践证明，矿岩有自燃倾向的矿井采用压抽混合式通风方式较好。

（3）加强通风系统和通风构筑物的检查和管理，注意降低有漏风地点的巷道风压；严防向采空区漏风；提高各种密闭设施的质量。

（4）为了调节通风网路而安设风窗、风门、密闭和辅扇时，应将它们安装在地压较小、巷道周壁无裂缝的位置，同时还应密切注意有了这些通风设施以后，是否会使本来稳定且对防火有利的通风网路变为对通风不利。

（5）采取措施，尽量降低进风风流的温度，其作法有：在总进风风道中设置喷雾水幕；利用脉外巷道的吸热作用，降低进风风量的温度。

10.2.2.3　内因火灾的扑灭方法

扑灭矿内火灾的方法可分为直接灭火法、隔绝灭火法、联合灭火法、均压灭火法四大类。

（1）直接灭火法。直接灭火法是指用灭火器材在火源附近直接进行灭火，是一种积极的方法。直接灭火法一般可以采用水或其他化学灭火剂、泡沫剂、惰性气体等，或是挖除火源。

1）用水灭火。用水灭火的实质是利用水具有很大的热容量，可以带走大量的热量，可使燃烧物的温度降到着火温度以下，所产生的大量水蒸气又能起到隔氧降温的作用，因此能达到灭火的目的。由于使用水简单、经济，且矿内水源较充分，故用水灭火被广泛使用。对于范围较小的火灾也可以采用化学药剂等其他的灭火方法直接灭火。用水灭火时必须注意以下几点：

①保证供给充足的灭火用水，同时还应使水及时排出，勿让高温水流到邻区而促进邻区的矿岩氧化。

②保证灭火区的正常通风，将火灾气体和蒸气排到回风道去，同时还应随时检测火区附近的空气成分。

③火势较猛时，先将水流射往火源外围，逐渐逼向火源中心。

2）挖除火源。将燃烧物从火源地取出立即浇水冷却熄灭，这是消灭火灾最彻底的方法。但是这种方法只有在火灾刚刚开始，尚未出现明火或出现明火的范围较小，人员可以接近时才能使用。

（2）隔绝灭火法。隔绝灭火法是在通往火区的所有巷道内建筑密闭墙，并用黄土、灰浆等材料堵塞巷道壁上的裂缝，填平地面塌陷区的裂缝以阻止空气进入火源，从而使火因缺氧而熄灭。绝对不透风的密闭墙是没有的，因此若单独使用隔绝法，则往往会拖延灭火时间，较难达到彻底灭火的目的。只有在不可能用直接灭火法或者没有联合灭火法所需的设备时，才用密闭墙隔绝火区作为独立的灭火方法。

（3）联合灭火法。当井下发生火灾不能用直接灭火法消灭时，一般采用联合灭火法。此方法就是先用密闭墙将火区密闭后，再将火区注入泥浆或其他灭火材料。注浆方法在我国使用较多，灭火效果很好。

（4）均压灭火法。均压灭火法的实质是设置调压装置或调整通风系统，以降低漏风通道两端的风压差，减少漏风量，使火区缺氧而达到熄灭矿岩自燃的目的。

复习思考题

1 矿山火灾的分类方法是怎样的？
2 矿山火灾发生有哪些原因？
3 矿山火灾有什么危害？
4 外因火灾怎样预防与扑灭？
5 内因火灾怎样预防与扑灭？
6 火灾孕育期有哪些外部征兆？

11 地面固体物污染及其防治

11.1 矿山固体污染与治理

11.1.1 概述

所谓矿山固体污染源，系指矿山采、选、冶生产过程中或生产结束后堆积于地面及井下的矿石、精矿粉、废石、煤矸石、废渣、冶金渣、尾矿等固体堆积物。它们数量大、成分复杂、回收困难，对大气、水体均有污染。

无论是采矿（露天开采、地下开采）还是选矿过程，都会产生大量的固体污染物。在采矿过程中，要剥离和采出大量的覆盖岩、岩石及达不到开采品位的贫矿石，随着开采深度的增加和矿石品位的不断降低，表土剥离和废石、废渣量将逐年增加，一般而言，对露天开采，每采1t 矿石约产生 5~10t 废石。矿石采出后，大多数都要经过选矿工艺，最终在得到高品位的精矿的同时，也产生了大量的尾矿。特别是随着选矿技术水平的提高，矿石可采品位的相应降低，尾矿量激增，尾矿的处理问题更突出。据统计，生产1t 铁约要产生几十吨废石和尾矿、0.6~0.7t 高炉渣；生产1t 铜约产生 400t 的废石和废渣；生产1t 氧化铝约排出 0.3~2t 的赤泥。全世界每年排放约 1.5 亿 t 钢渣。

由此可见，矿山在生产过程中产生巨大的废石和尾矿。这些固体堆积物，特别是一些废弃矿山的堆积物，经过风吹雨淋，天长日久在空气、水的综合作用下，将发生一系列物理、化学、生化作用，对大气、土壤、水体造成严重的污染，甚至产生严重的灾害。

另外，如果对某些堆积物（如废石、矿渣、尾矿）加以利用，不但可以减少对环境的污染，而且可以综合利用和回收某些有用成分。

因此，无论是从环境保护的角度或者是从保护矿山资源的方面来看，对矿山固体堆积物必须引起足够的重视，并寻求技术上可行、经济上合理的防治和利用措施。

11.1.2 固体堆积物

矿山采矿、选矿和冶炼生产过程中可能产生污染危害的固体堆积物有：

(1) 基建及生产时期剥离的覆盖层和岩石；

(2) 地面及井下开采过程中产生的表外矿石、煤矸石及岩石等所堆积而成的地面废石场；

(3) 露天或井下采出的矿石所形成的地面矿石堆；

(4) 露天或井下采场爆下的矿石；

(5) 地面贮矿仓、井下矿碎硐室及装载硐室所存的矿石；

(6) 尾矿、水砂、废石充填料堆积场地及充填采矿石；

(7) 露天及井下装载、运输、卸矿过程中撒下的矿石、精矿粉；

(8) 精矿粉堆积场及重选无法回收的固体排放物；

(9) 尾矿堆积场（坝）；

(10) 金属冶炼过程中各种冶金炉（反射炉、电炉、鼓风炉、烟化炉）等产生的炉渣；

（11）湿法冶炼生产中产生的浸出渣、中和净化渣及其残留物；

（12）火法冶炼中竖罐或横罐蒸馏的残渣以及破损的罐片；

（13）电解产生的阳极泥；

（14）矿山各种干式或湿式收尘设备所收集的粉尘及浓缩物；

（15）矿山废水处理后的沉渣及其他固体沉淀物；

（16）矿山生活及工业垃圾。

11.1.3 矿山固体污染物的危害及治理措施

11.1.3.1 矿山固体污染物的危害

矿山固体污染物的危害有：

（1）占用土地，覆盖森林，破坏植被。随着矿床的开发、坑道的延伸及低品位矿床的开采，堆积于地表面的废石、冶金渣、废渣、尾矿等固体污染物将越来越多，占地面积越来越大。我国目前历年堆存的煤矸石约 10 亿 t 以上，侵占农田约 6000 多公顷，钢铁渣约 2 亿 t，占地 1000 多公顷。固体污染物占据如此多的地表面积，其后果之一是不仅大量侵占了农业耕地，直接影响农业生产，而且覆盖大片的森林，大批绿色植物被埋掉，从而破坏了优美的自然环境，严重者将导致生态平衡的破坏。

（2）污染土壤，危及人体健康。矿山固体堆积物含有各种有毒物质，特别是其中金属元素（如铅、锌、镉、砷、汞等）及放射性元素。堆积于露天的固体污染物，由于长期堆放，经风吹雨淋而发生氧化、分解、溶滤等生化作用，使其中有毒有害元素进入土壤。被稻谷、蔬菜、果树等农作物的根部吸收、富集，通过食物链系统进入人体，从而危及人体健康。例如，广东某露天矿，过去每年排放约 100 多万 t 尾矿和 300 多万 m^3 的泥浆水至矿区附近农田和河流中，导致大量农田沙化，河流淤塞，河水污染。

固体污染物对土壤的破坏还表现为对土壤的毒化，土壤中的微生物大量死亡，致使土壤变成"死土"，丧失了土壤的腐解能力，严重时甚至会使肥沃的土地变成不毛之地，造成田园荒芜。

（3）堵塞水体，污染水质。堆放在矿山废石场、矿石堆、精矿粉场地及尾矿坝等的固体污染物是造成矿山水体污染酸化、使水体含大量金属和重金属离子的主要的一次及二次污染源。所谓一次污染，就是大气降水直接与固体堆积物接触，发生氧化、水解、溶滤等作用而使水质受到污染。而二次污染在这里是指受污染的矿山水，当经过废石堆、矿石堆及尾矿场之后，再次受到污染。

此外，由于矿山废石及尾矿量逐年增加，堆积场地越来越大，特别是处于山区的矿山，固体污染物堆积场（坝）往往造成河道、小溪、水沟等水体的堵塞，甚至造成洪水泛滥的恶果。

（4）粉尘飞扬，污染空气。由于固体污染物长期堆存，在雨中冲刷、渗漏及大气作用下，经过微生物分解及内部化学反应，产生大量的有害气体（SO_2、H_2S，放射性气体）和风化粉尘。特别是在干旱季节和风季里，尾沙飞扬是矿区粉尘的主要污染源。据河南几个矿山粉尘浓度实测统计，矿山工业广场及生活区空气粉尘浓度超标 10～40 倍，对矿区的大气造成严重污染。

（5）其他危害。尾沙流失、尾矿坝坝基坍塌及陷落，都会造成大范围的污染和危及人身安全，致使金属流失、资源浪费、经济损失。

11.1.3.2　治理措施

所谓对矿山固体堆积物的治理，主要是指对废石、煤矸石、冶炼废渣及尾矿的治理。对废石、废渣及尾矿的治理措施可以从两个方面来考虑：首先是就地消化，即尽可能地合理利用，化害为利；其次是采取防护措施，尽可能减少它们对环境的污染。

（1）综合利用，就地消化。

1）作建筑材料。利用煤矸石作水泥混合材料，用煤矸石代替黏土配料煅烧水泥熟料，或做空心砖和加气砌块以及制成煤矸石陶粒人工轻质骨料等等。高炉渣的利用率在西欧国家、美、英、日等国已达100%，我国有62%高炉新渣制成水渣作水泥原料。有的矿区利用高炉水渣和钢渣与水泥、石灰、石膏等混合，生产无熟料水泥或经过轮碾成砂浆直接拌成混凝土以及制成砖瓦。山东铝厂利用赤泥（以钙、硅、铁为主的碱性氧化物）作水泥生产配料或将赤泥与水泥熟料、石膏等共同磨制，生产赤泥硫酸盐水泥等。

2）回收有用金属及其他物质。例如从粉煤灰中回收铜、锗、钪等金属以及从赤泥中回收碱、铝、铁、钛、镓、钒等金属的研究工作已取得良好效果。利用微生物的催化作用即所谓的细菌浸出法来回收废石中的有用矿物，特别是回收铜，在国外已广泛应用。抚顺煤矿从煤矸石中提取出镓、钛并利用煤矸石生产水玻璃和金红石钛白。国内外矿山广泛开展从煤矸石中回收低值燃料和硫铁矿。随着冶炼、选矿科学技术的发展，将矿渣、冶金渣通过重新冶炼、选别，进一步提取原有金属或其他金属以及利用尾沙制取多种化工原料等综合利用工作的路子将越走越宽广。

3）修建道路及工业和民用建筑场地。将无污染或含有微量有害元素的废石、废渣，经物理加工成各种路面的石料用于建筑工业。例如，将钢渣加工成钢渣碎石，具有强度高、耐磨、耐腐蚀、不滑移、结合紧密等优点，是道路基层、结构层及铁路道砟的优良材料，还广泛用于沥青混凝土的路面骨料。高炉渣、矿渣都是良好的道路材料和地基材料。此外，国外还利用熔融高炉渣修建高速公路和桥梁。

4）作露天采场空区及井下回采空间充填料。对于露天浅采矿场，开采终了时可用废石进行充填、平整，以使露天采场凹地得以复原。地下矿山当采用水沙充填、胶结充填或碎石充填法时，不但可以大大降低井下采掘过程中废石的提升量和地表废石场的堆积量，而且可以减少尾矿的排放量和尾矿坝的容量。有的矿山井下废石可全部就地消化用于充填，或使尾矿坝占地少，大部分尾沙用于井下充填。

5）改良土壤、作农田肥料。例如用煤矸石制成基肥，可补充缺乏硼硅酸和氧化镁等物质的土壤，提高农作物产量。又如在黏土中掺入粉煤灰可起到疏松土壤的作用；将粉煤灰掺入沙土地可起到保水、防渗、补充、调节土壤养分的作用；对于碱盐地可起到中和盐碱改良土壤的作用；此外，粉煤灰尚具有提高地温、防冻抗旱功能。

6）其他。除以上综合利用途径外，尚有将铜渣、锌渣、镍渣及煤矸石作为生产铸石的原料，将矿渣用作玻璃、陶瓷、搪瓷等制品的原料，把赤泥用于炼铁球的黏结剂、炼钢助熔剂以及作气体吸收剂、净水剂、活化剂、橡胶填料、颜料、催化剂的填料等。

（2）在废石堆及尾矿坝上复土造田或种植其他植物。这项工作在国内外早已开展，并取得了成功的经验。在我国根据鞍山黑色金属矿山设计院对国内十二个矿山的调查及其他矿山的经验表明：在废石堆上复土造田和在尾矿坝上采用掺土肥料相结合的造田不但是可能的，而且较为成功。

（3）在堆积物上喷涂保护层。固体堆积物由于各种原因一时无法处理时，可在其上喷涂保护层，抗风放水，以尽可能地隔绝其与水和空气的接触，防止氧化和流失造成二次污染。对覆盖剂，要求其不仅要使堆积物的表面形成一层硬壳，还要经得起大风吹、烈日晒、暴雨淋的试验，同时还要用量少，原料充足，价格便宜以及无二次污染。目前，国内外覆盖剂种类繁多，如水泥、石灰、硅酸盐、黏合剂、乳胶、木质碳酸盐、硅酸钾盐、硅酸钠、弹性聚合物、磺酸盐等。

11.2 矿山复地及绿化

11.2.1 概述

矿山的开发，必然要使矿区的自然环境遭到破坏，特别是露天开采，与地下开采相比，具有很大的优势，因此露天开采的比重越来越大。露天开采的结果，破坏了地面地形、地物的本来面貌，特别是对森林、绿色植物等植被的破坏，其结果使水土流失，甚至引起气候的变迁。由于开采不但截断了地下水源，使有毒的金属离子暴露出来，而且在地表堆积着大量的废石、废渣、尾矿及形成了大片采空区凹地。特别是废弃的露天矿场，几乎是一片荒凉。

此外，地下开采的结果，使井下形成了许多采空区和空洞，特别是利用允许地表陷落的崩落法的矿山，将会给地表带来错位和沉陷的问题。

总之，随着矿床的开采必然会对地表产生破坏，并随着矿山资源的不断开采，受破坏的面积越来越大。因此，如何将废弃的矿山和正在开采的矿山进行土地恢复工作，为工业、农业、林业及其他行业提供可利用的土地及改善自然环境状态，避免矿山对环境的污染，已成为世界各国普遍关注的问题。

11.2.2 复地方法简介

11.2.2.1 废石堆的复地

废石堆的复地方法有：

（1）将废石充填于露天采空区或井下采空区，以减少或消除废石堆的占地。

（2）将废石堆重整坡度，即降低废石堆的高度和减小边坡角。开辟出的场地可作为工业用地、运动场等。

（3）再种植，在已平整或复原的废石堆上，覆盖表土，然后根据废石的性质、成分及气候条件选择种植适合生长的植物。

11.2.2.2 尾矿坝复地

据统计：我国工业生产排放的固体废物每年约 3 亿多 t，其中选矿尾矿约占 1 亿 t 左右，尾矿的排放不但占用土地，污染水体，产生粉尘，而且其所含有毒重金属元素向土壤渗透，对农、林、牧、副、渔业均产生危害。同时，由于坝基或坝底的安全防护不周而可能出现坍塌事故。

尾矿坝的复地，主要是采取固结和稳定尾砂的办法，常用的办法有：

（1）用废石泥土或粗粒物料覆盖。这是目前国内外常用的方法，如美国欧埃钼矿，就是利用矿山剥离的废石覆盖尾矿坝。我国东北、西南、广东等地矿山也采用泥土和废石混合或分层覆盖的办法。覆盖法对于减少尾矿流失、加固尾矿坝、防止风吹雨淋、减轻水蚀作用等有良好效果，同时可为在其上再种植打下基础。

（2）在尾砂表面喷洒化学药物，形成固化层。例如，用水泥、石灰、硅酸盐类、弹性聚合性物、树脂、添加剂、水膨胀性聚合物、橡胶聚合物等液状物质喷洒于尾砂表面上，形成薄膜，起到防风、防水、防渗透的作用。

（3）复土造田或复土造林。该法不但具有覆盖法的优点，而且能恢复生态，改变矿山景观，并取得良好的经济效益。

11.2.2.3　露天开采采空区的复地

在露天开采过程中，可以毁掉有价值的表土和底土，截断地下水流，还可能暴露出可以沥滤出有毒离子的矿层。由于这些因素，再加上岩石陡峭，有时形成不稳定的边坡等，使得二次利用的可能性在许多情况下都是十分有限的。

根据露天采场的深度及是否有足够的废石充填量，可将采空区的复地分为四类：

（1）无覆盖层的浅采矿场（深度小于 30m）。此类采场又可分为被水淹没（永久性的或间断性的）的采空区和干涸的采空区两种。

对于被水淹没的采空区：

1）当有足够充填料以及该充填料对环境不会产生不良影响时，则可将采空区充填，充填之后，可作为修建房屋、运动场、工厂之用，也可以在其上种植。

2）当采空区无渗漏现象，且无有毒离子的溶解，则可将其用于养鱼、水库，开辟成为水上公园、水上运动场以及作为工厂冷却水的水源。

对于干涸的采空区，可以采用循环复田法。倘若保留了表土，就可以很快地在工作面之后铺土，重新用于农业生产。另一方面，如果有足够的充填材料，那么就可以逐步地进行回填和实现复地。回填后的场地用途是多方面的，可以用于工业、农业、林业或开辟为文化娱乐、体育运动场所，以及机场、居民区等。

（2）盖层厚的浅采矿场。这类采矿场的特点是剥采比大，因而在考虑覆盖层的碎胀因素时，覆盖量基本上能够补偿采掘的矿物量，因而复地甚至全部复地是可能的。在这种情况下复地须完全与生产相结合，通常包括下列各阶段：

1）在开采前用铲运机剥离表土和底土，并在分别存放前用耙矿机剥离。只要可能，就要避免中间堆存并直接运往回填区铺散土壤。

2）剥去矿层的覆盖，将覆盖物倒运至采空区。

3）采掘有价值的矿物。

4）重新整治因倒运覆盖物和撒布表土及底土而形成的丘和谷。

复田后的土地，在短时期内的生产效果通常不如采矿之前那样好。但是经过若干年精心的护养，这种状况会得到改进。

（3）无覆盖层的深采矿场。该采矿场的特点是无覆盖层或覆盖层极薄，故几乎不可能采用大量回填的方法来进行工作。

这种情况，对于干涸的采空区可作为军事用途如射击场或用于游乐业。而对于已被水淹没的采空区则可作为水库。

另一个方案是矿山作为自然保留地，或是保持有趣的地质露头。这是因为长期废弃的矿山往往为适于在岩石环境下生长的罕见植物创造良好条件，在英国已经有几个这样的矿山，被安排为自然保留地。

还有一个方案，就是限制矿山采掘深度，但加大侧面范围，这将为该地的开发或农业提供大量的水面地面。

（4）覆盖层厚的深采矿场。这种采场主要是有色金属矿和露天煤矿，由于覆盖层厚，故可能提供大量的废石和覆盖土以及尾矿。其复地措施一般是采用回填，回填后可用于工业、农业、林业或其他途径。由于毒性及渗漏问题因而限制了作为贮存饮用水的可能性。

11.2.2.4　地下开采后空区的重复利用问题

地下开采形成了许多采空区及井巷的空间。它的重复利用有两种途径：

(1) 充填采空区。对采空区的充填不仅可以减轻地面的沉陷现象，而且可以大大减少地面废石及尾矿的堆存量。

(2) 在采空区或井巷稳定的条件下，用于军火库、火药库、仓库、防空工程，低温贮存库、蘑菇养殖厂以及某些工程之用。

利用地下空间的基本条件有：

(1) 矿井必须安全稳定，无漏水问题，而且通常必须大体上是平的。

(2) 矿层尺寸、间隔和方向适于所要求的应用。

(3) 在可能之处，为使汽车或火车直接进入，入口通道应在地平标高上。很陡的井巷或竖井入口，应用颇受限制。

(4) 将地下空间另作新用以及随后所需的一切费用，必须少于相应地表以上设施的费用。

(5) 矿山的位置必须适当。

11.2.3　矿区环境绿化

植物是制造氧气的工厂，它不但具有美化环境、保持水土、调节气候的作用，而且具有净化污水、净化空气、减弱噪声、吸滞沙尘和监测污染的功能，对环境保护起着重要的作用。因此，如何在矿山的生产过程中保护森林和植物资源、扩大植被面积、绿化矿山环境是矿山环境保护的重要内容。

11.2.3.1　植物在环境保护中的作用

A　净化空气中的有害有毒气体

(1) 吸收二氧化碳，放出氧气。植物依靠叶绿素，利用光能把空气中的二氧化碳和水合成为贮存着能量的有机物（主要是淀粉），并且放出氧气。因此它既是二氧化碳的消耗者，又是氧气加工厂。据统计，地球上 60% 以上的氧气来源于植物。

(2) 吸收二氧化硫。植物由于叶子的面积大，所以对 SO_2 有较强的吸收能力。一般为所占土地吸收能力的 8 倍以上，每公顷柳松每年可吸收 720kg SO_2。通常，由于植物吸收了 SO_2，所以在 SO_2 污染区植物含硫量比正常的叶子含硫量高出 5～10 倍。植物吸收 SO_2 以后，便形成亚硫酸及亚硫酸盐，然后又以一定的速度将亚硫酸氧化成硫酸盐。只要大气中 SO_2 浓度不超过一定的限度，则植物叶片不会受害，并能不断地吸收大气中的 SO_2，所以植物是大气的天然"净化器"。植物吸收 SO_2 的能力和速度与大气中 SO_2 的浓度、污染的时间、环境条件和温度、湿度等以及植物的种类有关。

(3) 吸收氟化氢。正常植物叶片含氟量在 0.0025%（干重）以下，在氟污染区，植物吸收氟化氢而使含氟量大大提高，有时高达几倍或几十倍。测定表明：氟化氢通过 40m 宽的刺槐林后，其浓度可降低 50% 左右。各种植物都有不同程度的吸氟能力。植物吸收、积累污染物的能力是很强的，有的植物能使氟化氢富集 20 万倍。

(4) 吸收氯气和氨气。各种植物都有不同程度的吸氯能力。若按每公顷阔叶林干叶量为 2.5t 计算，则生长在污染源 400～500m 处的树木每公顷吸氯量为：刺槐 42kg，银桦 35kg，蓝桉 32.5kg。还有，几乎所有植物都能吸收氨气。生长在含有氨气的空气中的植物，能直接吸收空气中的氨，以满足本身所需要的总氨量的 10%～20%。

B　吸滞粉尘及放射性物质

植物，特别是树木，对粉尘有明显的阻挡、过滤和吸附作用。树木的枝冠能降低风速，使灰尘下降，叶子表面不平，还分泌黏性的油脂和汁浆，能吸附空气中的尘埃。在绿化的街道上，树下距地面 1.5m 高处的空气，含尘量较未绿化地段低 56.7%。不同植物对粉尘阻挡率不一样，一般落叶阔叶林比常绿阔叶林滞尘能力要强，森林吸滞量最大。

此外，树木可以阻隔放射性物质和辐射的传播，起到过滤和吸收的作用。据研究，阔叶林比常绿针叶林的净化能力和净化速度要大得多。国外试验表明，在有辐射型污染的厂矿周围，设置一定结构的绿化树林带，在一定程度内可以御防和减少放射性污染的危害。例如，杜鹃花科的一种乔木，在中子—伽马混合辐射剂量超过 15Gy（戈）时，仍能正常生长，可见它对辐射的抵抗力是比较强的。

C　净化污水

据统计，从无林山坡流下来的水中，其溶解物质含量为 $11.9t/km^2$。而从有林山坡流下的水中，其溶解物质含量为 $6.4t/km^2$。径流通过 30～40m 宽的林带，能使其中 NH_3 含量降低到原来的 1/1.5～1/2，细菌数量减少 1/2。从种有芦苇的水池排出的水中，其悬浮物要减少 30%，氨减少 66%，总硬度减少 33%。

D　减弱噪声

绿化植物，特别是树木，对减弱噪声具有良好的作用。据介绍：穿过 12m 宽的悬铃木树冠，从公路上传到路旁住宅的交通噪声可减少 3～5dB；20m 宽的多层行道树可降低噪声 8～10dB；45m 宽的悬铃木幼树可降低噪声 15dB；4.4m 宽枝叶浓密的绿篱墙（由愣木、海桐各一行组成）可降低噪声 6dB。

据国外测定：40m 的林带可降低噪声 10～15dB；30m 的林带可降低噪声 6～8dB。

E　调节气候

树木庞大的根系不断地从土壤中吸收水分，然后通过枝叶蒸腾到空中去。因此，绿地的湿度比非绿地大，相对湿度达 10%～20%。

在夏季高温季节里，绿地内的气温比非绿地低 3～5℃，而较建筑地区低 10℃左右。

绿化树木能降低风速防止大风袭击。秋季能降低风速 70%～80%，夏季能降低风速 50% 以上。

树林能调节气候，增加雨量，有林区的雨量比无林区的雨量平均多 7.4%，最多高达 26.6%，最低也要多 3.8%。

F　监测污染

绿色植物既可监测大气污染，也可监测水质污染。

（1）大气污染。可根据植物受害症状、程度、敏感性、体内污染物质含量及树木年轮等来了解污染情况。例如 SO_2 可使植物叶脉褪色或产生坏死斑点；氟化氢常使植物叶片由边缘开始枯萎坏死；氯使叶子黄化；臭氧使叶子表面产生黄褐色细密斑点。

（2）水质污染。许多水生植物对水质污染十分敏感，如凤眼莲对砷很敏感，当水中砷含量仅为 1mg/L 时，它的外部形态即出现受害症状。

11.2.3.2　植物的选择及绿化的原则

A　植物的选择

根据矿山地形地貌、气候条件、土质状况，以及大气、水土污染物的性质来源和绿化所要达到的不同目的，正确选择树种十分重要。例如：在矿区生活福利区可选择树形美观、有观赏价值的乔木或灌木，同时可栽培一些抗性弱和敏感性强的监测植物；在污染物浓度高的厂区生产车间附近，则要选择有较强抗性、较好净化空气能力的树种；在道路两旁则选用树形高大美观、枝叶繁茂、耐修剪、易管理、生长迅速、成活率高，并有一定吸污能力的树种。所选树种应以能适应当地气候、土壤条件的乡土植物为主。

表 11-1 列出了主要的防尘和抗有害气体的绿化植物以供选择。

表 11-1　防尘和抗有害气体的绿化植物

防污染种类		绿化树种
防　尘		构树、桑树、广玉兰、刺槐、蓝桉、银桦、黄葛榕、槐树、朴树、木槿、梧桐、泡桐、悬铃木、女贞、臭椿、乌桕、桧柏、栋树、夹竹桃、丝棉木、紫薇、沙枣、榆树、侧柏
二氧化硫	抗性强	夹竹桃、日本女贞、厚皮香、海桐、大叶黄杨、广玉兰、山茶、女贞、珊瑚树、栀子、棕榈、冬青、梧桐、青冈栎、栓皮槭、银杏、刺槐、垂柳、悬铃木、构树、瓜子黄杨、蚊母、华北卫矛、凤尾兰、白蜡、沙枣、加拿大白杨、皂荚、臭椿
	抗性较强	樟树、枫树、桃、苹果、酸樱桃、李、杨树、槐树、合欢、麻栎、丝棉木、山楂、桧柏、白皮松、华山松、云杉、朴树、桑树、玉兰、木槿、泡桐、梓树、罗汉松、栋树、乌桕、榆树、桂花、枣、侧柏
氯　气	抗性强	丝棉木、女贞、棕榈、白蜡、构树、沙枣、侧柏、枣、地锦、大叶黄杨、瓜子黄杨、夹竹桃、广玉兰、海桐、蚊母、龙柏、青冈栎、山茶、木槿、凤尾兰、乌桕、玉米、茄子、六月木、冬青、辣椒、大豆等
	抗性较强	珊瑚树、梧桐、小叶女贞、泡桐、板栗、臭榕、麻栎、玉兰、朴树、樟树、合欢、罗汉松、榆树、臭荚、刺槐、槐树、银杏、华北卫矛、桧柏、云杉、黄槿、蓝桉、蒲葵、蝴蝶果、黄葛树、银桦、桂花、栋树、杜鹃、菜豆、黄瓜、葡萄等
氟化氢	抗性强	刺槐、瓜子黄杨、蚊母、桧柏、合欢、棕榈、构树、山茶、青冈栎、蒲葵、华北豆子、白蜡、沙树、云杉、侧柏、豆叶卷锦、接骨木、月季、紫茉莉、常春藤等
	抗性较强	槐树、梧桐、丝棉木、大叶黄杨、山楂、海桐、凤尾兰、杉松、珊瑚树、女贞、臭椿、皂荚、朴树、桑树、龙柏、樟树、玉兰、榆树、泡桐、石榴、垂柳、罗汉松、乌桕、白蜡、广玉兰、悬铃木、苹果、大麦、樱桃、柑橘、高粱、向日葵、核桃等
氯化氢		瓜子黄杨、大叶黄杨、构树、凤尾兰、无花果、紫藤、臭椿、华北卫矛、榆树、沙枣、槐树、刺槐、丝棉木、柽柳
二氧化氮		桑树、泡桐、石榴、无花果
硫化氢		构树、桑树、无花果、瓜子黄杨、海桐、泡桐、龙柏、女贞、桃、苹果等
二硫化碳		构树、夹竹桃等
臭　氧		樟树、银杏、柳杉、日本扁柏、海桐、夹竹桃、栎树、刺槐、冬青、日本女贞、悬铃木、连翘、日本黑松樱桃、梨等

B　生产区绿化的原则

生产区绿化包括车间、工业场地及生产区道路的绿化。

（1）对散发有毒有害气体的车间附近（如冶炼、电镀、高炉车间等），为使污染物尽快扩散、稀释，在其周围不宜种植成片、过密、过高的林木。尽可能多种草皮等低矮植物，并避免选用果实、油脂等经济作物。

（2）对散发粉尘的车间（如选矿破碎筛分车间、电炉车间等），周围宜栽植适应性强、枝叶茂密、叶面粗糙、叶片挺拔、风吹不易抖动的落叶乔木和灌木。

（3）在有噪声车间的周围（如扇风机房、机修车间、空压机房等），宜选用树冠矮、分枝低、枝叶茂密的乔、灌木，高低搭配，形成隔声林带。

（4）在要求安静、洁净的车间周围（如分析室、化验室、变电所、稀贵金属车间、车间办公室等），应尽可能搞好绿化。在西晒方向多栽植高大遮阳乔木使炎热季节的室温不致过高。在上风向种植高低不同的乔木、灌木，起阻滞灰尘的作用。室外场地可多铺草皮，以减少扬尘。其余均可栽植常绿阔叶树，但不宜栽有飞絮和有风时发出响声的树种。

（5）在高温车间附近，由于温度高，工人生产时精神紧张，体力消耗大，容易疲劳，所以要求室外绿化布置恬静、幽雅，不致给人以闭塞沉闷之感。因此应选用通风良好、高大浓荫的树种。

（6）要求自然光线充足的车间，其附近不宜栽植高大、浓荫的乔木，宜植小灌木、草皮、花卉等。

（7）经常散发可燃气体的厂房或库房等处，宜栽植含水分多、根系深、萌蘖力和再生力强的植物。在油库区的围堤内不许栽任何植物。

（8）容易对植物产生机械或人为损伤的场地，如煤焦堆场、材料堆场、室外操作场等，应留出足够的试用场地。选用再生及萌蘖力强、树皮粗糙、纤维多、韧性强、管理粗放的树种。

（9）场地管道密集的地方，宜种植草皮、花卉及小灌木等。

（10）喷放水雾的构筑物（如冷却塔、池、循环水池等）周围可栽植耐水性好的常绿树，如水杉、女贞、棕榈等。还可以就地利用循环水池建立喷水池，既可提高相对湿度，还可美化环境。

复习思考题

1　矿山固体堆积物有哪些？

2　矿山固体污染物有什么危害？

3　矿山固体污染物怎样处理？

4　矿山复地有哪些方法？

5　尾矿坝复地的办法有哪些？

6　矿区绿化有什么作用？

7　矿区绿化有什么原则？

12 矿山放射性污染及其防治

12.1 矿山放射性污染

12.1.1 矿山辐射概述

(1) 放射性与辐射。放射性是一种不稳定的原子核自发衰变的现象，通常伴随发出能导致电离的辐射（电离辐射）。这些不稳定的原子核主要发射三种类型的辐射，即 α、β 和 γ 辐射。放射性是一些物质的特性。而辐射则是在一点发射出并在另一点接受的能量。

(2) α、β 和 γ 辐射。α 辐射是核跃迁时放出的氦原子核（α 粒子）组成的。β 辐射是核跃迁时由原子核里发射出来的高速运动的电子（β 粒子）组成的。γ 辐射是一种电磁辐射。

(3) 放射性衰变。由不稳定的原子组成的物质，它们能自发地转变成稳定的原子，这个转变过程称为放射性衰变。

(4) 天然放射系。天然存在的核素的放射性，称天然放射性。自然界中主要存在三个天然放射系核素，即铀-镭系、锕系和钍系。矿山主要辐射危害物——氡，就是铀-镭系的一个衰变产物。

(5) [放射性] 活度。[放射性] 活度指放射性物质单位时间内衰变的原子数。单位为贝可 (Bq)。

(6) 辐射防护。研究保护人类（可指全人类，其中的部分或个人成员以及他们的后代）免受或少受辐射危害的应用性学科。

(7) 外照射。外照射即体外辐射源对人体的照射。

(8) 内照射。内照射即进入体内的放射性核素作为辐射源对人体的照射。

(9) 剂量当量。组织中某点处的剂量当量 $H = DQN$。其中：D 是吸收剂量（描述一切电离辐射在任何介质中沉积的能量），单位为 J/kg；Q 是品质因数；N 是其他修正因数。目前国际放射防护委员会（ICRP）指定 $N=1$，单位为希（Sv）。

(10) 剂量当量限值。剂量当量限值就是必须遵守的规定的剂量当量值。其目的在于防止非随机性效应，并将随机性效应限制在可接受的水平。为辐射防护实际工作需要，还规定了相应于剂量当量的数值，称次级限值。内照射的次级限值是年摄入量限值。

(11) 有效剂量当量。有效剂量当量就是当所考虑的效应是随机效应时，在全身受到非均匀照射的情况下，受到危险的各组织或器官的剂量当量与相应的权重因子乘积的总和。

12.1.2 矿山辐射危害

12.1.2.1 氡和氡子体

一般说来，矿井空气中主要的辐射危害来自氡的短寿命衰变产物（氡子体）。氡对人类的危害主要表现为确定性和随机效应。确定性效应表现为在高浓度氡的暴露下，机体出现血细胞的变化。由于氡对人体脂肪有很高的亲和力，氡与神经系统结合后危害更大。随机效应主要表现为诱发肿瘤。

A 氡的性质

(1)辐射性质。氡是镭、钍的衰变产物，是一种无色、无臭的惰性气体。氡放出 α 粒子后连续经过四次衰变，达到较稳定的核素，氡和氡子体具有辐射特性。

(2)溶解度。氡易溶于水，因此，矿井水、地下水可能含氡。此外氡还易溶于酒精、煤油、血液和脂肪。

(3)吸附性。活性炭、橡胶、石蜡、分子筛等均能吸附氡。吸附的氡量一般与空气中氡浓度成正比（在一定温度范围内）。

(4)扩散。氡在空气中的扩散系数为 $0.1cm^2/s$。氡在岩石和沉积物中的扩散系数变化范围很广，其大小决定于岩石的孔隙度、透水性、湿度、结构和扩散时的温度。

(5)射气系数。单位时间内由于镭的衰变产生的可移动的氡量与所产生的总氡量之比叫射气系数。随岩石粒度变小，氡射气系数增大直到某定值，一般为 $0.1 \sim 0.3$。射气系数测定方法主要有室内射气法和现场贴壁法。

B 氡子体性质

氡子体是呈带电固态微粒存在于大气中的。它分为离子态（未结合态）氡子体和依附于气溶胶（或微尘）表面的结合态氡子体。氡子体极易附着于物体、人体的表面，这种现象叫附壁效应。在辐射监测和防护措施中要特别注意这种效应的影响。

12.1.2.2 氡及其危害

自然界存在着很多放射性元素，它们在不断地进行衰变，并不断放出 α、β、γ 射线。一种原子核放出射线后，变成另一种原子核，称为放射性衰变。现已查明，自然界存在铀、钍、锕三个衰变系，它们都有一个在常温常压下以气体形式存在的放射性元素，其中铀系中的氡容易对井下工作人员造成危害。

地壳中铀的含量大约是百万分之三，有的富集成具有开采价值的铀矿。铀几乎在所有的岩石中都能找到它的踪迹，在井下空气中也会出现浓度相当高的氡。所以认为只有在铀矿井才需要防氡的看法是片面的。

氡是一种惰性气体，对人体无直接危害，但氡子体是呈固体微粒形式，有一定的荷电性，具有很强的附着能力，因此在空气中很容易与粉尘结合形成"放射性气溶胶"。被吸入人体后，氡及其子体继续衰变放出 α 射线，长期作用能使支气管和肺组织产生慢性损伤，引起病变，故认为它是产生矿工肺癌的原因之一。即使在铀矿山，γ 射线对人体的外照射也很弱。所谓矿井的放射性防护，是针对被吸入人体的氡及其子体所放射的 γ 射线的内照射而言的。

岩石中普遍存在着铀，铀不断地衰变，不断产生氡气，并从岩石的裸露表面进入空气中。所以在含铀品位不变的情况下，岩石的自由面越多，析出的氡也就越多。实践说明，在一些通风不好的非铀矿井，岩石裂隙及有大量的充填料（未填实）的采空区中，往往也存在高浓度氡。当矿内气压低于岩石裂隙及采空区的气压时，氡就进入矿内大气中。

氡在水中的溶解度不大，但岩石裂隙中存在高浓度的氡，使地下水中溶解大量的氡，一经流入矿井，氡便从水中析出。

采矿及掘进都在不断地破碎矿岩。随着矿岩裸露面的增加，矿井的氡析出量也增加。

12.1.2.3 氡及氡子体的最大允许浓度

量度放射性物质的"多少"用的单位曾经使用居里（Ci）。按照我国法定计量单位（亦即国际单位制）的规定，以"贝可［勒尔］"作为放射性强度的单位名称，其符号为 Bq。氡在封闭的情况下，3h 后所衰变成的氡子体与氡的放射性能量达到平衡。我国《放射性防护规定》规定了矿山井下工作场所空气中氡及其子体的最大允许浓度。

12.1.2.4 矿山辐射防护剂量限值

在地下矿山，矿工们受到气载氡及其短寿命子体以及铀矿尘的照射，在铀矿山还受到 β、γ 辐射的外照射。一般来说，氡子体是矿山的主要辐射危害因素。在某些矿山，一些矿工所得的肺癌经证实多半是吸入氡及氡子体所致。

对氡子体诱发矿工肺癌作用的认识导致照射限制的建立，我国《放射防护标准》规定了如下内容：

(1) 放射性工作人员有效剂量当量限值（HL）为 50m Sv·a^{-1}；

(2) 对空气中短寿命氡子体任何混合物 α 潜能的年摄入量限值（ALIp）为 0.02J；

(3) 对接受内外混合照射的工作人员，混合照射限值需要计算；

(4) 仅暴露于氡本身而不伴有氡子体混合物，或吸入氡子体量极微，可以忽略不计的情况下，上述年摄入量限值和导出空气浓度可增大 100 倍。

12.2 矿山辐射防护

12.2.1 一般原则

国际放射防护委员会（ICRP）建议的剂量限值体系基于三项原则：

(1) 若引进的某种实践不能带来扣除代价的净利益，就不应当采取这种实践。

(2) 在考虑到经济和社会因素之后，一切照射应当保持在可以合理做到的尽可能低的水平。

(3) 个人所受的剂量当量不得超过委员会相对应的情况所建议的限值。

这三条原则就是要把一切照射都保持在可以合理做到的最低水平，而且最终要以剂量当量限值作为标准。因此，在矿山采取辐射防护措施时，必须遵守两条：第一条是辐射防护的最优化，保持照射量可合理做到尽可能低。第二条是，对所有工作人员必须满足我国国家标准《放射卫生防护基本标准》的要求。

12.2.2 通风防护措施

矿山开采实践证明，通风是保证矿井大气放射性污染不超过国家标准要求的主要措施。排除矿井大气中的氡和增长着的氡子体的矿井通风，同排出其他污染物的矿井通风相比，有一个特殊要求，就是要求尽量缩短风流在井下停留的时间，不要让风流被氡子体"老化"。

12.2.3 特殊防氡除氡方法

特殊防氡除氡方法有：

(1) 压力阻止氡气析出。利用矿井空气压力把氡阻止在裂隙中，加压结束后，由于氡在裂隙中迁移速度小，氡析出量相应降低。实践证明，压力为 +1.33kPa 时，风量不变，氡析出量可降低 5 倍，氡子体潜能降低约 10 倍。

(2) 抽排采空区的氡。利用专门风机或全矿负压，经巷道或钻孔将采空区的氡直接排出地表有良好防氡作用。经验证明，可以使进风污染降低。我国还应用该原理在留矿法采场中，用下行通风和矿堆内氡抽排的办法将采场氡浓度由 33Bq/L 降到 3.7Bq/L。

（3）防氡密闭及覆盖层。防氡密闭分临时及永久密闭。永久密闭用砖、混凝土砖构筑，水泥浆抹面，然后喷涂防氡覆盖层。覆盖层一般为气密性好、无毒无臭、不易燃、耐腐蚀和老化、可喷涂、价廉的物质制备。

12.2.4　氡子体清除方法

氡子体清除方法有：

（1）用织物过滤器。织物过滤器粉尘负荷小，易粘结，阻力大，只宜用在粉尘浓度低、干燥、风量小的地方。近年来，铀矿试验过的几种纤维滤器效果如表 12-1 所示。

表 12-1　矿用氡子体过滤器性能表

国　　家	设备主要特征	效率/%
俄罗斯	$\phi 0.5 \times 2$ 圆筒，装一层 ϕ 型滤布，一层麻布，装填 10cm 乙二醇和对苯二甲酸聚合纤维，密度 $25 \sim 30 kg/m^3$	$\approx 90 \sim 95$
美　　国	涤纶丝袋式除尘器，加 0.63cm 厚亚微米玻璃纤维	>75
美　　国	特制的纤维和特制的纸滤器，能力 $84.9 \sim 141.5 m^3/min$	≈ 95
中　　国	纤维过滤器（云锡公司井下实验）	>85

（2）用静电除尘器。除尘器主要工作原理是在除尘时把附着在尘粒上的氡子体也清除掉。

复习思考题

1　矿山有哪些放射源？
2　矿山辐射对工人有什么危害？
3　矿山辐射防护的一般原则是什么？
4　矿山辐射常用防护措施有哪些？
5　氡及其子体有哪些性质？

13 矿山安全生产

13.1 矿山安全事故

安全生产方针可以概括为"安全第一，预防为主"。

"安全第一"，就是在进行矿山生产时，时刻把安全工作放在重要位置，当作头等大事来做。首先，必须正确处理安全与生产的辩证统一关系，明确"生产必须安全，安全促进生产"的道理。任何生产活动中都存在着不安全因素，存在着发生伤亡事故的危险性。要进行生产，就必须首先解决其中的各种不安全问题。"安全寓于生产之中"，安全与生产密切不可分。无数事实证明，矿山伤亡事故不仅给受伤害者本人及其家属带来巨大的不幸，也干扰矿山生产的顺利进行，给矿山企业带来严重的经济损失。搞好矿山安全工作，创造安全、卫生的生产劳动条件，不仅可以避免或减少各种矿山事故，而且还能更好地发挥职工的积极性和创造性，促进矿山生产迅速发展。

"预防为主"，就要掌握矿山伤亡事故发生和预防规律，针对生产过程中可能出现的不安全因素，预先采取防范措施，消除和控制它们，做到防微杜渐，防患于未然。

在"安全第一，预防为主"方针的指导下，我国制定了一系列安全生产政策、法规、制度，具体指导各项安全工作。

13.1.1 事故发生的理论依据

13.1.1.1 事故因果连锁论

在与各种工业伤害事故斗争中，人们不断积累经验，探索伤亡事故发生规律，相继提出了许多阐明事故为什么会发生、事故是怎样发生的，以及如何防止事故发生的理论。这些理论被称做事故致因理论，是指导预防事故工作的基本理论。

事故因果连锁论是一种得到广泛应用的事故致因理论。

A 海因里希事故因果连锁论

海因里希（W. H. Hcinrich）在 20 世纪 30 年代首先提出了事故因果连锁的概念。他认为，工业伤害事故的发生是许多互为因果的原因因素连锁作用的结果。即：人员伤亡的发生是由于事故；事故的发生是因为人的不安全行为或机械、物质的不安全状态（简称物的不安全状态）；人的不安全行为或物的不安全状态是由于人的缺点错误造成的；人的缺点起源于不良的环境或先天的遗传因素。

所谓人的不安全行为或物的不安全状态，是指那些曾经引起过事故或可能引起事故的人的行为或机械、物质的状态。人们用"多米诺骨牌"来形象地表示这种事故因果连锁关系。如果骨牌系列中的第一颗骨牌被碰倒了，则由于连锁作用其余的骨牌相继被碰倒。该理论认为，生产过程中出现的人的不安全行为和物的不安全状态是事故的直接原因，企业安全工作的中心就是防止人的不安全行为，消除机械的或物质的不安全状态。

断开事故连锁过程而避免事故发生，这相当于移去骨牌系列的中间一颗骨牌，使连锁被破坏，事故过程被中止。

该因果连锁论把不安全行为和不安全状态的发生归因于人的缺点，强调遗传因素的作用，反映了时代的局限性。随着科学技术的进步，工业生产面貌的变化，在海因里希因果连锁论的基础上，提出了反映现代安全观念的事故因果连锁论。

B　预防事故对策

根据事故因果连锁论，人的不安全行为及物的不安全状态是事故发生的直接原因。因此，应该消除或控制人的不安全行为及物的不安全状态来防止事故发生。一般地，引起人的不安全行为的原因可归结为四个方面：

(1) 态度不端正。由于对安全生产缺乏正确的认识而故意采取不安全行为，或由于某种心理、精神方面的原因而忽视安全。

(2) 缺乏安全生产知识，缺少经验或操作不熟练等。

(3) 生理或健康状况不良。如视力、听力低下、反应迟钝、疾病、醉酒或其他生理机能障碍。

(4) 不良的工作环境。工作场所照明、温度、湿度或通风不良，强烈的噪声、振动，作业空间狭小，物料堆放杂乱，设备、工具缺陷及没有安全防护装置等。

针对这些问题，可以通过教育提高职工的安全意识，增强职工搞好安全生产的自觉性，变"要我安全"为"我要安全"，通过教育培训增加职工的安全知识，提高生产操作技能。并且，要经常注意职工的思想情绪变化，采取措施减轻他们的精神负担。在安排工作任务时，要考虑职工的生理、心理状况对职业的适应性；为职工创造整洁、安全、卫生的工作环境。

应该注意到，人与机械设备不同，机械设备在人们规定的约束条件下运转，自由度少；人的行为受各自思想的支配，有较大的行为自由性。一方面，人的行为自由性使人有搞好安全生产的能动性和一定的应变能力。另一方面，它也能使人的行为偏离规定的目标，产生不安全行为。由于影响人的行为的因素特别多，所以控制人的不安全行为是一件十分困难的工作。

通过改进生产工艺，采用先进的机械设备、装置，设置有效的安全防护装置等，可以消除或控制生产中的不安全因素，使得即使人员产生了不安全行为也不至于酿成事故。这样的生产过程、机械设备等生产条件的安全被称为本质安全。在所有的预防事故措施中，首先应该考虑消除物的不安全状态，实现生产过程、机械设备等生产条件的本质安全。

受企业实际经济、技术条件等方面的限制，完全地消除生产过程中的不安全因素几乎是不可能的。我们只能努力减少、控制不安全因素，防止出现不安全状态或一旦出现了不安全状态及时采取措施消除，使得事故不容易发生。因此，在任何情况下，通过科学的安全管理，加强对职工的安全教育及训练，建立健全并严格执行必需的规章制度，规范职工的行为都是非常必要的。

C　事故发生频率与伤害严重度

海因里希根据大量事故统计结果发现，在同一个人发生的330起同类事故中，300起事故没有造成伤害，29起发生了轻微伤害，一起导致了严重伤害。即严重伤害、轻微伤害和没有伤害的事故件数之比为1：29：300。该比例说明，同一种事故其结果可能极不相同，事故能否造成伤害及伤害的严重程度如何具有随机性质。

事故发生后造成严重伤害的情况是很少的，轻伤及无伤害的情况是大量的。在造成轻伤及无伤害的事故中包含着与产生严重伤害事故相同的原因因素。因此，有时事故发生后虽然没有造成伤害或严重伤害，却不能掉以轻心，应该认真追究原因，及时采取措施防止同类事故再度发生。

比例 1∶29∶300 是根据同一个人发生的同类事故的统计资料得到的结果，并以此来定性地表示事故发生频率与伤害严重度间的一般关系。实际上，不同的人、不同种类的事故导致严重伤害、轻微伤害及无伤害的比例是不同的。表 13-1 为我国某钢铁公司 1951～1981 年间伤亡事故中死亡、重伤和轻伤人数的比例。这些数字表明，不同部门及不同生产作业中发生事故造成严重伤害的可能性是不同的。

表 13-1　某钢铁公司伤亡事故情况

部　门	死亡人数	重伤人数	轻伤人数
钢铁焦化	1	2.25	138
工矿建筑	1	3.48	197
机械铸造	1	4.44	408
原材料	1	6.89	430
运　输	1	1.76	73
采　矿	1	1.89	91

13.1.1.2　能量意外释放论

A　能量在伤害事故发生中的作用

能量在生产过程中是不可缺少的，人类利用能量做功以实现生产的目的。在正常生产过程中能量受到种种约束和限制，按照人们的意图流动、转换和做功。如果由于某种原因，能量失去了控制，超越了人们设置的约束或限制而意外地逸出或释放，则说发生了事故。

如果失去控制的意外释放的能量达及人体，并且能量的作用超过了人体的承受能力，则人员将受到伤害。可以说，所有伤害的发生都是因为人体接触了超过机体组织抵抗力的某种形式的过量能量，或人体与外界的正常能量交换受到了干扰（如窒息、淹溺等）。因此，各种形式的能量构成了伤害的直接原因。

导致人员伤害的能量形式有机械能、电能、热能、化学能、电离及非电离辐射、声能和生物能等。在矿山伤害事故中机械能造成伤害的情况最为常见，其次是电能、热能及化学能造成的伤害。

意外释放的机械能造成的伤害事故是矿山伤害事故的主要形式。矿山生产的立体作业方式使人员、矿岩及其他位于高处的物体具有较高的势能。当人员具有的势能意外释放时，将发生坠落或跌落事故；当矿岩或其他物体具有的势能意外释放时，将发生冒顶片帮、山崩、滑坡及物体打击等事故。除了势能外，动能是另一种形式的机械能。矿山生产中使用的各种运输设备，特别是各种矿山车辆，以及各种机械设备的运动部分，具有较大的动能。人员一旦与之接触，则将发生车辆伤害或机械伤害。据统计，势能造成的事故伤亡人数占井下各种事故伤害人数的一半以上；动能造成的事故伤亡人数占露天矿各类事故伤亡人数的第一位。因此，预防由机械能导致的伤害事故在矿山安全中具有十分重要的意义。

矿山生产中广泛利用电能。当人员意外地接触或接近带电体时，可能发生触电事故而受到伤害。

矿山生产中要利用热能，矿山火灾时可燃物燃烧时释放出大量热能，矿山生产中利用的电能、机械能或化学能可以转变为热能。人体在热能的作用下可能遭受烫伤或烧灼。

炸药爆炸后的炮烟及矿山火灾气体等有毒有害气体使人员中毒是化学能引起的典型伤害

事故。

人体对每一种形式能量的作用都有一定的抵抗能力，或者说有一定的伤害值。当人体与某种形式的能量接触时能否产生伤害及伤害的严重程度如何，主要取决于作用人体能量的大小。作用于人体的能量越多，造成严重伤害的可能性越大。例如，球形弹丸以 4.9N 的冲击力打击人体时，只能轻微地擦伤皮肤；重物以 68.6N 的冲击力打击人的头部，会造成头骨骨折。此外，人体接触能量的时间和频率，能量的集中程度，以及接触能量的部位等也影响人员伤害的发生情况。

该理论提醒人们要经常注意生产过程中能量的流动、转换以及不同形式能量的相互作用，防止发生能量的意外逸出或释放，

B　屏蔽

调查矿山伤亡事故原因发现，大多数矿山伤亡事故都是因为过量的能量，或干扰人体与外界正常能量交换的危险物质的意外释放引起的，并且几乎毫无例外地，这种过量能量或危险物质的意外释放都是由于人的不安全行为或物的不安全状态造成的，即人的不安全行为或物的不安全状态使得能量或危险物质失去了控制，是能量或危险物质释放的导火线。

从能量意外释放论出发，预防伤害事故就是防止能量或危险物质的意外释放，防止人体与过量的能量或危险物质接触。我们把约束、限制能量所采取的措施叫做屏蔽（与下面将介绍的屏蔽设施不同，此处是广义的屏蔽）。

矿山生产中常用的防止能量意外释放的屏蔽措施有如下几种：

（1）用安全能源代替危险能源。在有些情况下，某种能源危险性较高，可以用较安全的能源取代。例如，在采掘工作面用压缩空气动力代替电力，防止发生触电事故。但是应该注意，绝对安全的事物是没有的，压缩空气用作动力也有一定的危险性。

（2）限制能量。在生产工艺中尽量采用低能量的工艺和设备。例如，限制露天矿爆破装药量以防止飞石伤人；利用低电压设备防止电击；限制设备运转速度以防止机械伤害等。

（3）防止能量蓄积。能量的大量蓄积会导致能量的突然释放，因此要及时泄放能量防止能量蓄积。例如，通过接地消除静电蓄积，利用避雷针放电保护重要设施等。

（4）缓慢地释放能量。缓慢地释放能量降低单位时间内释放的能量，减轻能量对人体的作用。例如，各种减振装置可以吸收冲击能量，防止伤害人员。

（5）设置屏蔽设施。屏蔽设施是一些防止人员与能量接触的物理实体。它们可以被设置在能源上，例如安装在机械转动部分外面的防护罩，也可以被设置在人员与能源之间，例如安全围栏、井口安全门等。人员佩戴的个体防护用品可看作是设置在人员身上的屏蔽设施。在生产过程中也有两种或两种以上的能量相互作用引起事故的情况。例如，矿井杂散电流引爆电雷管造成炸药意外爆炸，车辆压坏电缆绝缘物导致漏电等。为了防止两种能量间的相互作用，可以在两种能量间设置屏蔽。

（6）信息形式的屏蔽。各种警告措施可以阻止人的不安全行为，防止人员接触能量。

根据可能发生意外释放的能量的大小，可以设置单一屏蔽或多重屏蔽，并且应该尽早设置屏蔽，做到防患于未然。

13.1.2　不安全行为的心理原因

根据心理学的研究，人的行为是个人因素与外界因素相互关联、共同作用的结果。个人因素是人的行为的内因，在矿山生产过程中人的行为主要取决于人的信息处理过程。个人的经验、技能、气质、性格等在长时期内形成的特征，以及发生事故时相对短时间里的个人生理、

心理状态，如疲劳、兴奋等都会影响人的信息处理过程。外界因素，包括生产作业条件及人际关系等，是人的行为的外因。外因通过内因起作用。

13.1.2.1　人的信息处理过程

人的信息处理过程可以简单地表示为输入→处理→输出。输入是经过人的感官接受外界刺激或信息的过程。在处理阶段，大脑把输入的刺激或信息进行选择、记忆、比较和判断，做出决策。输出是通过人的运动器官和发音器官把决策付诸实现的过程。

A　知觉

知觉是人脑对于直接作用于感觉器官的事物整体的反映，是在感觉的基础上形成的。感觉是直接作用于人的感觉器官的客观事物的个别属性在人脑中的反映。实际上，人很少有单独的感觉产生，往往以知觉的方式反映客观事物。通常把感觉和知觉合称为感知。

人的视、听、味、嗅、触觉器官同时从外界接受大量的信息。据研究，在工业生产过程中，操作者每秒钟接受的视觉信息是相当大的。

作为信息处理中心的大脑的信息处理能力却非常低，其最大处理能力仅为每秒 100 比特左右。感觉器官接受的信息量大而大脑处理信息能力低，在大脑中枢处理之前要对感官接受的信息进行预处理，即对接受的信息进行选择。在信息处理过程中人通过注意来选择输入信息。

B　注意

在信息处理过程中，人们把注意与有限的短期记忆能力、决策能力结合起来，选择每一瞬间应该处理的信息。

注意是人的心理活动对一定对象的指向和集中。注意的品质包括注意的稳定性、注意的范围、注意的分配及注意的转移。

注意的稳定性也称持久性，是指把注意保持在一个对象上或一种活动上所能持续的时间。人对任何事物都不可能长期持久地注意下去，在注意某事物时总是存在着无意识的瞬间。也就是说，不注意是人的意识活动的一种状态，存在于注意之中。据研究，对单一不变的刺激，保持明确意识的时间一般不超过几秒钟。注意的稳定性除了与对象的内容、复杂性有关外，还与人的意志、态度、兴趣等有关。

注意的范围是指同一时间注意对象的数量。扩大注意范围可以使人同时感知更多的事物，接受更多的信息，提高工作效率和作业安全性。注意范围太小会影响注意的转移和分配，使精神过于紧张而诱发误操作。注意的范围受注意对象的特点、工作任务要求及人员的知识和经验等因素的影响。

注意的分配是指在同一时间内注意两种或两种以上不同对象或活动。现代矿山生产作业往往要求人员同时注意多个对象，进行多种操作。如果人员至少能熟练地进行一种操作，则可以把大部分注意力集中于较生疏的操作上。当注意分配不好时，可能出现顾此失彼现象，最终导致发生事故。通过技术培训和操作训练可以提高职工的注意分配能力。

注意的转移是指有目的、及时而迅速地把注意由一个对象转移到另一个对象上。矿山生产作业很复杂，环境条件也经常变化。如果注意转移得缓慢，则不能及时发现异常而导致危险局面的出现。注意转移的快慢和难易取决于对原对象的注意强度，以及引起注意转移的对象的特点等。

注意在防止矿山伤害事故方面具有重要意义。安全教育的一个重要方面就在于使人员懂得，在生产操作过程中的什么时候应该注意什么。利用警告可以唤起操作者的注意，让他们把注意力集中于可能会被漏掉的信息。

C 记忆

经过预处理后的输入信息被存储于记忆中。人脑具有惊人的记忆能力，正常人的脑细胞总数多达 100 亿个，其中有意识的记忆容量为 1000 亿比特，下意识的记忆容量为 100 亿比特。

记忆分为短期记忆和长期记忆。输入的信息首先进入短期记忆中。短期记忆的特点是记忆时间短，过一段时间就会忘记，并且记忆容量有限，当人员记忆 7 位数时就会出错。当干扰信息进入短期记忆中时，短期记忆里原有的信息被排挤掉，发生遗忘现象而可能导致事故。经过多次反复记忆，短期记忆中的东西就进入了长期记忆。长期记忆可以使信息长久地，甚至终生难忘地在头脑里保存下来。人们的知识、经验都存储在长期记忆中。

D 决策

针对输入的信息，长期记忆中的有关信息（知识、经验）被调出并暂存于短期记忆中，与进入短期记忆的输入信息相比较，进行识别、判断然后做出决策，选择恰当的行为。

人们为了作出正确的决策，必须获取充足的外界信息，具有丰富的知识和经验，以及充裕的决策时间。一般来说，做出决策需要一定的思考时间。在生产任务紧迫或面临危险的情况下，往往由于没有足够的决策时间而匆匆做出决定，结果发生决策失误。熟练技巧可以使人员不经决策而下意识地进行条件反射式的操作。这一方面可以使人员高效率地从事生产操作，另一方面，在异常情况下，下意识的条件反射可能导致不安全行为。此外，个人态度对决策有重要的影响。

E 行为

大脑中枢做出的决策指令经过神经传达到相应的运动器官（或发音器官），转化为行为。运动器官动作的同时把关于动作的信息经过神经反馈给大脑中枢，对行为的进行情况进行监测。已经熟练的行为进行时一般不需要监测，并且在行为进行的同时，可以对新输入的信息进行处理。

为了正确地进行决策所规定的行为，机械设备、用具及工作环境符合人机学要求是非常必要的。

13.1.2.2　个性心理特征与不安全行为

个性心理特征是个体稳定地、经常地表现出来的能力、性格、气质等心理特点的总和。不同的人其个性心理特征是不同的。每个人的个性心理特征在先天素质的基础上，在一定的社会条件下，通过个体具体的社会实践活动，在教育和环境的影响下形成和发展。

能力是直接影响活动效率，使得活动顺利完成的个性心理特征，矿山生产的各种作业都要求人员具有一定的能力才能胜任。一些危险性较高、较重要的作业特别要求操作者有较高的能力。通过安全教育、技术培训和特殊工种培训，可以使职工在原有能力基础上进一步提高，实现安全生产。

性格是人对事物的态度或行为方面的较稳定的心理特征，是个性心理的核心。知道了一个人的性格，就可以预测在某种情况下他将如何行动。鲁莽、马虎、懒惰等不良性格往往是产生不安全行为的原因。但是，人的性格是可以改变的。安全管理工作的一项任务就是发现和发展职工的认真负责、细心、勇敢等良好性格，克服那些与安全生产不利的性格。

气质主要表现为人的心理活动的动力方面的特点。它包括心理过程的速度和稳定性，以及心理活动的指向性（外向型或内向型）等。人的气质不以活动的内容、目的或动机为转移。气质的形成主要受先天因素的影响，教育和社会影响也会改变人的气质。

人的气质分为多血质、胆汁质、黏液质和抑郁质四种类型。各种类型的典型特征如下：

（1）多血质型。具有这种气质的人活泼好动，反应敏捷，喜欢与人交往，注意力容易转移，兴趣多变。

（2）胆汁质型。这种类型的人直率热情，精力旺盛，情感强烈，易于冲动，心境变化剧烈。他们大多是热情而性急的人。

（3）黏液质型。具有这种气质的人沉静、稳重，情绪不外露，反应缓慢，注意力稳定且难以转移。

（4）抑郁质型。这种类型的人观察细微，动作迟缓，多半是情感深厚而沉默的人。

气质类型无好坏之分，任何一种气质类型都有其积极的一面和消极的一面。在每一种气质的基础上都有可能发展起某些优良的品质或不良的品质。从矿山安全的角度，在选择人员、分配工作任务时要考虑人员的性格、气质。例如，要求迅速做出反应的工作任务由多血质型的人员完成较合适；要求有条不紊、沉着冷静的工作任务可以分配给黏液质类型的人。应该注意，在长期工作实践中人会改变自己原来的气质来适应工作任务的要求。

13.1.2.3 非理智行为

非理智行为是指那些"明知有危险却仍然去做"的行为。大多数的违章操作都属于非理智行为，在引起矿山事故的不安全行为中占有较大比例。非理智行为产生的心理原因主要有以下几个方面：

（1）侥幸心理。伤害事故的发生是一种小概率事件，一次或多次不安全行为不一定会导致伤害。于是，一些职工根据采取不安全行为也没有受到伤害的经验，认为自己运气好，不会出事故，或者得出了"这种行为不会引起事故"的结论。针对职工存在的侥幸心理，应该通过安全教育使他们懂得"不怕一万，就怕万一"的道理，自觉地遵守安全规程。

（2）省能心理。人总是希望以最小的能量消耗取得最大的工作效果，这是人类在长期生活中形成的一种心理习惯。省能心理表现为嫌麻烦、怕费劲、图方便，或者得过且过的惰性心理。由于省能心理做祟，操作者可能省略了必要的操作步骤或不使用必要的安全装置而引起事故。在进行工程设计、制定操作规程时要充分考虑职工由于省能心理而采取不安全行为问题。在日常安全管理中要利用教育、强制手段防止职工为了省能而产生不安全行为。

（3）逆反心理。在一些情况下个别人在好胜心、好奇心、求知欲、偏见或对抗情绪等心理状态下，产生与常态心理相对抗的心理状态，偏偏去做不该做的事情，产生不安全行为。

（4）凑兴心理。凑兴心理是人在社会群体中产生的一种人际关系的心理反映，多发生在精力旺盛、能量有剩余而又缺乏经验的青年人身上。他们从凑兴中得到心理满足，或消耗掉剩余的精力。凑兴心理往往导致非理智行为。

实际上导致不安全的心理因素很多，很复杂。在安全工作中要及时掌握职工的心理状态，经过深入细致的思想工作提高职工的安全意识，使职工自觉地避免不安全行为。

13.1.3 事故中的人失误

13.1.3.1 人失误的定义及分类

人失误，即人的行为失误，是指人员在生产、工作过程中实际实现的功能与被要求的功能不一致，其结果可能以某种形式给生产、工作带来不良影响。通俗地讲，人失误是人员在生产、工作中产生的差错或误差。人失误可能发生在计划、设计、制造、安装、使用及维修等各种工作过程中。人失误可能导致物的不安全状态或人的不安全行为。不安全行为本身也是人失误，但是，不安全行为往往是事故直接责任者或当事者的行为失误。一般来说，在生产、工作过程中人失误是不可避免的。

人失误按产生原因可以分为随机失误、系统失误和偶发失误三类。

(1) 随机失误。这是由于人的动作、行为的随机性质引起的人失误。例如，用手操作时用力的大小、精确度的变化、操作的时间差、简单的错误或一时的遗忘等。随机失误往往是不可预测、不会重复发生的。

(2) 系统失误。这是由于工作条件设计方面的问题，或人员的不正常状态引起的失误。系统失误主要与工作条件有关，设计不合理的工作条件容易诱发人失误。容易引起人失误的工作条件大体上有两方面的问题：其一是工作任务的要求超出了人的承受能力；其二是规定的操作程序方面的问题，在正常工作条件下形成的下意识行动、习惯使人们不能应付突然出现的紧急情况。在类似的情况下，系统失误可能重复发生。通过改善工作条件及教育训练，能够有效地防止此类失误。

(3) 偶发失误。偶发失误是由于某种偶然出现的意外情况引起的过失行为，或者事先难以预料的意外行为。例如，违反操作规程、违反劳动纪律的行为。

13.1.3.2　矿山人失误模型

在矿山生产过程中可能有某种形式的信息，警告人员应该注意危险的出现。对于在生产现场的某人（当事人）来说，关于危险出现的信息叫做初期警告。如果在没有关于危险出现的初期警告的情况下发生伤害事故，则往往是由于缺乏有效的检测手段，或者管理人员没有事先提醒人们存在着危险因素，当事人在不知道危险的情况下发生的事故，属于管理失误造成的事故。在存在初期警告的情况下，人员在接受、识别警告，或对警告做出反应方面的失误都可能导致事故：

(1) 接受警告失误。尽管有初期警告出现，可是由于警告本身不足以引起人员注意，或者由于外界干扰掩盖了警告、分散了人员的注意力，或者由于人员本身的不注意等原因没有感知警告，因而不能发现危险情况。

(2) 识别警告失误。人员接受到警告之后，只有从众多的信息中识别警告、理解警告的含义才能意识到危险的存在。如果工人缺乏安全知识和经验，就不能正确地识别警告和预测事故的发生。

(3) 对警告反应失误。人员识别了警告而知道了危险即将出现之后，应该采取恰当措施控制危险局面的发展或者及时回避危险。为此应该正确估计危险性，采取恰当的行为及实现这种行为。人员根据对危险性的估计采取相应的行为避免事故发生。人员由于低估了危险性将对警告置之不理，因此对危险性估计不足也是一种失误，一种判断失误。除了缺乏经验而做出不正确判断之外，许多人往往麻痹大意而低估了危险性。即使在对危险性估计充分的情况下，人员也可能因为不知如何行为或心理紧张而没有采取行动，也可能因为选择了错误的行为或行为不恰当而不能摆脱危险。在矿山生产的许多作业过程中，威胁人员安全的主要危险来自矿山自然条件。受技术、经济条件的限制，人控制自然的能力是有限的，在许多情况下不能有效地控制危险局面。这种情况下恰当的对策是迅速撤离危险区域，以避免受到伤害。

(4) 二次警告。矿山生产作业往往是多人作业、连续作业。某人在接受了初期警告、识别了警告并正确地估计了危险性之后，除了自己采取恰当行为避免伤害事故外，还应该向其他人员发出警告，提醒他们采取防止事故措施。当事人向其他人员发出的警告叫做二次警告，对其他人员来说，它是初期警告。在矿山生产过程中及时发出二次警告对防止矿山伤害事故也是非常重要的。

13.1.3.3　心理紧张与人失误

注意是大脑正常活动的一种状态，注意力集中程度取决于大脑的意识水平（警觉度）。

研究表明，意识水平降低而引起信息处理能力的降低是发生人失误的内在原因。根据人的脑电波的变化情况，可以把大脑的意识水平划分为无意识、迟钝、被动、能动和恐慌五个等级：

(1) 无意识。在熟睡或癫痫发作等情况下，大脑完全停止工作，不能进行任何信息处理。

(2) 迟钝。过度疲劳或者从事单调的作业，困倦或醉酒时，大脑的信息处理能力极低。

(3) 被动。从事熟悉的、重复性的工作时，大脑被动的活动。

(4) 能动。从事复杂的、不太熟悉的工作时，大脑清晰而高效地工作，积极地发现问题和思考问题，主动进行信息处理。但是，这种状态仅能维持较短的时间，然后进入被动状态。

(5) 恐慌。工作任务过重，精神过度紧张或恐惧时，由于缺乏冷静而不能认真思考问题，致使信息处理能力降低。在极端恐慌时，会出现大脑"空白"现象，信息处理过程中断。

在矿山生产过程中人员正常工作时，大脑意识水平经常处在能动和被动状态下，信息处理能力高、失误少。当大脑意识水平处于迟钝或恐慌状态时，信息处理能力低、失误多。人的大脑意识水平与心理紧张度有密切的关系，而人的心理紧张程度主要取决于工作任务对人的信息处理情况。

(1) 极低紧张度。当从事缺少刺激的、过于轻松的工作时，几乎不用动脑筋思考。

(2) 最优紧张度。从事较复杂的、需要思考的作业时，大脑能动地工作。

(3) 稍高紧张度。在要求迅速采取行动或一旦发生失误可能出现危险的工作中，心理紧张度稍高，容易发生失误。

(4) 极高紧张度。当人员面临生命危险时，大脑处于恐慌状态而很容易发生失误。

除了工作任务之外，还有许多增加心理紧张度的因素，如饮酒、疲劳等生理因素，不安、焦虑等心理因素，照明不良、温度异常及噪声等物理因素。心理紧张度还与个人经验及技能有关，缺乏经验及操作不熟练的人，其心理紧张度较高。

合理安排工作任务，消除各种增加心理紧张的因素，以及经常进行教育、训练，是使职工保持最优心理紧张度的主要途径。

13.1.3.4　个人能力与人失误

在矿山生产作业中，人员要经常处理各种有关的信息，付出一定的智力和体力来承受工作负荷。如果人的信息处理能力过低，则将容易发生失误，每个人的信息处理能力是不同的，它取决于进行生产作业时人员的硬件状态、心理状态和软件状态。

硬件状态包括人员的生理、身体、病理和药理状态。疲劳、睡眠不足、醉酒、饥渴等，以及生物节律、倒班、生产作业环境中的不利因素等影响人员的生理状态，降低大脑的意识水平，从而降低信息处理能力。人体的感觉器官的灵敏性及感知范围影响人员对外界信息的接收；身体的各部分尺寸、各方向上力量的大小及运动速度等影响行为的进行。疾病、心理变态、精神不正常、脑外伤后遗症等病理状态影响大脑意识水平。服用某些药剂，如安眠药、镇静剂、抗过敏药物等，会降低大脑意识水平。

人员的心理状态直接影响心理紧张度。焦虑、恐慌等妨碍正常的信息处理；家庭纠纷、忧伤等引起的情绪不安定会分散注意力，甚至忘却必要的操作。工作任务、工作环境及人际关系等方面的问题也会影响人的心理状态。

软件状态是指人员在生产操作方面的技术水平、按作业规程、程序操作的能力及知识水平。在信息处理过程中软件状态对选择、判断、决策有重要的影响。随着矿山生产技术的进步，机械化、自动化程度的提高，对人员的软件状态的要求越来越高了。人的生理、心理状态在短时间内就会发生很大变化，而软件状态要经过长期的工作实践和经常的教育、训练才能改变。

13.2 矿山事故预防

13.2.1 可靠性与安全

13.2.1.1 可靠性的基本概念

可靠性是指系统或系统元素在规定的条件下和规定的时间内，完成规定的功能的性能。可靠性是判断和评价系统或元素的性能的一个重要指标。当系统或元素在运行过程中因为性能低下而不能实现预定的功能时，则称发生了故障。故障的发生是人们所不希望的，却又是不可避免的。故障迟早会发生，人们只能设法使故障发生得晚些，让系统、元素能够尽可能长时间地工作。一般来说，机械设备、装置、用具等物的系统或元素的故障，可能导致物的不安全状态或引起人的不安全行为。因此，可靠性与安全性有着密切的因果关系。

故障的发生具有随机性，需要应用概率统计的方法来研究可靠性。系统或元素在规定的条件下和规定的时间内，完成规定的功能的概率叫做可靠度。可靠度是可靠性的定量描述，其数值在 0~1 之间。可靠度与运行时间有关。随着运行时间的增加，可靠度逐渐降低。根据故障率随时间变化的情况，把故障分为初期故障、随机故障及磨损故障三种类型。

初期故障发生在系统或元素投入运行的初期，是由于设计、制造、装配不良或使用方法不当等原因造成的，其特点是故障率随运行时间的增加而减少。随机故障发生在系统或元素正常运行阶段，是由于一些复杂的、不可控制的，甚至未知的因素造成的，其故障率基本恒定。磨损故障发生在运行时间超过寿命期间之后，由于磨损、老化等原因故障率急剧上升。

系统或元素自投入运行开始到故障发生所经过的时间叫做故障时间。故障时间的平均值是故障率的倒数。在故障发生后不再修复使用的场合，故障时间的平均值称为平均故障时间，记为 MTTF。对于故障后经修理重复使用的情况，把它叫做平均故障间隔时间，记为 MTBF。

13.2.1.2 简单系统的可靠性

系统是由若干元素构成的。系统的可靠性取决于元素可靠性及系统结构。按系统故障与元素故障之间的关系，可以把简单系统分为串联系统和冗余系统两大类。

A 串联系统及其可靠性

串联系统又称为基本系统，从实现系统功能的角度，它是由各元素串联组成的系统。串联系统的特征是，只要构成系统的元素中的一个元素发生了故障，就会造成系统故障。

B 冗余系统及其可靠性

所谓冗余，是把若干元素附加于构成基本系统的元素之上来提高系统可靠性的方法。附加的元素叫做冗余元素；含有冗余元素的系统叫做冗余系统。冗余系统的特征是，只有一个或几个元素发生故障时系统不一定发生故障。按实现冗余的方式不同，冗余系统分为并联系统、备用系统及表决系统。

（1）并联系统。在并联系统中冗余元素与原有元素同时工作，只要其中的一个元素不发生故障，系统就能正常运行。并联系统的可靠度高于元素的可靠度，并且并联的元素越多，则系统的可靠度越高。但是，随着并联元素数目的增加，系统可靠度提高的幅度却越来越小。

（2）备用系统。备用系统的冗余元素平时处于备用状态，当原有元素故障时才投入运行。为了保证备用系统的可靠性，必须有可靠的故障检测机构和使备用元素及时投入运行的转换机构。

（3）表决系统。构成系统的 n 个元素中有 A 个不发生故障，系统就能正常运行的系统叫做表决系统。表决系统的性能处于串联系统和并联系统性能之间，多用于各种安全监测系统，使之有较高的灵敏度和一定的抗干扰性能。

13.2.1.3 提高系统可靠性的途径

一般来说，可以从如下几方面采取措施来提高系统的可靠性：

（1）选用可靠度高的元素。高质量的元件、设备的可靠度高，由它们组成的系统可靠度也高。

（2）采用冗余系统。根据具体情况，可以采用并联系统、备用系统或表决系统。

（3）改善系统运行条件。控制系统运行环境中温度、湿度、防止冲击、振动、腐蚀等，可以延长元素、系统的寿命。

（4）加强预防性维修保养。及时、正确的维修保养可以延长使用寿命；在元素进入磨损故障阶段之前及时更换，可以维持恒定的故障率。

13.2.1.4 人、机、环境匹配

矿山生产作业是由人员、机械设备、工作环境组成的人、机、环境系统。作为系统元素的人员、机械设备、工作环境合理匹配，使机械设备、工作环境适应人的生理、心理特征，才能使人员操作简便、准确、失误少、工作效率高。人机工程学（简称人机学）就是研究这个问题的科学。

人、机、环境匹配问题主要包括机器的人机学设计、人机功能的合理分配及生产作业环境的人机学要求等。机器的人机学设计主要是指机器的显示器和操纵器的人机学设计。这是因为机器的显示器和操纵器是人与机器的交接面：人员通过显示器获得有关机器运转情况的信息，通过操纵器控制机器的运转。设计良好的人机交接面可以有效地减少人员在接受信息及实现行为过程中的人失误。

A 显示器的人机学设计

机械、设备的显示器是一些用来向人员传达有关机械、设备运行状况的信息的仪表或信号等。显示器主要传达视觉信息，它们的设计应该符合人的视觉特性。具体地讲，应该符合准确、简单、一致及排列合理的原则。

（1）准确。仪表类显示器的设计应该让人员容易正确地读数，减少读数时的失误。据研究，仪表面板刻度形式对读数失误率有较大影响。

（2）简单。根据显示器的使用目的，在满足功能要求的前提下越简单越好，以减轻人员的视觉负担，减少失误。

（3）一致。显示器指示的变化应该与机械、设备状态变化的方向一致。例如，仪表读数增加应该表示机器的输出增加；仪表指针的移动方向应该与机器的运动方向一致，或者与人的习惯一致。否则，很容易引起操作失误。

（4）合理排列。当显示器的数目较多时，例如大型设备、装置控制台（或控制盘）上的仪表、信号等，把它们合理地排列可以有效地减少失误。一般地，排列显示器时应该注意；显示器在水平方向上的排列范围可以大于在竖直方向上的排列范围，这是因为人的眼睛做水平运动比做垂直运动的速度快、幅度大。

　　B　操纵器的人机学设计

　　操纵器的设计应该使人员操作起来方便、省力、安全。为此，要依据人的肢体活动极限范围和极限能力来确定操纵器的位置、尺寸、驱动力等参数。

　　（1）作业范围。一般地，按操作者的躯干不动时手、脚达及范围来确定作业范围。如果操纵器的布置超出了该作业范围，则操作者需要进行一些不必要的动作才能完成规定的操作。这给操作者造成不方便，容易产生疲劳，甚至造成误操作。下面分别讨论用手操作和用脚操作的作业范围：

　　1）上肢作业范围。通常把手臂伸直时指尖到达的范围作为上肢作业的最大作业范围。考虑实际操作时手要用力完成一定的操作而不能充分伸展，以及肘的弯曲等情况，正常作业范围要比最大作业范围缩小些。

　　2）下肢作业范围。当人员坐在椅子上用脚操作时，当椅子靠背后倾时，下肢的活动范围缩小。

　　（2）操纵器的设计原则。设计操纵器时，首先应确定是用手操作还是用脚操作。一般地，要求操作位置准确或要求操作迅速到位的场合，应该考虑用手操作；要求连续操作、手动操纵器较多或非站立操作时需要 98N 以上的力进行操作的场合应该考虑用脚操作。其次，从适合人员操作、减少失误的角度，必须考虑如下问题：

　　1）操作量与显示量之比。根据最大作业范围控制的精确度要求选择恰当的操作量与显示量之比。当要求被控制对象的运动位置等参数变化精确时，操作量与显示量之比应该大些。

　　2）操作方向的一致性。操纵器的操作方向与被控对象的运动方向及显示器的指示方向应该一致。

　　3）操纵器的驱动力。操纵器的驱动力应该根据操纵器的操作准确度和速度、操作的感觉及操作的平滑性等确定。除按钮之外的一般手动操纵器的驱动力不应超过 9.8N。操纵器的驱动力并非越小越好，驱动力过小会由于意外地触碰而引起机器的误动作。

　　4）防止误操作。操纵器应该能够防止被人员误操作或意外触动造成机械、设备的误运转。除了加大必要的驱动力之外，可针对具体情况采取适当的措施。例如，紧急停止按钮应该突出，一旦出现异常情况时，人员可以迅速地操作；而启动按钮应该稍微凹陷，或在周围加上保护圈，防止人员意外触碰。当操纵器很多时，为了便于识别，可以采用不同的形状、尺寸，附上标签或涂上不同的颜色。

13.2.1.5　人、机功能分配的一般原则

　　随着科学技术的进步，人类的生产劳动越来越多地被各种机器所代替。例如，各类机械取代了人的手脚，检测仪器代替了人的感官，计算机部分地代替了人的大脑等。用机器代替人，既减轻了人为劳动强度，有利于安全健康又提高了工作效率。然而，由于人具有机器无法比拟的优点，今后将仍然是生产系统中不可缺少的重要元素。充分发挥人与机器各自的优点，让人员和机器合理地分配工作任务，是实现安全、高效生产的重要方面。

　　概略地说，在进行人、机功能分配时，应该考虑人的准确度、体力、动作的速度及知觉能力等四个方面的基本界限，以及机器的性能维持能力、正常动作能力、判断能力及成本等四个

方面的基本界限。人员适合从事要求智力、视力、听力、综合判断力、应变能力及反应能力的工作；机器适于承担功率大、速度快、重复性作业及持续作业的任务。应该注意，即使是高度自动化的机器，也需要人员来监视其运行情况，另外，在异常情况下需要由人员来操作，以保证安全。

矿山生产过程中存在许多危险因素，其生产作业环境也与一般工业生产作业环境有很大差别。许多矿山伤害事故的发生都与不良的生产作业环境有着密切的关系。矿山生作业环境问题主要包括温度、湿度、照明、噪声及振动、粉尘及有毒有害物质等问题。这里仅简要讨论矿山生产环境中的照明、噪声及振动方面的问题。

（1）照明。人员从外界接受的信息中，80%以上是通过视觉获得的。照明的好坏直接影响视觉接受信息的质量。许多矿山伤亡事故都是由于作业场所照明不良引起的。对生产作业环境照明的要求可概括为适当的照度和良好的光线质量两个方面：

1）适当的照度。在各种生产作业中为使人员清晰地看到周围的情况，光线不能过暗或过亮。强烈的光线令人目眩及疲劳，且浪费能量；昏暗的光线使人眼睛疲劳，甚至看不清东西。一般地，进行粗糙作业时的照度应在70lx左右，普通作业在150lx左右，较精密的作业应在300lx以上。矿山井下作业环境比较特殊，在凿岩、支护、装载及运输作业中发生的许多事故都与作业场所的照度偏低有关。有些研究资料认为，井下作业场所越亮，事故发生率越低。井下空气中的水蒸气、炮烟及粉尘等吸收光能并产生散射而降低了作业场所照度。采取通风净化措施消除水雾、炮烟及粉尘，对改善照明有一定的益处。

2）良好的光线质量。光线质量包括被观察物体与背景的对比度、光的颜色、眩光及光源照射方向等。按定义，对比度等于被观察物体的亮度与背景亮度的差与背景亮度之比。为了能看清楚被观察的物体，应该选择适当的对比度。当需要识别物体的轮廓时，对比度应该尽量大；当观察物体细部时，对比度应该尽量小些。眩光是炫目的光线，往往是在人的视野范围内的强光源产生的。眩光使人眼花缭乱而影响观察，因此应该合理地布置光源。特别是在井下，不要面对探照灯光等强光束作业。

（2）噪声与振动。噪声是指一切不需要的声音，它会造成人员生理和心理损伤，影响正常操作。

噪声用噪声级来衡量，其单位是dB。当噪声超过80dB时，就会对人的听力产生影响。

矿山生产作业环境中有许多强烈噪声的噪声源。矿山设备中的扇风机、凿岩机和空气压缩机等工作时都产生很强的噪声。矿井主扇风机入口1m处的噪声可高达110dB以上；井下局部扇风机附近1m处的噪声超过100dB；井下凿岩机的噪声高达120dB以上。

噪声的危害主要表现在以下几个方面：

1）损害听觉。短时间暴露在较强噪声下可能造成听觉疲劳，产生暂时性听力减退。长时间暴露于噪声环境，或受到非常强烈噪声的刺激，会引起永久性耳聋。

2）影响神经系统及心脏。在噪声的刺激下，人的大脑皮质的兴奋和抑制平衡失调，引起条件反射异常。久而久之，会引起头痛、头晕、耳鸣、多梦、失眠、心悸、乏力或记忆力减退等神经衰弱症状。长期暴露于噪声环境中会影响心血管系统。

3）影响工作和导致事故。噪声使人心烦意乱和容易疲劳，分散人员的注意力；干扰谈话及通信。噪声可能使人听不清危险信号而发生事故。

振动直接危害人体健康，往往伴随产生噪声，并降低人员知觉和操作的准确度，不利于安全生产。根据振动对人员的影响，振动可分为局部振动和全身振动两类：

1）局部振动。工业生产中最常见的和对人危害最大的是局部振动。例如，凿岩机的强烈振动会使凿岩工患振动病。振动病的症状有手麻、发僵、疼痛、四肢无力及关节疼等，其中以手麻最为常见。当症状严重时手指及关节变形、肌肉萎缩，出现白指、白手。

2）全身振动。全身振动多为低频率、大振幅的振动，可能引起人体器官的共振而妨碍其机能。在人体受到较强烈全身振动时，可能出现头晕、头痛、疲劳、耳鸣、胸腹痛、口语不清、视物不清甚至内出血等症状。振动对人的影响主要取决于振动频率，频率 $4\sim8\mathrm{Hz}$ 的振动对人体危害最大，其次是 $10\sim12\mathrm{Hz}$ 和 $20\sim25\mathrm{Hz}$ 的振动。

控制噪声和振动的措施有隔声、吸声、消声、隔振和阻尼等。

13.2.2　矿山生产伤亡事故

13.2.2.1　伤亡事故分类

为了研究事故发生原因及规律，便于对伤亡事故进行统计分析，国标 GB 6441—6442 按致伤原因把伤亡事故划分为 20 类。

该标准把受伤害者的伤害分为 3 类：

（1）轻伤。轻伤是指损失工作日低于 105 天的失能伤害；

（2）重伤。重伤是指损失工作日等于和大于 105 天的失能伤害；

（3）死亡。

相应地，按伤害严重程度把伤亡事故分为 3 类：

（1）轻伤事故。轻伤事故是指只发生轻伤的事故；

（2）重伤事故。重伤事故是指有重伤但无死亡的事故；

（3）死亡事故。其中，一次事故中死亡 $1\sim2$ 人的事故为重大伤亡事故；一次事故中死亡 3 人及超过 3 人的事故为特大伤亡事故。

13.2.2.2　伤亡事故综合分析

伤亡事故综合分析是以大量的伤亡事故资料为基础，应用数理统计的原理和方法，从宏观上探索事故发生原因及规律的过程。通过伤亡事故综合分析，可以了解一个矿山企业、部门在某一时期的安全状况，掌握事故发生、发展的规律和趋势；探求伤亡事故发生的原因及有关的影响因素，从而为采取有效的防范措施提供依据；为宏观事故预测及安全决策提供依据等。

伤亡事故综合分析主要包括如下内容。

A　伤亡事故发生趋势分析

伤亡事故发生趋势分析是按时间顺序对事故发生情况进行的统计分析。按照时间发展过程对比不同时期的伤亡事故统计指标，可以展示伤亡事故发生趋势和评价某一时期内的安全状况。

通过与历年伤亡事故发生情况对比，可以评价当前安全状况较以前是改善了还是恶化了；也可以为了直观起见，伤亡事故趋势分析往往利用趋势图来表示。

B　探讨伤亡事故发生规律

通过分析研究伤亡事故统计资料，可以概略地掌握矿山企业、部门内部生产过程中伤亡事故发生的规律。一般来说，可以探讨如下的一些规律性：

（1）哪些矿山、坑口、采区或车间危险因素多，其原因和结果各是什么？

（2）不同的生产作业条件和工作内容对事故的发生有什么影响？

（3）伤亡事故的发生在时间上有什么周期性规律？

（4）随着生产作业时间的推移，事故发生频率有什么变化？

（5）伤亡事故的发生与职工年龄、工龄、性别等有何关系？

（6）人体的哪些部位容易受到伤害，与作业条件、工作内容有何关系，使用的防护用品是否合适？

在研究伤亡事故发生规律时，常常配合使用各种统计图形来增加其直观性。

在伤亡事故综合分析中，为了便于相互比较，应该尽量采用相对指标。这是因为，尽管伤亡事故绝对指标从一个侧面，在一定程度上反映了企业或部门的安全状况。但是，由于职工人数、劳动时间等变化，采用绝对指标就缺乏说服力。在进行对比分析或寻找某些统计规律性时，例如，按受伤害者的年龄、工龄等进行统计分析，探讨它们与事故发生之间关系时，应该以相应的职工人数而不是全部职工人数为基数，以免得出错误的结论。另外，根据伯努利大数定律，只有当样本容量足够大时，随机事件发生频率才趋于稳定，观测数据越少则得到的规律的可靠性越差。因此，应该设法增加样本容量，使伤亡事故综合分析的结果更可信。

C　伤亡事故管理图

为了改善矿山安全状况，降低伤亡事故发生频率，矿山企业、部门广泛开展安全目标管理。把作为年度安全管理目标的伤亡事故指标逐月分解后，在实施过程中为了及时掌握事故发生情况，可以利用伤亡事故管理图。

在实际工作中，人们最关心的是实际事故发生次数的平均值能否超过规定的安全目标，所以往往不必考虑下限而只注重上限，力争每个月里事故发生次数不超过管理上限。

把每月实际发生伤亡事故次数点在图中相应位置上，根据各月份数据点的分布情况可以判断企业或部门的安全状况。正常情况下，各月份的实际伤亡事故次数应该在管理上限之内围绕目标值随机波动。当管理图上出现下列情况之一时，就应该认为安全状况发生了变化，需要查明原因加以改正。

13.2.2.3　伤亡事故发生趋势预测

A　矿山事故预测概述

预测是人们对客观事物发展变化的一种认识和估计。人们通过对已经发生的矿山事故的分析、研究，弄清了事故发生机理，掌握了事故发生、发展规律，就可以对矿山事故在未来发生的可能性及发生趋势做出判断和估计。矿山事故发生可能性预测是对某种特定的矿山事故能否发生、发生的可能性如何进行的预测。它为采取具体技术措施防止事故发生提供依据。矿山事故发生趋势预测是根据事故统计资料对未来事故发生趋势进行的宏观预测，主要为确定矿山安全管理目标、制定安全工作规划或做出安全决策提供依据。

尽管矿山事故的发生受矿山自然条件、生产技术水平、人员素质及企业管理水平等许多因素影响，大量的统计资料却表明，矿山事故发生状况及其影响因素是一个密切联系的整体，并且这个整体具有相对的稳定性和持续性。于是，我们可以舍弃对各种影响因素的详细分析，在统计资料的基础上从整体上预测矿山事故发生情况的变化趋势。回归预测法是一种得到广泛应用的事故趋势预测法。此外，尚有指数平滑法、灰色系统预测法等方法，可用于矿山伤亡事故发生趋势预测。

B　回归预测法

回归预测法是通过对历史资料的回归分析来进行预测的方法。

回归分析是研究一个随机变量与另一个变量之间相关关系的数学方法。当两变量之间既存在着密切关系，又不能由一个变量的值精确地求出另一个变量的值时，这种变量间的关系叫做相关关系。

根据变量的观测值求得该直线方程的过程叫做回归，其关键在于确定方程中的参数。

C　矿山伤亡事故回归预测

矿山伤亡事故发生状况随时间的推移而变化，会呈现出某种统计规律性。一般来说，随着矿山生产技术的进步，劳动条件的改善及管理水平的提高，矿山安全程度不断提高而伤亡事故发生率逐渐降低。

13.2.3　矿山生产日常安全管理

13.2.3.1　矿山安全管理概述

矿山安全管理是为实现矿山安全生产而组织和使用人力、物力和财力等各种资源的过程。它利用计划、组织、指挥、协调等管理机能，控制来自自然界的、机械的、物质的不安全因素和人的不安全行为，避免发生矿山事故，保障矿山职工的生命安全和健康，保证矿山生产的顺利进行。

矿山安全管理是矿山企业管理的一个重要组成部分。安全性是矿山生产系统的主要特性之一；安全寓于生产之中。企业的安全管理与其他各项管理工作密切关联、互相渗透。因此，一般来说，矿山企业的安全状况是整个企业综合管理水平的反映。并且，在其他各项管理工作中行之有效的理论、原则、方法也基本上适用于安全管理。

矿山安全管理的内容包括对物的管理和对人的管理两个方面。其中，对物的安全管理包括如下内容：

（1）生产设备的设计、制造、安装应该符合有关技术规范和安全规程的要求，其必要的安全防护装置应该齐全、可靠；

（2）经常进行检查和维修保养，使设备处于完好状态，防止由于磨损、老化、腐蚀、疲劳等原因降低设备的安全性；

（3）消除生产作业场所中的不安全因素，创造安全的环境条件。

对人的安全管理的主要内容为：

（1）制定操作规程，规范人的行为，让人员安全而高效地进行操作；

（2）为了使人员自觉地按照规定的操作规程作业，必须经常不断地对人员进行教育和训练，这是安全管理的一项最重要任务。

矿山安全管理工作要在"安全第一、预防为主"的安全生产方针指导下，认真贯彻执行国家、部门和地方的有关安全生产的政策、法规。为了有计划、有组织地开展安全工作，改善矿山安全状况，必须建立健全安全工作组织机构。

《矿山安全规程》规定，各单位均应设置安全专职机构，班、组应设专职或兼职安全员，形成自下而上的日常的安全管理工作按照收集与分析资料、选择对策、实施对策和评价实施结果的步骤不断反复地进行，推动企业安全工作不断前进。

（1）收集与分析资料。收集与分析资料是掌握企业安全状况和安全管理工作情况的基本方法，也是企业安全工作的基础。它包括事故后调查和事故前调查两方面的工作。前者在于查明伤亡事故为什么会发生，找出导致事故发生的各种原因因素，后者在于通过安全检查等形式发现生产过程中存在的不安全行为和不安全状态，进而考察企业管理机构是否采取了有效的措施防止事故发生，找出管理工作方面的缺陷。

（2）选择对策。针对企业安全中存在的问题，根据"3E"原则选择恰当的改进措施。一般地，应该优先考虑工程技术改进措施，然后再考虑工程技术措施与教育训练相结合，直接采取措施控制人员操作生产条件，可以及时解决现存的不安全行为和不安全状态。但是，这种改进措施仅仅解决了表面的问题，而事故的根源没有被铲除掉。通过教育、指导和训练，使职工逐渐养成安全操作习惯，才能克服隐藏在不安全行为及不安全状态背后的深层原因。实际选择对策时，往往有许多具体方案可供选择。这种情况下，应该根据问题的轻重缓急，根据具体的技术、经济条件，选择最优的对策。

（3）实施对策。根据选定的改进措施方案，制定详细的实施计划，责成专人负责，组织适当的人力、物力和财力，尽快地付诸实施。

（4）评价实施结果，对改进措施的实施情况，要进行监督检查，评价其是否达到了规定的要求。

我国在矿山安全管理方面积累了丰富的经验，其中许多成功的安全管理方法被国家以制度的形式固定下来了，形成了一整套安全管理制度。另一方面，随着管理科学的发展，系统安全在我国的推广应用，一些新的理论、原则和方法与矿山安全管理实践相结合，产生了一些现代安全管理的理论、原则和方法，使我国的矿山安全管理有了新的发展。

13.2.3.2 安全生产管理制度

安全生产管理制度，是为了保护劳动者在生产过程中的安全健康，根据安全生产的客观规律和实践经验总结而制定的各种规章制度。它们是矿山安全管理工作的基本准则。

A 安全生产责任制

安全生产责任制是企业各级领导、职能部门、有关工程技术人员和生产工人在各自的职责范围内，对安全生产负有责任的制度。它是企业岗位责任制的一个组成部分，也是安全生产管理制度的核心。这一制度把安全管理和生产管理从组织领导方面统一起来，把"管生产的必须管安全"的原则以制度的形式固定下来，使企业各级领导和广大职工分工协作，事事有人管，层层有专责。

各矿山企业应该根据本单位的具体情况，确定各级人员的安全生产责任。

（1）企业领导的职责。矿山安全工作必须由企业的第一把手负责，公司、矿、坑口、班组等各级的第一把手都应对安全生产负第一位责任。各级的副职根据各自分担的业务工作范围负有相应的安全生产责任。企业各级领导在管理生产的同时，必须负责管理安全工作。他们的任务是贯彻执行国家有关安全生产的政策、法规、制度和保护管辖范围内的职工的安全和健康。在计划、布置、检查、总结、评比生产建设工作的同时，必须计划、布置、检查、总结、评比安全工作。凡是严肃认真地贯彻了这"五同时"，就是尽了职责，否则就是失职。如果因此而造成事故，就要视事故的严重程度和失职程度，由行政部门乃至司法机关追究责任。

（2）各业务部门的职责。矿山企业的生产、技术、设计、供销、运输、教育、卫生、基建、机动、情报、科研、质量检查、劳动工资、环保、人事组织、宣传、企业管理、财务等有关专职机构，都应在自己的工作范围内，对实现安全生产的要求负责。

（3）安全技术部门的职责。安全技术部门是企业领导在安全工作方面的助手，负责组织、推动和检查督促企业安全工作的开展。其主要职责包括：汇总和审查安全技术措施计划，并督促有关部门按期完成；组织和协助有关部门制定或修订安全生产规章制度，并监督检查执行情况；进行现场检查，协助基层解决安全方面问题，遇到紧急情况时，有权当机立断，做出停止生产的决定，并立即报告领导研究处理；对职工进行安全教育；总结推广先进经验，开展各种安全活动；参加审查新建、改建、扩建工程的设计、工程验收和试运转工作；参加伤亡事故调查处理，进行伤亡事故的报告和统计分析；督促有关部门搞好女工保护等工作。

（4）小组安全员的职责。小组安全员在生产小组长的领导下，在安全技术部门的指导下开展工作。其职责包括：经常对小组职工进行安全生产教育；督促职工遵守安全规章制度和正确使用安全防护用品用具；检查和维护安全设施和安全防护装置；发现生产中有不安全情况时及时制止或报告；参加事故的调查分析，协助领导实施防止事故的措施。

（5）职工的责任。矿山企业的所有职工都应该自觉遵守安全生产规章制度，做到自己不违章作业，并要随时制止他人的不安全行为；积极参加安全生产的各种活动；爱护、正确使用机器设备、工具及个人防护用品；遵守劳动纪律和严格执行岗位责任制等有关规定；主动提出改进安全工作建议等。

B　编制安全技术措施计划

早在 1953 年，国家就要求各企业在编制生产财务计划的同时，编制安全技术计划。几十年来，编制安全技术措施计划已经成为企业搞好安全生产工作的有效制度。通过编制和实施安全技术措施计划，可以把改善企业劳动条件的工作纳入国家和企业的生产建设计划之中，有计划、有步骤地解决企业中一些重大安全技术问题，使企业劳动条件的改善逐步走向计划化、制度化；也可以统筹安排，合理使用国家资金，使国家在改善劳动条件方面的投资发挥更大的作用。编制和实施安全技术措施计划是一项领导与群众相结合的工作。一方面，企业各级领导对编制与执行安全技术措施计划要负起总的责任；另一方面，又要充分发动群众，依靠群众，才能使计划得以很好地实现。这样，既鼓舞了职工群众的劳动热情，又是吸引职工群众参加安全管理，发挥群众监督作用的好办法。

编制安全技术措施计划，主要根据国家颁布的有关安全生产和劳动保护的政策、指示，安全检查中发现的隐患，职工提出的合理化建议，以及针对工伤事故、职业病发生原因采取的措施和采用新技术、新工艺、新设备时应采取的措施。

编制计划要根据需要和可能两方面综合考虑。安全技术措施计划内容包括以改善企业劳动条件、防止伤亡事故和职业病为目的的一切技术措施，大体包括以下几个方面：

（1）安全技术措施。它包括以防止伤亡事故、火灾、爆炸等事故为目的的一切技术措施，如保护、保险、信号等装置或设施；

（2）工业卫生技术措施。包括以改善危害职工身体健康的有害作业环境和劳动条件，以及防止职工中毒和职业病为目的的一切技术措施，如防尘、防毒、防噪声及通风等措施；

（3）辅助房屋及设施。包括保证职工安全卫生所必需的房屋及一切设施，如淋浴室、更衣室、妇女卫生室及休息室等；

（4）宣传教育。购置和编印安全教材，放映录像、电影，举办安全技术训练班、安全教育室等；

（5）安全卫生科研与试验设备、仪器；

（6）减轻职工劳动强度等其他劳动保护技术措施。

企业应在每年第三季度开始着手编制下一年度的生产技术、财务计划的同时，编制安全技术措施计划。《矿山安全规程》规定，应按国家规定的比例，每年在固定资产更新和技术改造资金中安排劳动保护措施经费，并不得挪作他用。

C　伤亡事故的报告和统计

伤亡事故报告和统计可以使人们及时准确地掌握伤亡事故情况，以便从中找出事故发生的原因和规律，总结教训，采取有效的预防措施，防止类似的事故再次发生。

企业对于职工在生产区域中发生的和生产有关的伤亡事故（包括急性中毒），必须按规程要求进行调查、登记、统计和报告。企业职工发生伤亡，大体上分为两类：一类是因工伤亡，即因生产与工作而发生的；另一类是非因工伤亡。规程规定所统计的是因工伤亡数，非因工伤亡数不包括在内。一般情况下，只要职工为了生产和工作而发生的事故，或虽不在生产和工作岗位上，但由于企业设备或劳动条件不良而引起的职工伤亡，都应该算做因工伤亡而加以统计。

职工发生轻伤、重伤、死亡事故后，必须登记报告。伤亡事故发生后，负伤人员或最先发现者应该立即报告班组长、坑长，并逐级报告安管部门及有关部门和矿领导。

发生重伤或死亡事故时，矿领导应立即将事故概况报告主管部门、当地劳动、公安部门、工会和检察院。对一次重伤 3 人以上或死亡事故，上述部门要迅速分别逐级转报到省有关部门。对一次死亡 3 人以上的伤亡事故，省劳动行政部门要上报省政府。

重伤、死亡以上事故发生后，经过调查后由调查组填写"职工死亡、重伤事故调查报告书"，报企业主管部门及有关单位。对于重大和特大伤亡事故，报送时间不得迟于事故后一个月；对于重伤、死亡事故，不得迟于半个月。

13.2.3.3 安全教育

企业的安全教育是对职工进行的安全知识教育、安全技能教育和安全态度教育。安全教育的重要性，首先在于它能增强和提高企业领导和广大职工搞好安全工作的责任感和自觉性。其次，安全知识的普及和安全技能的提高，能使广大职工掌握矿山伤害事故发生发展的客观规律，掌握安全操作、防止伤亡事故的技术本领，避免和减少操作失误和不安全行为。

安全教育的内容包括思想政治教育、劳动纪律教育、方针政策教育、法制教育、安全技术训练以及典型经验和事故教训的教育等。

目前，我国企业中开展安全教育的主要形式和方法有三级教育、对特种作业人员的专门训练、经常性的教育等。

（1）三级教育。三级教育是对新工人、参加生产实习的人员、参加生产劳动的学生和新调动工作的工人进行的厂（矿）、车间（坑口、采区）、岗位安全教育。三级教育是矿山企业必须坚持的安全教育的基本制度和主要形式。

1）入厂（矿）教育。这是对新入厂（矿）的或调动工作的工人，到厂（矿）实习或劳动的学生，在未分配到车间和工作地点以前，必须进行的一般安全教育。入厂（矿）教育的主要内容包括介绍企业安全生产情况、有关规章制度，讲解安全生产的重大意义，介绍企业内特殊的危险地点、一般的安全知识，用典型的伤亡事故案例讲解事故发生原因和教训，使工人受到初步的安全教育。

2）车间教育。车间教育是在新工人或调动工作的工人分配到车间后进行的安全教育。它的内容包括车间（坑口）的概况、安全生产组织和劳动纪律，危险场所、危险设备、尘毒情况及安全注意事项，安全生产情况、问题和典型事例。

3）岗位教育。这是在新工人或调动工作的工人到了固定工作岗位，开始工作前的安全教育。其内容包括班组的生产特点、作业环境、工作性质、职责范围，岗位的生产工作性、必要的安全知识以及各种设备及其防护设施的性能和作用，工作场所和环境的卫生、危险区域及安全注意事项，个体防护用品使用方法和事故发生时的应急措施等。

《矿山安全规程》规定，新工人下井前，应该进行不少于两周的矿、坑口、班组的三级安全教育，考试合格后指定老工人带领一起工作不少于六个月，熟悉本工种操作技术并经考核合格后，方可独立工作。

(2) 特种作业人员的专门训练。特种作业是指对操作者本人，尤其对他人和周围设施的安全有重大危险因素的作业。《冶金地下矿山安全规程》规定，要害岗位、重要设备的作业人员、信号工及其他特种作业人员，必须严格挑选，经培训、考核后，持操作证上岗，考核工作均应按规定每两年复审一次。

(3) 经常性的安全教育。安全教育应该贯穿于生产活动的始终，这也是安全管理的经常性工作。通过安全教育而掌握了的知识、技能，如果不经常使用，则会逐渐淡忘，必须经常地复习。为了使职工适应生产情况和安全状况的不断变化，也必须不断地结合这些新情况开展安全教育。至于安全思想、安全态度教育更不能一劳永逸，要采取多种多样的形式，激励职工搞好安全生产的动机，使其重视和真正实现安全生产。

经常性的安全教育方式方法很多，如利用班前、班后会讲安全，组织专门的安全技术知识讲座，召开事故现场会，观看安全生产方面的电影、电视等。

13.2.3.4　安全检查

检查是在事故发生之前，调查和发现生产过程中的物的不安全状态、人的不安全行为，以及管理缺陷等不安全因素，从而采取措施把事故消灭在萌芽状态中。

(1) 安全检查的主要内容。安全检查的主要内容包括查现场、查隐患、查思想、查管理等。

1) 查现场、查隐患。生产现场存在的事故隐患是导致伤亡事故发生的原因，是安全检查的主要对象。查现场、查隐患主要是检查企业生产现场的劳动条件、生产设备和设施是否符合安全要求。例如：安全出口是否畅通，机械有无防护装置；通风及照明、防尘措施，锅炉、压力容器的运行，炸药库，易燃易爆物品的储存、运输和使用，个体防护用品的标准及使用情况等，是否符合安全要求。

2) 查思想。企业领导是否重视安全，是实现安全生产的关键。要检查企业领导贯彻落实安全生产方针政策、法规的情况，检查他们对安全生产的认识是否正确，是否把职工的安全健康放在了第一位。

3) 查管理。首先要检查企业的安全生产组织机构和安全生产责任制是否健全，然后要检查各项安全生产规章制度的执行情况，是否贯彻执行了"三同时"和"五同时"，检查三级教育是否落实，以及伤亡事故调查、报告和处理情况。

(2) 安全检查的方法。安全检查的方法应该与检查内容和目的相适应。安全检查的形式较多，如省（市）组织的检查，上级主管部门、地区劳动部门组织的检查，一般的全面检查，重点的专业性检查，同级的互查、对口检查，企业、车间组织的自查等。组织安全大检查的一般做法是：

1) 建立组织。进行安全检查必须有一个适合工作需要的组织，并有专人负责，有组织、有领导、有计划地开展工作。例如，规模、范围较大的安全检查，应在主管部门或地区劳动部门领导下，组成各有关部门参加的安全检查团，分成若干个检查组，分赴现场检查；公司对厂、矿的重点检查，由公司领导负责，由技术、管理方面有经验的同志参加；专业性安全检查，通常由有关职能部门和安全部门负责人担任正副组长，抽调公司和厂、矿专业技术干部和工人组成检查组。

2) 做好检查前的准备工作。安全检查前，组织检查组成员学习有关安全生产的方针政策、法规，提高思想认识。同时，做好检查的业务准备，明确检查的目的、内容和方法；做好宣传鼓动工作，发动群众自查自检、互查互检、边检边改。

3) 采用多种形式查找问题。实践证明，听取被检查单位的汇报，深入现场检查，召开调查会、座谈会，以及个别访问听取意见，都是行之有效的安全检查方法。

4) 做好整改，消除隐患。安全检查是发现不安全因素，揭示事故隐患，促进安全工作的一种手段。其目的在于落实整改措施，消除隐患。对于检查出来的事故隐患要及时整改，即使难度较大，限于具体条件不能立即解决的问题，也要定措施、定人员、定时间，有计划地限期解决。

（3）安全检查表。安全检查表是在安全检查前事先拟定的检查内容的清单。它把可能导致伤亡事故的，可能在被检查对象中出现的各种不安全因素以提问的方式用表列出来，作为安全检查时的指南和备忘录。

安全检查表的内容，应该包括需要查明的各种潜在危险因素，可能存在的物的故障、不安全状态，人的不安全行为等。在安全检查时，对表中的提问回答"是"或"否"。在每个项目之后，应设一栏目填写改进措施。为便于查对，可以附上各项目提问内容所遵循的法令、制度或规范的名称或条款。

根据安全检查的对象和检查表的用途，安全检查表有设计审查用安全检查表、厂（矿）用安全检查表、车间（坑口）用安全检查表、班组及岗位用安全检查表和专业性安全检查表等几类。

编制安全检查表时，根据被检查对象，熟悉生产工艺、设备及操作情况，参考有关法令、制度、规范，针对已经发生的和可能发生的伤亡事故，进行安全分析后，确定应该检查的项目。可以运用系统安全分析方法，例如故障树分析，查找出最终导致伤亡事故的各种原因事件，把这些原因事件作为检查表中的项目。

13.2.3.5 现代安全管理

现代安全管理是现代企业管理的一个组成部分，它所遵循的许多原理都是现代管理科学的引申和发展。

现代安全管理的一个重要特征，就是强调以人为中心的安全管理，把安全管理的重点放在激励职工的士气和能动作用方面。具体地说，就是为了人和人的管理。人是生产力诸要素中最活跃、起决定性作用的因素，保护矿山职工生命安全是安全工作的首要任务。所谓人的管理，是充分调动每个职工的主观能动性和创造性，主动参与安全管理。

现代安全管理的另一个重要特征，是强调系统的安全管理，从企业整体出发，把管理重点放在整体效应上，使企业达到最佳的安全状态。

A 安全目标管理

目标管理是让企业管理人员和工人参与工作目标制定，在工作中实行自我控制并努力完成工作目标的管理方法。它的理论基础是管理心理学中的目标设置理论。

人的行为是有目的的行为，人的行为是由动机支配的。动机是引起个体行为、维持该行为并将该行为导向某一目标的念头，是产生行为的直接原因。目标是一种刺激，合适的目标具有激励作用，能够激发人的动机，把行为导向既定的目标。目标设置理论研究如何把目标这种外在的对象有效地转化为职工个人的内在动力，形成从组织到个人的目标体系，通过大家方向一致的努力来实现总目标。

需要（需求、期望、欲望）是激励的基础。需要是指个体缺乏某种东西（物质的或精神的）的状态，它既受生理上自然需求的制约，又受后天形成的社会需求的制约。当个体感到某种需要时，就会在内心中产生一种紧张或不平衡，进而产生企图减轻紧张的动机。为了使安全目标管理的目标能够真正起到激励作用，必须把目标与职工的需要挂起钩来。

目标对人的激励作用的大小，取决于目标的效价和实现目标的可能性。即激发力量＝效价×期望值，式中激发力量表示人们被目标激励的强度；效价是实现目标对满足个人需要的价值，期望值指根据个人经验估计的实现目标的概率。目标的效价越大，则越能激励人心；经过努力实现目标的概率越大，则越有信心，越有奔头。把两者恰当地结合起来，就可以充分调动起职工的安全生产积极性。

安全目标管理是根据企业在一定时期内确定的安全生产总目标，制定方针，分解展开，落实措施，安排进度，严格考核等，在企业内部自我控制实现安全生产的管理方法。它把全体职工科学地组织在目标体系内，人人为实现安全生产总目标而努力。实施安全目标管理的具体步骤如下：

（1）建立安全目标体系。矿山企业主要负责人根据国家的安全生产方针政策、上级的要求和本单位的具体情况，在充分听取职工意见的基础上，制定出安全生产总目标。然后，把总目标逐级向下分解，直到每个职工，使每一级、每个人都有各自的目标，形成一个多层次的完整的安全目标体系。

（2）实现安全目标。企业的每个部门、单位和个人，在明确了各自在目标体系中的地位和作用后，都应该实行自主管理，努力完成自己的目标。各部门、单位要针对目标中的重点问题编制实施计划方案。实施计划方案中应该包括实现目标过程中存在的问题、必须采取的措施、要达到的目标、完成时间、负责执行的部门和人员，以及问题的重要性等。在实施过程中，上级对下级或职工个人完成计划的情况进行检查，以便控制、协调、取得信息并反馈信息。

（3）考核和奖惩。在达到预定期限或完成目标后，上下级一起对达到目标的情况进行考核，总结经验教训，兑现奖惩，并为设立新的安全生产目标做准备。

除了激励作用外，安全目标管理可以把企业安全管理引导到正确的方向上，协调企业内部各方面的关系，提高职工的素质及加强安全管理的各项基础工作。

B　全面安全管理

为了实现矿山生产系统安全，需要实行系统的安全管理。全面安全管理是指对生产全过程、全体人员和全部工作的安全管理，是系统安全管理基本思想的体现。

（1）全过程的安全管理。系统安全的基本原则是，在一个新系统尚处于规划、设计阶段时，就必须考虑其安全性问题，制定并开始执行系统安全规划，开展系统安全活动，并把它贯穿于整个系统寿命期间内，直到系统报废为止。根据这一原则，在矿山设计、基建、投产、正常生产，直到矿山闭坑为止，矿山生产的全过程中都要进行安全管理。特别是在新建、改建、扩建工程项目的方案选择和设计阶段，要识别、消除或控制可能出现的危险因素，要进行预先安全审查。

（2）全员参加安全管理。实现安全生产，必须坚持群众路线，切实做到专业管理与群众管理相结合，在充分发挥专职安全管理人员的骨干作用的同时，充分调动和发挥广大职工的积极性。安全生产责任制为全员参加安全管理提供了制度上的保证。同时，近年来还推广了许多动员和组织广大职工参加安全管理的具体做法，如全员齐抓共管、安全目标管理等。

（3）全部工作的安全管理。任何有生产劳动的地方，都会存在不安全因素，都有发生伤亡事故的危险性。因此，在任何时候，从事任何工作，都要考虑其安全问题，进行安全管理。

C　工程项目安全审查

工程项目安全审查，是依据安全工程原理及有关安全生产法规、规范，对新建、改建、扩建项目的初步设计、施工方案以及竣工投产进行的综合安全审查、评价与检验。其目的在于监督检查企业是否认真贯彻了"三同时"的原则，即在新建、改建、扩建工程中以及计划实施革新、挖潜、改造项目时，安全卫生设施和环保治理措施应与主体工程同时设计、同时施工、同时投产。

工程项目安全审查的重点是对工程设计的审查。协助设计消除或控制危险源是系统安全的重要原则和组成部分。安全审查通过对工程项目的安全性分析、评价、监督和检查，保证在设计阶段把危险性降低到允许的水平。

设计单位在初步设计中，应该编写安全和工业卫生专篇，详细说明生产工艺流程中可能产生的危害和应该采取的防范措施及其预期效果。安全和工业卫生专篇的主要内容如下：

（1）概述。介绍设计的依据、有碍于安全和工业卫生的自然情况（暴雨、雷电、地震等），被改、扩建项目的现有安全和工业卫生状况的详细描述，设计中存在的问题与建议。

（2）安全技术。防止自然灾害、施工及生产过程中可能发生的事故所采取的安全技术措施。

（3）工业卫生方面。预防生产过程中尘毒、噪声振动等危害的措施。

（4）安全卫生管理机构及医疗防治设施及其经费预算。

（5）安全和工业卫生措施的预期效果及评价。

工程项目安全审查由劳动部门、卫生部门和工会组织进行。

13.2.3.6　矿山的安全救护

A　矿工自救措施

一些矿山事故，特别是灾害性矿山事故，刚发生时释放出的能量或危险物质、波及范围都比较小，在事故现场的人员应该抓住有利时机，采取恰当措施，消灭事故和防止事故扩大。在事故已经发展到无法控制、人员可能受到伤害的情况下，处于危险区域的人员应该迅速地撤离，回避危险。矿山事故发生时，处于危险区域的人员在没有外界救援的情况下，依靠自己的力量避免伤害的行动叫做矿工自救。

一些灾害事故在发生初期，往往波及范围和危害作用都是较小的，这常常是消灭事故、减少损失的最有利时机。而且救护队无论多么迅速，到达事故地点毕竟需要一段时间，在此期间，自救措施往往是防止事故扩大的关键。

B　矿工自救教育的内容

每个矿工和技术人员均应熟悉各种事故征兆的识别方法，判断事故的地点及性质，学会急救人员的方法，熟悉井下巷道和安全出口，学会使用自救器以及当无法走出矿井时如何避难待救的措施和方法等等。

发生事故时要思想冷静，行动果断，切忌惊慌失措，按各类事故的规律采取自救措施，并要关心同志，积极主动救助别人。

出现事故时，附近在场人员应尽量了解判断事故性质、地点和灾害程度，并迅速利用最近处的电话或其他方式通知调度人员。如有可能，应在保证人员安全的条件下使用附近设备、工具材料等及时消灭之。如无可能就应由在场的负责人或有实践经验的工人带领，根据当时当地实际情况，选择安全路线或预先规定的安全路线迅速撤离危险区域。

C　事故发生时人的行为特征

在矿山事故发生时，人员面临受到伤害的危险，往往心理紧张程度增加，信息处理能力降低，不能采取恰当的行为扭转局面和脱离危险。据研究，发生事故时，人在信息处理方面可能出现如下倾向：

（1）接受信息能力降低。事故发生引起人的心理紧张，往往被动地接受外界信息，对周围的信息分不清轻重缓急，由于缺乏选择信息的能力而不能及时获得判断、决策所需要的信息；或者相反，把全部注意力集中于某种异常的事物而不顾其他，因而不能发觉其他危险因素的威胁。在高度紧张的情况下，可能产生幻觉或错觉，如弄错对象的颜色、形状，或弄错空间距离、运动速度等，从而导致错误的行为。

（2）判断、思考能力降低。在没有任何思想准备、事故突然发生的情况下，人员可能下意识地按个人习惯或经验采取行动，结果受到伤害。由于心情紧张，可能一时想不起来已经记住的知识、办法，面对危险局面束手无策；或者不能冷静地思考判断，仓促地做出决策，草率地采取行动，或盲目地追从他人。在极度恐慌时，可能对形势做出悲观的估计，采取冒险行动或绝望行动。

（3）行动能力降低。事故时人的心理紧张会引起运动器官肌肉紧张，使动作缺少反馈，往往表现出手脚不相遂、动作不协调、弄错操作方向或操作对象、动作生硬或用力过猛。作为动物的一种本能，在极度恐惧时肌肉往往强烈地收缩，使人不能正常地行动。

通过教育、训练可以提高职工的应变能力，防止事故时产生心理紧张。每个矿山职工都应该熟悉各种事故征兆的识别方法、事故发生时的应急措施，熟悉井下巷道和安全出口，学会使用自救器和急救人员的方法，以及无法走出矿井时避难待救的措施和方法等。

在设计各种应急设施、安全撤退路线、避难设施时，应该充分考虑事故时人员的行为特征，便于人员利用。

矿山事故发生时，班组长、老工人、生产管理人员要沉着冷静地组织大家采取自救措施，依靠集体的智慧和力量脱离危险。

为了使事故发生时矿工自救成功，事先应该规定安全撤离路线、构筑井下避难硐室、备有足够的自救器。

D　安全撤离路线

安全撤离路线是在矿山事故发生时能保证人员安全撤离危险区域的路线。

矿山井下存在许多可能导致伤亡事故的危险因素。一般地，进入井下的任何地点时都应考虑一旦出现危险情况如何安全撤离的问题。《冶金地下矿山安全规程》中规定，每年编制的矿井防火灾计划中应该包括撤出人员的行动路线，并将人员安全撤离的线路和安全出口填绘到矿山实测图表中。

（1）应该根据矿山事故或灾害的类型、地点、波及范围和井下人员所处的位置等情况，以能使人员快速、安全撤离危险区域为原则来确定安全撤离路线。一般地，应该选择短捷、通畅、危险因素少的路线。

（2）在井下发生火灾的场合，位于火源地上风侧的人员应该迎着风流撤退；位于下风侧的人员应该佩戴自救器或用湿毛巾捂着鼻子，尽快找到一条捷径绕到有新鲜风流的巷道中去，如果在撤退过程中有高温火烟或烟气袭来，应该俯伏在巷道底板或水沟中，以减轻灼伤和有毒有害气体伤害。

（3）在井下发生透水的场合，人员应该尽快撤退到透水中段以上的中段，不能进入透水地点附近的独头巷道中。当独头天井下部被水淹没，人员无法撤退时，可以在天井上部避难，等待援救。

（4）矿内火灾、水灾等灾难性事故发生时，有毒有害烟气、水沿着井巷蔓延，巷道个别地段可能发生冒落、堵塞，给人员撤离增加困难。

安全撤退路线的终点应该选择在能够保证人员安全的地方。在发生矿内火灾、水灾的场合，人员应该尽可能撤到地面，彻底脱离危险。但是，在撤离矿井很困难的情况下，如通路堵塞、烟气浓度大而又无自救器时，则应该考虑在井下避难硐室避难。

E 井下避难硐室

井下避难硐室是为井下发生事故时人员躲避灾难而构筑的硐室。井下避难硐室有永久避难硐室和临时避难硐室之分。

永久避难硐室是按照矿井防灾计划预先构筑的。一般设在采区附近或井底车场附近，硐室内应能容纳采区当班人员。硐室有密闭门，防止有毒有害气体侵入，硐室内应备有风水管接头、供避难人员使用的自救器。这种避难硐室也可用作矿井临时救护基地。

临时避难硐室是利用工作地点附近的独头巷道。硐室或两道风门之间的巷道临时构筑的，应该在预先选择的临时避难硐室附近准备好木板、门扇、黏土、草袋子等材料，事故发生时可以方便地将巷道封闭，构成硐室。临时避难硐室应选在有风水管接头的地方。

矿内发生事故时，如果人员不能在自救器的有效时间内到达安全地点，或没有自救器而巷道中有毒有害气体浓度高，或由于其他原因不能撤离危险区域的情况下，都应该躲进附近的避难硐室等待援救。

人员进入避难硐室前，应在硐室外挂有衣物或矿灯等明显标志，以便被救护队发现。进入硐室后应该用泥土、衣物等堵塞缝隙防止有毒有害气体进入。在硐室内躲避时，应该保持安静，避免不必要的体力消耗。硐室内只留一盏灯照明，将其余的矿灯都关掉。可以间断地敲打管道、铁轨或岩石，发出求救信号。

遇有下列情况，避难硐室可以发挥其作用，即自救器在其有效作用时间内不能到达安全地点，撤退路线无法通过，缺乏自救器而有毒有害气体浓度又较高时。

F 矿井安全出口和出入井人员统计

a 矿井安全出口

矿井安全出口的用途：在正常生产时便于人员上下通行，一旦发生事故时井下人员能及时撤离到地面，便于救护工作。由此可见，矿井安全出口的合理设置也是安全救护措施之一。

为了保证井下人员在一旦发生事故时能安全地走出矿井，每一矿井至少要有两个通往地面的便于上下人员的安全出口。各出口间的距离不得少于30m。

井下每一作业中段水平也必须有两个便于人员通行的独立出口。各个采区必须有两个出口，一个通往通风巷道，一个通往运输巷道。

采矿场的人行天井必须是独立的，应与溜矿井严格分开。人行天井的梯子要保证坚固、安全、并经常维修。安全出口对发生事故时迅速撤退人员具有特别重要的意义，所以应当定期组织井下工人熟悉矿井安全出口。对新工人的安全教育，也要包括熟悉安全出口和避难路线。

b 出入矿井人员的统计

每一个矿山，每班必须准确统计上班进井及下班出井的人数。这一工作之所以必要，主要是在发生事故进行救护时，便于查明有多少人尚留在井下以及他们的工作地点。

每一个矿山应根据具体情况，建立切实可行的人数统计制度。无论用什么方法统计，共同的要求是准确、方便、查对及时。每班接班后2h内，如果发现有人尚未出井，就应该将该人的姓名和工作地点报告给矿井调度室值班人员，该值班人员必须立即查明其留在井下的原因。

G 自救器

目前我国矿井采用的为国产 AZL-45 型过滤式自救器及 AZG-30 型隔绝式自救器。

AZL-45 型自救器，是一种过滤式一氧化碳自救器。可以在发生矿山火灾、炮烟中毒或瓦斯爆炸时作为过滤空气中 CO 用，其安全使用时间为 45min。

自救器内的干燥剂为 $CaCl_2$，浸入硅胶制成，其作用是防止接触剂受潮。接触氧化剂为 CuO_2 和 MnO_2 的混合物，可以将 CO 氧化为 CO_2，并将其吸附于接触剂表面。

过滤式自救器适用于空气中氧含量不低于 17％、一氧化碳含量不超过 2％ 的情况。当空气中氧低于 17％，或发生煤气和瓦斯突出时应采用隔绝式呼吸器或隔绝式自救器。

自救器每隔半个月至一个月放到 60～65℃ 温水中进行一次气密性检查。自救器浸入水中不要露出水面，保持半分钟后翻转自救器，若无气泡从水中冒出，可以认为自救器是良好的。漏气的自救器禁止使用。

（1）生氧罐内装生氧剂 500g，并插有散热片以散发反应时生成的热量。在药剂的上部和下部各有一格网组（由铁丝网与玻璃棉组成），其中玻璃棉起过滤药剂粉尘的作用。

（2）气囊与呼吸软管分别连接在生氧罐的上部。在呼吸软管上的口水降温盒安有一个排气阀，用伸缩接头插在气囊中间，但不与气囊内部相通，而是直接通向大气的。排气阀上有尼龙绳与气囊硬壁相接连。

（3）启动装置由药桶、启动药块、哑铃形硫酸瓶、密封垫以及在哑铃瓶上的尼龙绳等组成。尼龙绳穿过密封垫后绑到外壳的上盖上。

（4）外壳由上外壳、下外壳和封口带等组成。

隔绝式自救器的工作原理：这种自救器的原理是利用 Na_2O_2 和其他碱金属过氧化物，与呼出气体中的 CO_2 及水汽发生化学反应生成大量的气态氧。

佩带人员从肺部呼出的气体进入生氧罐，则呼出气体中的 CO_2 及 H_2O 与生氧剂发生化学反应，产生氧气，洁净的气体进入气囊。吸气时气囊中的气体再经过药剂层、呼吸软管、口水降温盒、口具而吸入人的肺部，完成了整个呼吸循环。这种气路循环方式称为往复式。

当气囊中充满气体时，气囊膨胀，借气囊力量拉开排气阀，排出多余的呼出废气，保证气囊在正常压力下工作，并可减少 CO_2 和 H_2O 进入生氧罐的含量，从而调节了氧气发生速度，延长了使用时间。

快速启动装置可以弥补佩带初期生氧剂反应速度较慢、生氧不足的缺陷。为了保证启动迅速和可靠，启动装置中哑铃形硫酸瓶的尼龙绳绑在上部的外壳盖上，佩带时启动装置里的哑铃形硫酸瓶，随上部外壳的扔掉而被尼龙绳拉破，流出的硫酸与启动药块发生化学反应，放出大量氧气，供佩带者开始呼吸之用。

这种隔绝式自救器在中等体力劳动强度下，有效使用时间为 40min，在静坐待救中使用时间为 2.5～3h。

供给硫化矿和大爆破采矿的矿山工人的自救器，应能吸收一氧化碳、二氧化硫、硫化氢等多种有毒气体，以便在硫化矿一旦发生火灾、矿尘爆炸后（或大爆破后的检查）供矿工自救用。

吸收多种毒气的自救器也是一种过滤式自救器，其中有四层药剂，上层及第三层为硅胶吸湿剂，用以保护第二层的接触剂免于因吸湿而失效。第四层为 $CuSO_4$ 浸过的活性炭，称为"库拉密特"，可以吸收硫化氢、二氧化硫及氮的氧化物。在第四层的下部有防止吸入烟尘的棉花层。口具、呼吸软管及外盒等其他构造均与 CO 自救器相同。当 SO_2、H_2S 等的含量达 5％ 时，自救器的有效使用时间为 40min。

供给工人自救器的方法有三种：单独发放、集中保管和混合供给。个人单独领取是矿工下井前领灯时，同时领到自救器随身携带。这种方法磨损消耗量较大，但使用及时方便。集中保管方法是将自救器保管于铅印封的箱子中，放在采掘工作面附近的壁槽里，每月拿出检查一次。一般多采用混合供给法，对固定地点工人集中的地方采取集中保管，对工作地点不固定的工人采取单独发放。

13.2.3.7 矿山救护组织、装备和工作原则

A 矿山救护队及其工作

为了及时有效地处理和消灭矿山事故，减少人员伤亡和财产损失，《冶金地下矿山安全规程》规定，大型矿山、有自燃发火或沼气危害的矿山，应该成立专职矿山救护队；其他矿山，应该组织经过严格训练，配有足够装备的兼职救护队。救护队应配备一定数量的救护设备和器材。

矿山救护队按大队、中队、小队三级编制，其人数视具体情况确定。一般地，小队由5～8人组成，由3～6个小队编成一个中队，由几个中队组成该矿区的救护大队。矿山救护队应能够独立处理矿区内的任何事故。

为了保证迅速投入救护工作，救护队应该经常处于戒备状态。分别以小队为单位轮流担任值班队、待机队和休息队。值班队应时刻处于临战状态，保证在接到求救电话1min内集合完毕，上车出发。待机队平时进行学习和训练，值班队出发后，待机队转为值班队。

救护队到达事故现场后，由队长向现场指挥员报到，并了解事故发生地点、规模、遇难人员所在位置等情况。当事故情况不明时，救护队的首要任务是侦察。通过侦察弄清事故发生地点、性质和波及范围；查清被困人员所在位置并设法救出；选定井下救护基地和安全岗哨地点等。

进行复杂事故或远距离侦察时，应由几个小队联合进行，各小队相隔一定时间陆续出发，以保证侦察工作安全。在有窒息或中毒危险区域侦察时，每小队不得少于5人；在空气新鲜的地区侦察时，不得少于2人。应该认真计算侦察的进程和回程的氧气消耗量，防止呼吸器中途失效。

根据侦察结果，救护队应立即拟定处理事故方案，并按此方案制定出行动计划。

B 事故救护行动原则

事故发生后，救护队的主要任务是：抢救罹难人员，使他们脱离危险；采取措施局限事故波及范围；彻底消灭事故，恢复生产。

井下发生水灾时，救护队要搭救被围困人员，引导下部中段人员沿上行井巷撤至地面；保护水泵房，防止矿井被淹；恢复矿内通风。

发生矿内火灾时，救护队要首先组织井下人员撤离矿井；控制风流防止火灾蔓延；如果火灾威胁井下炸药库时，要尽快将爆破器材转移；井底车场硐室（变电所、充电硐室等）着火时，如果用直接灭火法不能扑灭时，应关闭硐室防火门、设置水幕、停止供电、防止火灾扩大。扑灭火灾时，要首先采用直接灭火法，在采用直接灭火法无效时，再采用封闭灭火法或联合灭火法。

发生炮烟中毒事故时，救护队首先必须阻止无呼吸器的人员进入危险区域，并立即携带自救器奔向出事地区，给遇难人员戴上自救器将其救出，将中毒人员迅速抬到新鲜风流处，施行人工呼吸或用苏生器抢救。同时，应抓紧恢复炮烟区的通风。事故区的所有入口要设安全岗哨，不允许无呼吸器人员进入，直到经通风后空气中有毒气体含量符合工业卫生标准为止。

C 矿山救护的主要设备

矿山救护队的主要设备有供救护队员在有毒有害气体中救灾时佩戴的氧气呼吸器、对受难人员施行人工呼吸进行急救的自动苏生器，以及为它们的小氧气瓶充氧的氧气充填泵、检查氧气呼吸器性能的万能检查仪。

（1）氧气呼吸器。氧气呼吸器是救护队员在有毒有害气体环境中救灾时佩戴的个体防护器具。其工作原理是，由人体肺部呼出的二氧化碳气体，周而复始地被呼吸器中清洁罐中的吸收剂吸收，再定量地补充氧气供人体吸入。

氧气呼吸器的构造精密而复杂，平时应加强保管、维护和检查，以确保正常灵活地工作。使用前，必须用万能检查仪对呼吸器的性能进行全面检查，如气密程度、排气阀的灵敏程度、自动补给阀开启情况、减压器的供氧量、清洁罐的严密性和阻力等。同时，要检查软管、鼻夹、口具、背带等是否齐全完好。使用后，要及时用氧气充填泵充填氧气，更换清洁罐中的吸收剂，将口具、唾液盒及呼吸软管等清洗消毒。

（2）自动苏生器。自动苏生器是在救灾过程中对受难人员施行人工呼吸进行急救的设备。它适用于抢救因中毒窒息、胸部外伤造成的呼吸困难或触电、溺水等造成的失去知觉处于假死状态的人员。我国矿山使用的自动苏生器有 ASZ-1 和 ASZ-30 型两种型号。它们的构造和工作原理相同，只是后者体积较小，输氧与抽气的压力较高。此种设备体积小、重量轻、操作简便、性能可靠、携带方便，适于矿山救护队在井下使用。

13.2.3.8　现场急救

矿山事故造成的伤害，其发生都比较急骤，并且往往是严重伤害，危及人员的生命安全，所以必须当机立断地进行现场急救。现场急救，是在事故现场对遭受矿山事故意外伤害的人员所进行的应急救治。其目的是：控制伤害程度，减轻人员痛苦；防止伤势迅速恶化，抢救伤员生命；然后，将其安全地护送到医院检查和治疗。

伤害一旦发生，应该立即根据伤害的种类、严重程度，采取恰当措施进行现场急救。特别是当伤员出现心跳、呼吸停止时，要及时进行心肺复苏；同时在转送医院途中，对有生命危险者要坚持进行人工呼吸，密切注意伤员的神志、瞳孔、呼吸、脉搏及血压情况。总之，现场急救措施要及时而稳妥，正确而迅速。

A　气体中毒及窒息的急救

矿山火灾、老窿积水涌出、炸药燃烧，爆炸等都会使大量有毒有害气体弥漫井巷空间，使人员中毒、窒息。对气体中毒、窒息人员的急救措施如下：

（1）立即将伤员移至空气新鲜的地方，松开领扣、紧身衣服和腰带，使其呼吸通畅；同时要注意保暖。

（2）迅速清除伤员口鼻中的黏液、血块、泥土等，以便输氧或人工呼吸。

（3）根据伤员中毒、窒息症状，给伤员输氧或施行人工呼吸。当确认是一氧化碳、硫化氢中毒时，输氧时可加入 5% 的二氧化碳，以刺激呼吸中枢，增加伤员呼吸能力。但是，在二氧化硫或二氧化氮中毒的场合，输氧时不要加二氧化碳，以免加剧肺水肿，也不能进行对患者肺部有刺激的人工呼吸。

（4）当伤员出现脉搏微弱、血压下降等症状时，可注射强心、升血压药物，待伤势稍稳定后，再迅速送往医院抢救。

B　机械性外伤的急救

机械性外伤是由于外界机械能作用于人体，造成人体组织或器官损伤、破坏，并引起局部或全身反应的伤害。机械性外伤是常见的矿山事故伤害。对于严重机械性外伤，可以采取如下现场急救措施：

（1）迅速、小心地将伤员转移到安全地方，脱离伤害源。

（2）使伤员呼吸道畅通。

（3）检查伤员全身状况。如果伤员发生休克，则应该首先处理休克。机械性外伤引起的休克叫做创伤性休克，是伤员早期死亡的重要原因之一。当伤员呼吸、心跳停止时，应该立即进行人工呼吸、胸外心脏挤压。当伤员外出血时，应该迅速包扎，压迫止血，使伤员保持头低脚高的卧位，并注意保暖。当伤员骨折时，可以就地取材，利用木板等将骨折处上下关节固定；在无材料可利用的情况下，上肢可固定在身侧，下肢与健侧肢体绑在一起。

（4）现场止痛。伤员剧烈疼痛时，应该给予止痛剂和镇痛剂。

（5）对伤口进行处理。用消毒纱布或清洁布等覆盖伤口，防止感染。

（6）对内出血者尽快送往医院抢救。

（7）在将伤员转送医院途中，要尽量减少颠簸，密切注意伤员的呼吸情况。

C　触电急救

人员触电后不一定会立即死亡，往往呈现"假死"状态，如果及时进行现场急救，则可能使"假死"的人获救。根据经验，触电后 1min 内开始急救，成功率可达 90%；触电 12min 后开始抢救，则成功的可能性很小。因此，触电急救应该尽可能迅速、就地进行。

当触电者不能自行摆脱电源时，应该迅速使其脱离电源。然后迅速对其伤害情况作出简单诊断，根据伤势对症救治。

（1）触电者神志清醒，有乏力、头昏、心慌、出冷汗、呕吐等症状时，应让其安静休息，并注意观察。

（2）触电者无知觉，无呼吸但心脏跳动时，应进行口对口的人工呼吸。

（3）触电者处于心跳和呼吸均停止的"假死"状态，应反复进行人工呼吸和心脏挤压。当心跳和呼吸逐渐恢复正常时，可暂停数秒观察，若不能维持正常心跳和呼吸，必须继续抢救。

触电急救过程中不要轻易使用强心剂。在运送医院途中抢救工作不能停止。

D　烧伤急救

矿山火灾时人员可能被烧伤。烧伤的现场急救措施如下：

（1）尽快将伤员撤出高温区域；

（2）检查伤员有无合并损伤，如脑颅损伤、腹腔内脏损伤和呼吸道烧伤，以及气体中毒等，伴有休克者应就地抢救。

E　溺水急救

溺水时，伤员的腹腔和肺部灌入大量的水，出现呼吸困难、窒息等症状，如不及时抢救可能因缺氧或循环衰竭而死亡。

（1）将被淹溺者从水中救出，抬到空气新鲜、温暖的地方，脱去湿衣服，注意保温。

（2）倾倒出伤体内积水。当伤员呼吸停止时应施行口对口人工呼吸；当伤员心跳停止时，应进行胸外心脏挤压和人工呼吸。

（3）防止发生肺炎。

（4）迅速送往医院治疗。

13.2.3.9　矿井灾害预防和处理计划

《矿山安全条例》规定，有自燃发火、瓦斯突出、瓦斯煤尘爆炸和透水危险的矿井，每年要由矿井总工程师（技术负责人）组织编制矿井灾害预防和处理计划，且每季度修改一次。编制和修改的矿井灾害预防和处理计划，须经矿长审查后报上一级领导批准。矿长和矿井总工程师应当组织职工学习矿井灾害预防和处理计划，使他们熟悉在发生灾害时的避难路线和应当采取的措施，并且每年至少组织一次矿井救灾演习。

矿井灾害预防和处理计划主要包括下列内容：

(1) 处理事故指挥部人员的组成、分工、通知方法及顺序；

(2) 根据本矿历年发生灾害的经验和现实安全状况，预测可能发生事故的自然条件和生产条件，预计事故的性质、原因和预兆；

(3) 在出现事故时，保证人员安全撤退所必须采取的措施；

(4) 处理各种事故和恢复生产时采取的具体措施，以及为实现这些措施所需要的工程、设备、材料的数量，使用地点和使用方法；

(5) 有关的附录资料，如通风、配电、压气、供水、灌浆等系统图，以及注明塌陷、积水、透水裂隙、钻孔、小井和消防材料库位置的平面图和消防设备及材料清单等。

计划中人员的分工要明确具体，通知召集人员的方法要迅速及时；安全撤退人员和事故，处理措施应详尽确切、细致周密。

《矿山安全规程》规定，冶金矿山每年应编制矿井防火灾计划，并报主管部门批准。防火灾计划应根据采掘计划、通风系统和安全出口的变动及时修改。矿井防火灾计划应包括防火措施、撤出遇难人员和抢救遇难人员的行动路线、扑灭火灾的措施、调度风流的措施、各级人员的职责等。

复习思考题

1　什么是人失误，是怎样分类的？

2　怎样预防矿山安全事故的发生？

3　矿山气体中毒及窒息怎样急救？

4　矿山机械性外伤怎样急救？

5　矿山安全生产的原则是什么？

6　矿山安全事故发生的理论依据是什么？

7　不安全行为的产生原因有哪些？

8　矿山安全事故是怎样分类的？

9　矿山安全事故的日常管理是怎样的？

14 矿山环境保护

14.1 矿山生产环境

环境与发展是关系人类前途命运的重大问题。我国政府采取一系列政策措施，加强环境保护和生态建设，加大矿山环境保护与治理的力度。

建国以来，我国的矿业发展很快。但是矿产资源的开发，特别是不合理的开发、利用，已对矿山及其周围环境造成污染并诱发多种地质灾害，破坏了生态环境。越来越突出的环境问题不仅威胁到人民生命安全，而且严重地制约了国民经济的发展。

14.1.1 矿山环境灾害

我国的矿业活动主要指矿石采掘、选矿及冶炼三部分。按照我国固体矿床矿山科学技术发展水平，目前主要采用露天、地下两种方法开采矿产资源。随着社会生产发展的需求和科学技术进步，露天开采所占比重正在迅速增加。人类在开发利用矿产资源以满足自身需要的同时，由于破坏了原有的环境平衡系统，改变了周围的环境质量，因而产生出众多的环境问题。

A 采矿对大量土地的占用和破坏

矿山开发占用并破坏了大量土地。其中占用土地指生产、生活设施及开发破坏影响的土地；其中破坏的土地指露天采矿场、排土场、尾矿场、塌陷区及其他矿山地质灾害破坏的土地面积。

B 采矿诱发的地质灾害

由于地下采空，地面及边坡开挖影响了山体、斜坡稳定，导致开裂、崩塌和滑坡等地质灾害，致使上覆山体逐渐发生变形、开裂，露天采矿场滑坡事件频繁发生。

采空区塌陷对土地资源的破坏，在采矿中占有重要地位，主要由地下开采造成。而我国的矿山开采中，以地下开采为主，另外，采用水溶法开采岩盐所形成的地下溶腔，可导致地面沉陷，在一些盐矿已有发生。

C 各种水环境问题的产生

矿区水均衡遭受破坏，大量未经处理的废水排入江河湖海，污染严重。其次，在地表水汇流过程中，也有大量地表径流通过裂缝漏入矿井，使地表径流系统明显变小。另外，由于河流变成了矿坑水的排泄通道，河道两侧浅层地下水受到不同程度的污染。由于矿井疏干排水，导致大面积区域性地下水位下降，破坏矿区水均衡系统。造成大面积疏干漏斗、泉水干枯、河水断流、地表水入渗或经塌陷灌入地下，影响了矿山地区的生态环境，使原来用井泉或地表水作为工农业供水的厂矿、村庄和城镇发生水荒。

破坏水均衡系统，并引起水体污染。沿海地区的一些矿山因疏干漏斗不断发展，当其边界达到海水面时，易引起海水入侵现象。矿山附近地表水体常作为废水、废渣的排放场所，由此遭受污染。地下水的污染一般局限于矿山附近，为废水及废渣、尾矿堆经淋滤下渗或被污染的地表水下渗所致。

D 大量废气、废渣、废水的产生

大气污染源主要来自矸石、尾矿、自然粉尘、扬尘和一些易挥发气体。由于废气、粉尘及废渣的排放而引起大气污染和酸雨，以硫化物和煤炭最严重，并产生大量废水及汞、砷、镉等有害物质。矿山固体废弃物主要有矸石、露天矿剥离物、尾矿，占用了大量土地，而且对土壤和水资源造成了污染。我国矿业活动产生的各种废水主要包括矿坑水，选矿、冶炼废水及尾矿池水等。

（1）矿业废气。由于废气、粉尘的排放引起大气污染和酸雨，已构成严重的社会公害。此外废渣、尾矿对大气的污染也相当严重。

（2）矿业废水。我国矿业活动产生的各种废水主要包括矿坑水，选矿、冶炼废水及尾矿池水等。其中煤矿、各种金属、非金属矿业的废水以酸性为主，并多含大量重金属及有毒、有害元素（如铜、铅、锌、砷、镉、六价铬、汞、氰化物）以及 COD、BOD_5、悬浮物等；石油、石化业的废水中尚含挥发性酚、石油类、苯类、多环芳烃等物质。众多废水未经达标处理就任意排放，甚至直接排入地表水体中，使土壤或地表水体受到污染；此外，排出的废水入渗，也会使地下水受到污染。

（3）矿业废渣。矿山废渣包括煤矸石、废石、尾矿等。

E　水土流失及土地沙化

矿业活动，特别是露天开采，大量破坏了植被和山坡土体，产生的废石、废渣等松散物质极易促使矿山地区水土流失。

F　其他灾害

其他灾害有：

（1）土壤污染。由于三废排放使矿区周围土壤受到不同程度污染。

（2）矿震。采矿所诱发的地震，出现在我国许多矿山，成为矿山主要环境问题之一。

（3）尾矿库溃坝。由于某些原因，尾矿坝溃塌，尾矿外流，造成极大的危害。

（4）崩塌、滑坡、泥石流。采矿活动及堆放的废渣因受地形、气候条件及人为因素的影响，发生崩塌、滑坡、泥石流等。如矿山排放的废渣常堆积在山坡或沟谷内，这些松散物质在暴雨诱发下，极易引发泥石流。

总而言之，矿山开采对环境的破坏是严重的，如：露天开采直接破坏地表土层和植被；矿山开采过程中的废弃物（如尾矿、矸石等）需要大面积的堆置场地，导致对土地的过量占用和对堆置场原有生态系统的破坏；矿石、废渣等固体废物中含酸性、碱性、毒性、放射性或重金属成分，通过地表水体径流、大气飘尘，污染周围的土地、水域和大气，其影响面将远远超过废弃物堆置场的地域和空间，污染影响要花费大量人力、物力、财力，经过很长时间才能恢复，而且很难恢复到原有的水平。

14.1.2　矿山环境防治现状

矿山环境问题的防治主要包括"三废"（废水、废气、废渣）的防治，矿山土地复垦及采空区地面沉陷（塌陷）、泥石流、岩溶塌陷等灾害的防治等。

（1）废气治理。主要是对窑炉的烟尘治理、各种生产工艺废气中物料回收和污染的处理。据统计，矿业采选行业治理率、治理水平都比较低，整个采选行业处理率不足 20%，低于全国其他行业的平均处理率。

（2）废水处理。我国矿山排放的废水种类主要有酸性废水、含悬浮物的废水、含盐废水和选矿废水等。为防止对环境的污染，目前主要从改革工艺、更新设备、减少废水和污染物排放，提高水的重复利用率，以废治废、将废水作为一种资源综合利用三个方面进行治理。目前存在的问题，一是废水处理装置能力不足，据统计，目前还有 30% 左右的废水未经处理就直接外排；二是废水处理技术开发水平还不高；三是节约用水和废水治理的管理制度还不够完善。

（3）废渣处理。矿山废渣的处理主要是综合利用，即废渣减量汇入资源化、能源化。这是一项保护环境、保护一次原材料、促进增产节约的有效措施。

总的来看，矿业废渣占全国固体废物总量的一半，但处置利用率最低，对矿山环境的影响大。从各类矿业看，煤炭、建材、非金属采选业的废渣利用率较高，而黑色金属采选业的废渣处置率较低。

（4）采空区土地及废渣场土地复垦。土地复垦，是采空区造成的地面沉陷、排土场、尾矿堆和闭坑后露天采场治理的最佳途径，不仅改善了矿山环境，还恢复了大量土地，因而复垦具有深远的社会效益、环境效益和经济效益。

（5）泥石流的防治。矿山泥石流通常发生在排土初期，随着排出的废弃物数量增加和强度的增高，排土场的边坡稳定性往往得以提高和加强，矿山泥石流也就逐渐减弱。对矿山泥石流防治的关键是预防。我国目前所采取的预防措施主要有：合理选择剥离物排弃场场址，慎重采用"高台阶"的排弃方法；清除地表水对剥离排弃物的不利影响；有计划地安排岩土堆置；复垦等。对泥石流的治理，可采取生物措施（如植树、种草），但其时间长、见效慢。目前除加强排土场和尾矿库的管理外，大多采用工程治理措施，主要是拦挡、排导及跨越措施。

（6）岩溶塌陷的防治。我国对岩溶塌陷的防治工作开始于 20 世纪 60 年代，目前已有一套比较完整和成熟的方法。防治的关键是在掌握矿区和区域塌陷规律的前提下，对塌陷作出科学的评价和预测，即采取以早期预测、预防为主，治理为辅，防治相结合的办法。

1）塌陷前的预防采取如下主要措施：合理安排矿山建设总体布局；河流改道引流，避开塌陷区；修筑特厚防洪堤；控制地下水位下降速度和防止突然涌水，以减少塌陷的发生；建造防渗帷幕，避免或减少预测塌陷区的地下水位下降，防止产生地面塌陷；建立地面塌陷监测网。

2）塌陷后的治理措施主要有以下几种：塌洞回填；河流局部改道与河槽防渗；综合治理。

（7）矿山水均衡遭受破坏的防治。为防治和防止因疏排地下水而引起对矿山地区水均衡的破坏，保护地下水资源，并消除或减轻因疏排地下水引起的地面塌陷等环境问题，一些矿山采用防渗帷幕、防渗墙等工程，堵截外围地下水的补给，取得了显著的环境效益和经济效益。

14.2 矿山生产生态保护

14.2.1 矿山环境治理

14.2.1.1 固体废弃物的资源化

矿山尾矿、废石等固体废弃物治理的关键问题是综合利用。如果对其予以经济有效地综合利用，其数量就会减少，通过最终充填、掩埋处置，其危害就能消除。矿山固体废弃物的资源化是综合利用的基础和条件。

A 尾矿

我国矿产资源特点为伴生矿多、难选矿多、贫矿多、小矿多。我国矿山企业多，矿产资源是国民经济和社会发展的重要物质基础。我国正处在全面建设小康社会，加速工业化，对矿产资源需求强劲增长时期，产生了大量的尾矿，这些尾矿由于技术原因，仍有大量可利用的矿产资源，通过先进技术仍可以从中提取有用资源。其他尾矿还可以作为井下充填料，作路基填料等意图，尾矿虽然是矿产资源一次利用的废弃物，但是可以转化为有用的资源实现二次利用。

　　B　废石

　　矿山开采过程中产生了大量废石，实际上这些废石也是具有巨大价值的二次资源。要对这些废石进行综合治理，首先就地消化，尽可能地合理利用，化害为利。其次是采取防护措施，减少对环境的污染。这些废石可以用做建筑材料，回收有用金属及其他物质。修建道路及工业和民用建筑场地。用做露天采场及井下回采充填料。

14.2.1.2　土地复垦

　　土地复垦是指对在矿山生产建设过程中，由于露天采矿、取土、挖沙、采石等生产建设活动直接对地表造成破坏的土地，由于地下开采等生产活动中引起地表下沉塌陷的土地，工矿企业的排土场、尾矿场等压占的土地，采取整治措施，使其恢复到可供利用状态的活动。过去矿山主要采取在排土场、尾矿场上垫土种植蔬菜和粮食的方式完成。除此之外也可以植树造林，进行水产养殖，或是作为建设用地。我国规定土地复垦实行"谁破坏，谁复垦"、"谁复垦，谁受益"的政策，复垦土地者可以优先取得土地使用权。利用废弃物进行土地复垦，不能给土地和环境造成新的污染。土地复垦后应达到如下标准：接近破坏前的自然适宜性和土地生产力水平，通过复垦改造为具有新适宜性的另一种土地资源，恢复植被、保护其环境功能。

14.2.1.3　矿山废水的无害化

　　我国是水资源贫乏的国家，人均水资源仅为世界平均水平的四分之一。水资源短缺已经成为我国经济社会发展的主要制约因素之一。而在矿山开采过程中又会产生大量的矿山废水，其中包括矿坑水、露采场废水、选厂废水、尾矿库和废石场的淋滤水，这些水不仅白白浪费，而且更重要的是，它们的排放严重地污染了地表水和地下水，危害环境，因此矿山废水通过处理无害排放，予以利用，意义重大。

　　我国绝大部分有色矿山、部分铁矿山和贵金属矿山为原生硫化物矿床或含硫化物矿床，这些矿床无论露采还是坑采，都会产生大量的硫化物或含硫化物的废石，堆存在废石场的这些废石在氧和水的作用下，风化、淋溶产生大量酸性废水。可以说，有色金属矿山以及含硫化物的贵金属矿山和铁矿山的开采，已成为对水体和生态环境造成污染最严重的行业之一。

14.2.2　矿山环境保护措施

　　矿山环境保护措施有：

　　(1) 组织措施。主要是建立环境保护的管理机构和监测体系。目前，我国矿山环境保护机构的设置，根据矿山建设和生产过程中对环境污染的程度及企业规模的大小确定。一般大型矿山设置环保科，中、小型矿山建立科或组。矿山企业中的环境保护人员主要包括：矿山环保科研人员，环境监测人员，污水治理人员，矿山企业防尘人员，保护设备检修人员，矿区绿化人员，复垦造田人员等。

　　(2) 经济手段。矿山企业环保设施的投资，是矿山基建总投资的一部分。根据目前矿山企业的生产情况，环保工程投资主要有以下几方面："三废"处理设施、除尘设施、污水处理设施、噪声防止设施、绿化、放射性保护、环境监测设施、复垦造田等。投资的来源，大致有以下几个方面：新建及改扩建项目的工程基建投资，主管部门和企业自筹资金，排污回扣费即环保补助资金。环保工程投资的多少，根据矿山建设的客观条件和要求而定。环境保护和治理的资金来源还直接与企业的管理和经济效益有关。

（3）环保资金来源的政策性措施。为保护环境和治理污染，国务院和有关部门制定了《污染源治理专项基金有偿使用暂行办法》、《关于工矿企业治理"三废"污染开展综合利用产品利润提留办法的通知》、《关于环境保护资金渠道的规定的通知》等行政法规和部门规章，保证了环境保护与治理经费有一个重要来源。

（4）矿山环境保护有关的政策性法规及标准。经过20多年的发展，我国已经形成一系列与矿山环境保护有关的法律制度，其中主要有《中华人民共和国矿产资源法》、《中华人民共和国环境保护法》、《中华人民共和国水污染防治法》、《中华人民共和国大气污染防治法》、《中华人民共和国海洋环境保护法》以及《中华人民共和国土地管理法》等。

在矿山环境保护方面，我国目前尚无专门性的政策性法规，在一些有关的法律、法规和规章的有关条文中作了规定。各产业部门相应制定了一些与矿山环境保护有关的政策性法规，如《关于建立健全环境保护机构的通知》、《冶金工业环境管理若干规定》、《冶金环保指标考核实施办法》、《建筑材料工业环境保护工作条例》、《铀矿放射性废物管理规定》、《铀水冶厂尾矿库安全设计规定》、《化学工业环境管理暂行条例》、《化学工业环境监测工作规定》等。

此外，在一些地方性的法规中，有些条文与矿山环境保护有关。如《四川省环境保护条例》、《云南省城乡集体个体企业环境保护管理办法》、《湖南省固体废弃物管理办法》、《山西省汾河流域水污染防治条例》等；有的则是专门为矿山而制定的规定，如广东省的《关于整顿现有采石场，加强采石行业管理工作的通知》、湖北省的《湖北省云应地区盐矿资源管理暂行规定》、云南省的《云南省集体矿山企业、私营矿山企业和个体采矿管理条例》、《云南省矿山地质环境保护规定》、吉林省的《吉林省集体所有制矿山企业、私营矿山企业和个体采矿管理条例》等。

有关的矿山环境标准如大气环境质量标准、城市区域环境噪声标准、地面水环境质量标准、工业炉窑烟尘排放标准、有色金属工业固体废物污染控制标准等等。

14.2.3 加强矿山环境保护的对策

加强矿山环境保护的对策叙述如下：

（1）正确处理矿产资源开发与环境保护的关系，切实加强矿山环境保护工作。矿业开发应正确处理近期与长远、局部与全局的关系，把矿产资源开发利用与环境保护紧密结合起来，实现矿业的持续健康发展。

矿产资源开发不得以牺牲环境为代价，避免走先污染后治理、先破坏后恢复的老路。采矿权人对矿山开发活动造成的耕地、草原、林地等破坏，采取有力的措施进行恢复治理；对矿山产生的废气、废水、弃渣，必须按照国家规定的有关环境质量标准进行处置、排放；对矿山开发活动中遗留的坑、井、巷等工程，必须进行封闭或者填实，恢复到安全状态；对采矿形成的危岩体、地面塌陷、地裂缝、地下水系统破坏等地质灾害要进行治理。矿产资源开发要保护矿区周围的环境和自然景观。严禁在自然保护区、风景名胜区、森林公园、饮用水源地保护区内开矿。严格控制在铁路、公路等交通干线两侧的可视范围内进行采矿活动。西部矿产资源开发必须重视生态环境的保护和建设，防止矿产资源开发加剧生态环境恶化。

根据国家的方针政策，综合运用经济、法律和必要的行政手段，依法关闭产品质量低劣、浪费资源、污染严重、不具备安全生产条件的矿山。积极稳妥地关闭资源枯竭的矿山。资源开采为主的城市和大矿区，要因地制宜发展接续和替代产业。

（2）明确目标，科学规划，把矿山环境保护作为一项重要任务来抓。各地结合当地工作实际，抓紧开展矿山环境调查与评价，制定矿山环境保护规划，并纳入当地的国民经济和社会发展计划。矿山企业是矿山环境保护与治理的直接责任人，要抓紧制定本企业矿山环境保护与治理规划，切实保护好矿山环境。

对开发造成的矿山环境破坏，有计划、有步骤地进行治理，以使矿山及周围矿山城市的环境质量有明显改善，重点开发区的环境污染及生态环境恶化的状况基本得到控制。

(3) 加强法规和制度化建设，全面推进矿山环境保护。各级人民政府要依据《环境保护法》、《矿产资源法》、《土地管理法》等法律法规，结合本地区的实际情况，制定矿山环境保护管理法律法规、产业政策和技术规范，为加强矿山环境保护工作提供强有力的法律保障，使矿山环境保护工作尽快走上法制化的轨道。

要完善矿山环境保护的经济政策，建立多元化、多渠道的投资机制，调动社会各方面的积极性，妥善解决矿山环境保护与治理的资金问题。对于历史上由采矿造成的矿山环境破坏而责任人灭失的，各计划部门、财政部门应会同有关部门建立矿山环境治理资金，专项用于矿山环境的保护治理；对于虽有责任人的原国有矿山企业，矿山开发时间较长或已接近闭坑，矿山环境破坏严重，矿山企业经济困难无力承担治理的，由政府补助和企业分担；对于生产矿山和新建矿山，遵照"谁开发、谁保护""谁破坏、谁治理""谁治理、谁受益"的原则，建立矿山环境恢复保证金制度和有关矿山环境恢复补偿机制；各地政府要制定矿山环境保护的优惠政策，调动矿山企业及社会矿山环境保护与治理的积极性；鼓励社会捐助，积极争取国际资助，加大矿山环境保护与治理的资金投入。

(4) 强化监督管理，严格控制矿山环境遭受破坏。矿山建设严格执行"三同时"制度，保证各项环境保护和治理措施、设施与主体工程同时设计、同时施工、同时投产，对措施不落实、设施未验收或验收不合格的矿山建设项目，不得投产使用，对强行生产的，国土资源主管部门要依法吊销采矿许可证。

各级人民政府要坚持预防为主、保护优先的方针，坚决控制新的矿山环境污染和破坏。对于新建和技术改造的矿山建设项目，严格执行环境影响评价制度，矿山环境影响评价报告必须设立矿山地质环境影响专篇，矿山环境影响评价报告书作为采矿申请人办理采矿许可证和矿山建设项目审批的主要依据。矿山申请建设用地之前必须进行地质灾害危险性评估，评估结果作为办理建设用地审批手续主要依据之一。各级资源环境行政主管部门要严格把关，确保矿山开采中环境不遭到破坏。

矿山企业对矿区范围的矿山环境实施动态监测，并向资源环境行政主管提供监测结果，对于采矿引起的突发性地质灾害要及时向当地政府和行政主管部门报告。

各级人民政府要加强矿山环境保护监督管理，在矿山企业年检中加强矿山环境的年检内容，对矿山环境破坏严重的企业，责令限期治理，并依法处罚。

(5) 依靠科技进步和国际合作，提高矿山环境保护水平。要加强矿山环境保护的科学研究，着重研究矿业开发过程中引起的环境变化及防治技术、矿业"三废"的处理和废弃物回收与综合利用技术，采用先进的采、选技术和加工利用技术，提高劳动生产率和资源利用率。加强矿山环境保护新技术、新工艺的开发与推广，增加科技投入，促进资源综合利用和环境保护产业化。加强矿山生态环境恢复治理工作，不断提高生态环境破坏治理率。引进和开发适用于矿区损毁土地复垦和生态重建新技术，进行矿区生态重建科技示范工程研究，加大矿山环境治理与土地复垦力度，在一些工作开展早、基础条件好的矿区，选择不同类型、不同地区的大型矿业基地，针对矿产资源开发利用所造成的生态环境破坏问题，以可持续发展的观点，发展绿色矿业，建立绿色矿业示范区。应加强国际合作，大力培训人才，努力学习各国矿山环境保护的先进技术和经验，从而加强和改善我国矿山环境保护工作。

（6）加强领导，共同推进矿山环境保护工作。要把加强矿山环境保护工作作为矿业开发的重要内容和紧迫任务，各级政府、资源环境管理部门都要充分认识这项工作的重要性和艰巨性，坚持不懈地抓下去。地方各级人民政府，应当对本辖区的矿山环境质量负责，采取措施改善矿山环境质量，省级政府要确定一位省级领导具体负责，坚持和完善各级政府对资源环境工作的目标责任制，建立矿山环境保护目标，做到责任到位，认真落实，并作为政绩考核内容之一。国务院各有关部门要加强协调与合作，共同做好矿山环境保护工作。国家环境保护总局要站在全局的高度，履行执法监督职能，做好综合协调；国土资源部负责矿山环境保护具体工作，在做好地质环境保护监督管理的同时，积极推进和组织矿山环境调查、规划和矿山地质灾害防治及土地复垦工作；各有关部门要密切配合，大力支持矿山环境保护工作。

14.2.4 我国环境保护的基本方针

我国是个发展中的国家，随着经济的发展，环境污染的问题变得突出起来，虽然环境污染并不是经济发展的必然结果，然而总结西方国家环境污染的经验教训，如果不采取有效措施，加强对环境的管理，其结果必然重踏西方工业发达国家先污染后治理的弯路。

世界上工业发达的国家在环境保护方面取得较大成就的主要经验是：

（1）规定各种环境保护法律、政策，若有违犯，给予经济和法律制裁；

（2）普遍建立环境保护机构；

（3）实行以环境规划为中心的环境管理体制。

我国党和政府对环保工作十分重视。宪法第十一条第三款规定："国家保护环境和自然资源，防治污染和其他公害"。这就把保护环境、合理开发和充分利用自然资源作为我国现代化建设中的一项战略任务和基本国策。国家把环境污染和生态破坏与经济建设、城市建设和环境建设同步规划，同步实施，同步发展，力求经济效益、社会效益和环境效益统一起来。这是因为我国是一个人口众多的发展中国家，不但要发展现代化的工农业和国防科学技术，而且还十分重视环境保护工作，否则就会重踏西方国家先污染后治理的老路，甚至导致自毁家园、破坏生存条件的严重恶果。

（1）"预防为主"是我国环境保护的基本方针，是搞好科学的环境管理所必须采取的主要手段。所谓"预防为主"就是要防患于未然。要充分注意防止对环境和自然资源的污染和破坏；尽可能减少污染的产生，严格控制污染物进入环境，在新建、改建和扩建工程中有关环境保护的设施必须与主体工程同时设计、同时施工、同时投产。如果不执行"预防为主"的方针，其结果必然是先污染，后治理的局面，污染容易，治理难，恢复更难，后患无穷。

（2）"全面规划、合理布局"是防治污染的关键。在制定矿山总体规划时，要把保护环境的目标、指标和措施同时列入规划，应该根据矿区的自然条件、经济条件作出环境影响的评价，找出一种既能合理布局矿山企业，又能维持矿区及其附近的生态平衡，保证环境质量的最佳总体规划方案。矿山是采矿、选矿及冶炼的联合企业，而采矿本身又有露天和地下开采之分。因此，对新建矿山的设计和对老矿山的改造，首先要注意采矿、选矿、冶炼生产的合理布局，生产区和生活区的布局，井口工业场地的合理布局以及进风、排风井的位置，废石场、废渣堆积场、尾矿坝、高炉渣、冶金渣等的堆放及布置位置。此外，对于矿区的地形、地质、水源、风向等均应全面考虑，做到统筹兼顾、全面安排。

（3）"综合利用，化害为利"是消除污染的重要措施。工业"三废"特别是矿山选矿和冶炼的"三废"中，有益有害组分是在一起的，所以"三废"的处理和有益组分的回收是密切相关的，"废"与"宝"是相对的，有许多对环境造成污染的物质，弃之有害，收之为宝。我们应该在坚持执行"预防为主"的方针时，对于某些不可避免的污染物质一定要采取综合利用的方针，变废为宝。这样不但消除了污染，减轻了危害，而且回收了资源，得到更大的经济效益。国家对综合利用是采取鼓励的政策。《环保法》中指出：国家对企业利用废气、废水、废渣作主要原料生产的产品，给予减税、免税和价格政策上的照顾，盈利所得不上缴，由企业用于治理污染和改善环境。

（4）"发动群众，大家动手"是环境保护工作的群众路线。环境保护工作既要有专门的专业队伍，更要发动群众，依靠群众。如植树造林、爱国卫生运动、加强企业管理、开展减少污染的技术改造、技术革新等都涉及到每个人、每个方面，而且互相之间，各行各业都要紧密配合。只有把群众发动起来，人人重视和监督环境保护工作，并与专业队伍密切配合，才能取得显著成绩。《环保法》规定：公民对污染和破坏环境的单位和个人有权监督、检举和控告。被检举、控告的单位和个人不得打击报复。规定国家对保护环境有显著成绩和贡献的单位、个人给予表扬和奖励。

（5）"保护环境、造福人民"是环境保护工作的目的。环境保护工作就是为了造福人民和子孙后代。有些领导不关心工人的生命安全，把发展生产与保护环境对立起来，他们不懂得环境保护是进行工业生产、发展经济不可缺少的条件和环境保护方针的政策性和科学性。

总之，我们必须认真执行党和国家为我们制定的环境保护方针、政策，让富饶的祖国成为一个"清水蓝天、花香鸟语"的美丽乐园。

复习思考题

1　怎样合理治理矿山环境？
2　保护矿山环境有什么措施？
3　针对矿山现状，你有什么好的环境保护意见？
4　矿山环境保护的概念是什么？
5　我国矿山环境现状是怎样的？
6　试述矿山环境保护的重要性。

参 考 文 献

1. 韦冠俊. 矿山环境保护. 北京：冶金工业出版社，2001
2. 陈宝智. 矿山安全工程. 沈阳：东北大学出版社，1993
3. 焦玉书. 金属矿山露天开采. 北京：冶金工业出版社，1989
4. 周洵远. 金属矿井通风防尘. 北京：冶金工业出版社，1992
5. 王英敏. 矿井通风与防尘. 北京：冶金工业出版社，1993

冶金工业出版社部分图书推荐

书　名	作　者		定价（元）
中国冶金百科全书·选矿卷	本书编委会	编	140.00
中国冶金百科全书·采矿卷	本书编委会	编	180.00
现代金属矿床开采科学技术	古德生	等著	260.00
矿产资源开发与可持续发展	科技部农社司	编	50.00
采矿学（本科教材）	王　青	主编	39.80
碎矿与磨矿（第2版）（本科教材）	段希祥	主编	30.00
安全原理（第2版）（本科教材）	陈宝智	编著	20.00
系统安全评价与预测（本科教材）	陈宝智	编著	20.00
选矿厂设计（本科教材）	冯守本	主编	36.00
选矿概论（本科教材）	张　强	主编	12.00
工艺矿物学（第2版）（本科教材）	周乐光	主编	32.00
矿石学基础（第2版）（本科教材）	周乐光	主编	32.00
矿山环境工程（本科教材）	韦冠俊	主编	22.00
矿业经济学（本科教材）	李祥仪	等编	15.00
可持续发展的环境压力指标及其应用	顾晓薇	等著	18.00
固体矿产资源技术政策研究	陈晓红	等编	40.00
矿床无废开采的规划与评价	彭怀生	等著	14.50
矿物资源与西部大开发	朱旺喜	主编	38.00
冶金矿山地质技术管理手册	中国冶金矿山企业协会	编	58.00
金属矿山尾矿综合利用与资源化	张锦瑞	等编	16.00
矿业权估价理论与方法	刘朝马	著	19.00
矿山事故分析及系统安全管理	山东招金集团有限公司	编	28.00
矿浆电解原理	杨显万	等著	22.00
常用有色金属资源开发与加工	董　英	等编著	88.00
矿山工程设备技术	王荣祥	等编	79.00
矿井通风与除尘	浑宝炬	等编	25.00
安全管理基本理论与技术	常占利	著	46.00
新世纪企业安全执法创新模式与支撑理论	赵千里	等著	55.00
现代矿山企业安全控制创新理论与支撑体系	赵千里	等著	75.00
金属及矿产品深加工	戴永年	等著	118.00
矿山废料胶结充填	周爱民	等著	45.00